Transitive Design

This book is dedicated to the memory of my mother,
and to the Forties, when she gave me birth...

Dieses Buch ist dem Gedenken meiner Mutter gewidmet
und der vierziger Jahre, in denen sie mich geboren hat...

Transitive Design

A Design Language for the Zeroes
Eine Designsprache für die Jahre Null

Clino T. Castelli

Electa

Cover / Umschlag
The Rocket Man. Courtesy Teknion Furniture Systems, Toronto. Art direction Vanderbyl Design, 1997

Flap / Klappe
Portrait of Clino T. Castelli, by Emery Vincent Associates, South Melbourne

Acknowledgments and Staff
Danksagungen und Mitarbeiter

Special thanks to Jean-Noël Fourel, Pierre Aiglon, Fernand Mélin, Jean-Paul Leduc for their encouragement and support in the realization of the book. Thanks also to Toshi Higashifushimi, Koji Somekawa and Rie Kimura. Thanks, finally, to Gilda Bojardi, Maddalena Padovani, Antonella Boisi, Ginette Gadoury and Galit Jennewein for their patience and help.

Ein besonderer Dank geht an Jean-Noël Fourel, Pierre Aiglon, Fernand Mélin, Jean-Paul Leduc für ihre Ermutigungen und ihre Unterstützung bei der Herstellung des Buches. Ich danke außerdem Toshi Higashifushimi, Koji Somekawa und Rie Kimura. Ein Dankeschön schließlich auch an Gilda Bojardi, Maddalena Padovani, Antonella Boisi, Ginette Gadoury und Galit Jennewein für ihre Zuverkommenheit und Bereitschaft.

Viewports and Scenarios Art Direction
Art Direction der Viewports und Szenarien
Nanni Strada

Linguistic Consultants
Sprachberater
Sita Trini Castelli, Steve Piccolo

CDM Staff
Anna Barbara, Anna Maria Petrara, Angela Castellini, Philippe Casens, Gianandrea Giugni, Paolo Lorini, Gabriella Allenza, Liliana Becerra

English Translation
Englische Übersetzung
Steve Piccolo

French Translation
Französische Übersetzung
Silvia Bonucci, Claude Sophie Mazéas for *Scriptum*, Rome

German Translation
Deutsche Übersetzung
Renate Kraus, Petra Arndt for *Scriptum*, Rome

Contents/Inhalt

*We love the past because it is the present
as it has survived in human memory.*

*Man liebt die Vergangenheit, denn sie ist die Gegenwart,
wie diese im Gedächtnis der Menschen überlebt hat.*

Marguerite Yourcenar

TRANSITIVE DESIGN

TIMEFRAME

The end of a century, coinciding with the end of an entire millennium, is indeed an important event, but it is somehow less significant for us than the passage from one decade to another. Since we have begun to discuss the passage of time in terms of decades—from the Roaring Twenties on—our recent history has been recorded and narrated in terms of small temporal slices. Local and global events, economic booms and monetary crises, even revolutions and wars, conquests and defeats are filed away in the segments of this new decimal system of historical compartmentalization. All this has a profound effect, because we clearly perceive, in the continuing passages of this reduced segmentation of time, the risk of a possible reclassification, for better or worse, of our own destiny.

Apart from the exciting, unique opportunity for a celebration of an epochal turning point, we find ourselves immersed in the everyday experience of a "contingent time," a dimension that has less to do with history than with the present, experienced in a form that is only slightly more dilated. Thus we find ourselves placed in a condition in which time extends

Coney Island, 1940, detail. Photo by Weegee (Arthur Fellig). International Centre of Photography, New York

Coney Island, 1940, Ausschnitt. Foto von Weegee (Arthur Fellig). International Centre of Photography, New York

ZEITRAHMEN

Das Ende eines Jahrhunderts, ja zugleich auch Ende eines Jahrtausends, stellt ein bedeutendes Ereignis dar, aber für uns ist es eigentlich weniger bedeutend als der einfache Übergang von einem Jahrzehnt zu dem anderen. Seit wir angefangen haben, die Jahre nach Jahrzehnten zu zählen, nämlich von den Goldenen zwanziger Jahren an, ist unsere Geschichte mit Hilfe von kleinen Zeitabschnitten aufgenommen und erzählt worden. Jedes lokale oder globale Ereignis, jeder Wirtschaftsboom oder jede Währungskrise, einschließlich Revolutionen und Kriege, Eroberungen und Niederlagen, ist schon in die Fächer der neuen dekadischen Aktenmappe der Geschichte eingeordnet und abgelegt worden. Das alles berührt uns ganz tief, denn wir verspüren in den fortwährenden Übergängen dieser reduzierten Zeiteinteilung die Gefahr einer möglichen Neuklassifizierung unseres Schicksals im Guten wie im Bösen.

Neben den großen Feierlichkeiten beim Überschreiten einer so einzigartigen und epochalen Schwelle befinden wir uns somit innerhalb der alltäglichen Erfahrungen einer "kontingenten Zeit", das heißt in einer Dimension, die eigentlich mehr mit der Aktualität als mit der Geschichte zu tun hat, nur wird eben diese Aktualität in einer etwas ausgedehnteren Form erlebt. Dadurch entsteht die Situation, in der sich die Zeit zu einer sehr nahen Zukunft ausweitet, während man sich bei der jüngsten Vergangenheit auf den Erfahrungsaustausch zwischen den Generationen beschränkt. Was dann die entferntere Vergangenheit angeht, so wird alles immer mehr den zahlreichen Gelegenheiten einer rein emotionalen Rückschau anvertraut, die von den Massenmedien angeboten wird. Diese zeitgleiche Vision von Vergangenheit, Gegenwart und Zukunft kann auf diese Weise bis zu ihren äußersten Grenzen gehen, um dann in einzelnen Erläuterungen, wie die vom Radio Blues-Jockey Edoardo "Catfish" Fassio, zusammengefasst zu werden: "Das Jahr 1999 ist kein Jahr, es ist eine Ära".[1] Diese Synthese zeigt uns eine provozierende Vision der Wirklichkeit und sie ist imstande, in einem einzigen Jahr eine ganze Phase im Leben der Individuen zu kondensieren. Die Existenz dieser Engpässe der Zeit widerspiegelt sich unerbittlich auch auf unsere Fähigkeit, im Hinblick auf die Zeit zu planen und somit einen radikalen Wandel in der bis jetzt bestehenden Projektkultur einzuleiten. Daher kann die Behauptung aufgestellt werden, daß nach der Überwindung einer hohen Schwelle die Zeit ausgedehnter und in verlangsamten Schüben wahrgenommen wird, so daß es möglich ist, ganz vorsichtig in die neue dickflüssige Dimension der "kontingenten Zeit" einzutreten. Auch wenn sich die Zeitrakete unaufhaltsam auf das Morgen hinbewegt, so kann man genauso behaupten, daß die formalen Sprachen der Vergangenheit und der Zukunft heute in irgendeiner Weise der Gegenwart näher sind und auf gleichwertiger Ebene zur Verfügung stehen.

Das letzte Jahrzehnt ist von wiederholten Versuchen gekennzeichnet, die Vergangenheit wiederherzustellen und zwar in der Hoffnung, seine eigenen kulturellen, religiösen und ethnischen Wurzeln wieder zu bestätigen. Dieser Wille zur Verwurzelung ist leider nur in den besten Fällen weltlich und affektiv geblieben und hat dabei mit einem eklektischen und ungezwungenen Verhalten eine Brücke zu dem geschlagen, was bis jetzt auf Distanz gehalten worden war. In diesem Prozeß der zeitlichen Annäherung ist von den neuen Informatikmedien ein unverzichtbarer Beitrag geleistet worden, denn sie wurden zu den Flügeln jener Zeitmaschine, die in der Science Fiction jahrzehntelang herbeigewünscht worden ist. Parado-

toward a very near future, while for the recent past we limit our attention to an exchange, generation by generation, of experiences. Where the more remote past is concerned, everything is left up to the increasingly numerous opportunities for purely emotional revisitation and revision offered by the mass media. This simultaneous vision of the past, present and future, therefore, can be taken to an extreme, as summed up in singular statements such as that of the radio blues-jockey Edoardo "Catfish" Fassio: "1999 isn't a year, it's an era,"[1] revealing a provocative vision of reality capable of condensing, in a single year, an entire phase of the life of individuals.
The existence of these temporal bottlenecks also inevitably influences our capacity to make projects in relation to time, causing a radical transformation in existing design culture. We can say that the perception of time, when we pass a major threshold, is somehow dilated, with slower impulses that cause us to approach the viscosity of the new dimension of "contingent time" with greater caution. Although the temporal vector moves inexorably toward tomorrow, we can also say that the formal languages of the past and the future are, in certain ways, closer to the present today, and equally available.
The last decade has been marked by recurring attempts to recover the past, in pursuit of a reconfirmation of cultural, religious and ethnic roots. A desire for roots which, unfortunately, only in the best of cases has remained secular and emotional, creating a bridge capable of connecting, with an eclectic, detached approach, what had previously been held at a distance. In this process of temporal approach an indispensable contribution has been supplied by the new information media, which have become the flywheels of that time machine imagined for so many decades by the visions of science fiction. Paradoxically, the information media have joined forces with the aspects of emotional experience, previously excluded from any discipline that claimed to be scientific. The computer, having escaped from the rigid logic of the digital grid, has become a tool for the improvement of the potential of emotional memory, an ideal container for the surplus of unexpressed affections of an entire generation.

THIRD MILLENNIUM

Although we can observe how the years of transition from one millennium to the next are influenced by the sensation of the imminence of a new era, we can also expect this emphasis to fade as we go further beyond the great threshold. Until a few years ago, with the approach of the important temporal passage, the tension of the transformations between past and future was much stronger. Today the atmosphere of the reality straddling these transformations demonstrates that the two trends that have struggled to tip the scales of design, either toward the past or the future, are gradually weakening. Crossing the "fateful moment" leads to greater moderation in the imaginary scenarios marked by apocalyptic projections—or by an excessively optimistic realism—and in the more nostalgic forms which, returning to models from the past, operate to provide reassurance for the fears stimulated by expectations for the future.
In recent years one of the most over-utilized and abused terms was the "third millennium." In effect, we have been immersed in the new millennium for several years now, aware of the fact that the present situation will, in any case, subsist in the immediate reality of the next decade, with all its certainties and innovations, but also all of its great doubts and forms of resistance. For at least one year now all the networks of the planet have been questioning, on a daily basis, historians, philosophers, economists, religious leaders on their expectations for the great change. The most widespread response, however, is comforting: no one, with the exclusion of certain media phenomena and last-minute soothsayers, thinks anything of substance will change apart from the date itself. There is agreement, in fact, that in certain fields, such as that of technology, the new millennium has already begun, and that its transformations have already led to profound modifications in our everyday living patterns.
In the world of architectural design, for example, there is a legitimately widespread belief that the end of the 20th century took place in 1988. This was the year when, at the Museum of Modern Art in New York, Deconstructivism swept away the Postmodern, together with all the other prefixes and variations.

***The Rocket Man*. Courtesy Teknion Furniture Systems, Toronto, 1997**

The Rocket Man. Courtesy Teknion Furniture Systems, Toronto, 1997

xerweise hat sich das Informatikmedium mit den Aspekten der Gefühlsmäßigkeit verbunden, die schon aus jeder Disziplin verbannt worden waren, die irgendwelche wissenschaftliche Ansprüche erheben wollte. Der Computer ist der eisernen Logik des digitalen Gitters entkommen und zu einem Instrument geworden, um das Gedächtnis leistungsfähiger zu machen. Er ist dadurch ein idealer Behälter für den Überschuß an unausgedrückten Gefühlen einer ganzen Generation geworden.

DRITTES JAHRTAUSEND

Auch wenn man feststellen kann, daß die Jahre der Wende zu einem Jahrtausend von der bevorstehenden neuen Ära beeinflußt sind, so ist es doch auch voraussehbar, daß sich dieser Überschwang im Verhältnis zur Entfernung von der großen Schwelle legen wird. Bis vor einigen Jahren war die Spannung der Wende zwischen Vergangenheit und Zukunft viel stärker, auch weil der bedeutende zeitliche Übergang immer näher rückte. Man spürt es heute in der Luft, die man in den Wirklichkeiten an der Wende dieser Veränderungen einatmet, daß sich die beiden Tendenzen allmählich abschwächen, die bis jetzt den zeitlichen Beziehungspunkt des Projekts zur Vergangenheit oder zur Zukunft hin aus dem Gleichgewicht gebracht hatten. Beim Erreichen des "schicksalshaften Zeitpunkts" beschwichtigen sich sowohl die bildhaften, von apokalyptischen Projekten oder von einem zu optimistischen Realismus geprägten Szenarien als auch die nostalgischsten Formen, die die Modelle aus der Vergangenheit holen und dabei eine beruhigende Funktion auf die durch die Zukunft entstehenden Ängste ausüben.

In den letzten Jahren scheint es keinen Ausdruck zu geben, der mehr verwendet wurde, als der des "dritten Jahrtausends". Eigentlich befinden wir uns schon seit einigen Jahren in dem neuen Jahrtausend, und wir sind uns auch darüber bewußt, daß die derzeitige Situation unmittelbar in das nächste Jahrzehnt überfließen wird und zwar mit all dem Gepäck an Sicherheiten und Innovationen, doch sie wird auch von großen Zweifeln und Widerständen begleitet sein. Seit fast einem Jahr befragen die großen Networks des Planeten tagtäglich Historiker, Philosophen, Wirtschaftler und Männer des Glaubens über die Erwartungen dieser großen Wende. Die verbreitetste Antwort ist aber tröstlich: mit der Ausnahme von nur wenigen Medien und von einigen Weltuntergangspropheten denken eigentlich alle, daß sich mit dem Glockenschlag des Jahres 2000 nichts Wesentliches verändern wird. Einig ist man sich aber darüber, daß das neue Jahrtausend bereits auf mehreren Gebieten, wie zum Beispiel in der Technologie, begonnen hat und daß deren Errungenschaften unsere alltäglichen Gewohnheiten ganz tief verändert haben.

Regarding this date, Bruno Zevi has written: "Since 1988 the relaunching of the Modern Movement is no longer a phenomenon of the 20th century, but of the 21st. This frees us of the encumbrances of mannerism, or of that anti-classicism that always needs to regenerate classicism in order to insult and destroy it. The new situation doesn't identify with non-compliance or transgression, for the simple reason that the rules and regulations no longer exist. Architectural language has emancipated itself from orders, typology, assonance, symmetry, perspective and the shell-like container. It is based on the space of landscape, urban planning, construction. We are already in the 21st century, the third millennium, and have been for ten years now."[2] This freedom of synchronization of the clocks of history, of interpreting an objective time-lapse, independent of the material or cultural nature of the events that characterize the time, is a typical attitude in a period of transition: even chronology has its own new needs.

IDEOLOGY DISSOLUTION

In 1991 Krzysztof Pomian, historian and philosopher at the Centre National de la Récherche Sciéntifique in Paris, made the following statement: "The 19th century was also the century of history, and this is because it was oriented toward the future [...] But we have experienced a crisis of the future, and our collective attitude regarding the future has been profoundly modified. The revolutionary movements, in crisis for some time now due to a lack of inspiration, have failed in all the developed countries, where by now the idea of a rupture between the future and the present is attractive only to small groups. What interests the majority, on the other hand, is the preservation—between future, present and past—of a continuity weakened by decades of modernization whose pace and depth have been such that they have produced truly revolutionary effects precisely in those places where power has remained in the hands of reformers and conservatives..."[3]

It is tempting to think that the extinction of the traditional avant-gardes might be a good thing. Everything that legitimized them has vanished: the great ideologies no longer exist, replaced by "visions of real facts in elusive dimensions and spaces." The Internet exists, a transverse, mass reality that moves human resources and economic systems and represents, in anthropological terms, a transformation far more radical than any revolution or ideological purge ever perpetrated. The idea of the nation is also collapsing, replaced by that of a global market in which new rules are dictated by the voice of trans-linguistic communication. The atmosphere is one of rarefaction, the tensions never unleash explicit provocations, nor provoke irreparable ruptures. Nevertheless, this leads to the presence of a more subtle dynamism that continues to move ideas, projects and products that are full of meaning and new sense.

We shouldn't be deceived by the idea that nothing is happening in expectation of the future: the aesthetic of this moment, in equilibrium between the past and the future, between new technological potentials and formal eclecticisms, reveals one of the most

Experimental atomic explosion at Yucca Flats (Nevada, USA). The spectators are at a distance of eleven kilometers from the blast. Photo by J.R. Eyerman, 1953

Atombombenversuch in Yucca Flats (Nevada, USA). Die Zuschauer befinden sich elf Kilometer vom Explosionsort entfernt. Foto von J.R. Eyerman, 1953

Auch im Architekturbereich sind sich fast alle darüber einig, daß das Ende des 20. Jahrhunderts im Jahr 1988 zu suchen ist. In diesem Jahr hat nämlich im Museum of Modern Art von New York der Dekonstruktivisimus das Postmoderne mit allen seinen Bestimmungen und Abstufungen weggefegt. Über dieses Datum stellt Bruno Zevi in einem Leitartikel die Behauptung auf: "Von 1988 an ist die Neulancierung der Modernen Bewegung kein Phänomen des zwanzigsten Jahrhunderts, sondern des Jahres Zweitausend. Sie befreit uns von der manieristischen Hypothek, nämlich von einem Antiklassizismus, der immer den Klassizismus regenerieren muß, um diesen dann zu beschimpfen und zu zerstören. Er identifiziert sich aus dem einfachen Grund nicht mit der Abweichung, mit der Übertretung, da es keine Regel und Reglementierungen mehr gibt. Die architektonische Sprache hat sich von den Ordnungen, der Typologie, dem Gleichklang und der Symmetrie, der perspektivischen Anlage und der Schachtelhülle befreit. Sie gründet sich auf den Landschafts-, Stadt- und Gebäuderaum. Seit zehn Jahren befinden wir uns schon im 21. Jahrhundert, im dritten Jahrtausend".[2] Diese Freiheit, *ad hoc* die Uhren der Geschichte aufeinander abzustimmen, das heißt einen objektiven *Time-Lapse* unabhängig von der materiellen oder kulturellen Natur der Ereignisse zu suchen, die die Zeit markieren, ist eine für Übergangsepochen typische Gewohnheit: Auch die Chronologie hat ihre neuen Bedürfnisse.

Model of the *Sputnik* presented at the USSR Pavilion of the Brussels World's Fair. Photo by Henri Cartier-Bresson, 1958, Magnum Photos
Sputnik-Modell im Pavillon der UdSSR auf der World's Fair von Brüssel vorgestellt. Foto von Henri Cartier-Bresson, 1958, Magnum Photos

AUFLÖSUNG DER IDEOLOGIEN

Im Jahr 1991 gab Krzysztof Pomian, Historiker und Philosoph des Centre National de la Récherche Sciéntifique in Paris folgende Erklärung ab: "Das 19. Jahrhundert ist auch das Jahrhundert der Geschichte und zwar deswegen, weil es auf die Zukunft hin ausgerichtet ist [...]. Aber wir haben auch eine Krise der Zukunft erlebt und unser kollektives Verhalten hinsichtlich der letzteren hat sich daher ganz tief verändert. Die revolutionären Bewegungen, die schon seit einiger Zeit aufgrund fehlender Inspiration in Krise geraten sind, sind in den entwickelten Ländern alle gescheitert, wo schon die Vorstellung eines Bruchs zwischen Zukunft und Gegenwart eigentlich nur noch verstreute Grüppchen in Begeisterung versetzt. Was dann im Gegensatz dazu die Mehrheit interessiert, ist die Beibehaltung – zwischen Zukunft, Gegenwart und Vergangenheit – einer seit Jahrzehnten von der Modernisierung geschwächten Fortdauer, deren Rhythmus und deren Tiefe wirklich revolutionäre Auswirkungen erzeugt haben und zwar gerade dort, wo die Macht in den Händen der Reformierer und der Konservatoren geblieben ist ..."[3]

Hier kommt man in Versuchung zu denken, daß das Erlöschen der traditionellen Avantgarden positiv sei. All das, was ihren Sinn legitimierte, hat sich aufgelöst: Es gibt keine großen Ideologien mehr, sondern es bestehen "Visionen von realen Tatsachen in unbegreiflichen Dimensionen und Räumen". Es gibt Internet, eine transversale und eine Massenrealität, die menschliche Ressourcen und Wirtschaftssysteme bewegt und auf anthropologischer Ebene eine der radikalsten Veränderungen überhaupt einer jedweden Revolution oder bis jetzt verübten ideologischen Säuberung darstellt. Auch die Vorstellung von Nation bricht gerade zusammen, denn sie wird durch den Weltmarkt ersetzt, dessen neue Regeln von der trans-

complex, mature, highly evolved languages of the 20th century. If we analyze the areas of projections and trends, or those of programs of design and production for the future, we notice that extreme, radical aspects are no longer of interest, while more moderate, almost reflexive or meditative attributes take on significance. Technology exists and will remain very visible, but it won't need to show off its muscles; the aesthetic will no longer be that of the projection of novelty at all costs, but one that can even make use of a familiar past, freely reinterpreted, case by case. In design culture and artistic production, in other words, the main programmatic point of reference is no longer the "manifesto," but the very media utilized, whether they are increasingly powerful data processing hardware or the surprising rules of deconstruction applied to traditional architectural composition, capable of systematically dismantling the pure play of orthogonality.

View of the interiors of the Malpensa 2000 airport. Photo by Ettore Sottsass
Ausschnitt der Innenräume des Flughafens Malpensa 2000. Foto von Ettore Sottsass

AVANT-GARDE AND PROJECTUM

Today, in the present phase of transition, we ask ourselves about the meaning of the future, about how we know how to configure our projections and, perhaps, about how we have finally managed to free ourselves of the urge to represent the future as a means of achieving a secular interpretation of the present. The reflection of the German philosopher Martin Heidegger in the first decades of the 20th century on design as *projectum* has all too often been interpreted as simply a temporal issue, a sort of project for the future, omitting that phase of return to the present that the philosopher himself recommended, with the idea of "dis-distancing." This idea of the future as the sole objective of design has permeated the culture of this century, with the entire production of ideas, inventions, works of architecture and objects; this was the stimulus for the so-called avant-gardes, which by definition "look forward." Some might object that the new attention to the present may bring the risk of delegitimizing the *projectum* itself; but this is not the case. The conscious design of the present is also more feasible and useful for the design of a possible future.

Over the last few years, however, the proximity of the year 2000 has led to a cultural phenomenon of great interest, based on the fact that we are able to forecast, with sufficient accuracy, what the near future will be like and compare it to the predications of the recent past. A sort of bridge has been created from the mid-20th century to the present, connecting the moment of the creation of the myth and its verification. Thus with the arrival of the year 2000 the sense of the mythical event has been secularized in favor of a less projective vision: contemporary objects, extended toward contiguous times, appear to limit their ideal extension forward or backward.

linguistischen Kommunikation diktiert wird. Das vorherrschende Klima, ist ein Klima der verminderten Spannungen, die weder deutliche Provokationen hervorrufen noch unüberbrückbare Kluften aufreißen. Das führt jedoch zu einer feineren Dynamik, die weiterhin bedeutungsvolle und bedeutungsneue Ideen, Projekte und Produkte bewegt.

Dabei darf man sich aber nicht täuschen lassen und denken, daß sich nichts in Erwartung der Zukunft bewegt: Die Ästhetik dieses Augenblicks im Gleichgewicht zwischen Vergangenheit und Zukunft, zwischen neuer technologischen Leistungsfähigkeit und formalen Eklektizismen zeigt eine der komplexeren, reiferen und hochentwickelteren Sprachen dieses Jahrhunderts. Wenn man die Bereiche der Voraussagen und der Trends untersucht, wie eben die Planungs- und Produktionsprogramme für die Zukunft, so erkennt man, daß die übertriebenen und radikalen Aspekte nicht mehr interessieren, während die im Ausdruck gemäßigteren, ja fast reflexiven Merkmale an Bedeutung gewinnen. Die Technologie bleibt immer noch deutlich sichtbar, aber sie dient nicht dazu, Muskeln zu zeigen, und die Ästhetik ist dann nicht mehr jene projektive der Neuheit um jeden Preis, sondern sie kann sogar auf die jüngste, wohlbekannte Vergangenheit zurückgreifen und sie jedes Mal wieder ungezwungen neu interpretieren. In der Konzeption und in der künstlerischen Produktion gibt es daher nicht mehr das übliche Manifest, das den großen programmatischen Bezugspunkt darstellt, sondern sehr oft sind es die eingesetzten *Medien* selbst: ganz gleich ob es dabei die leistungsfähige, immer spezialisiertere Informatikhardware ist oder die überraschenden dekonstruktiven Regeln, die in der traditionellen architektonischen Komposition angewandt werden und die imstande sind, auf systematische Weise das reine Spiel der Rechtwinkligkeit auseinanderzunehmen.

Radio in Bakelite designed by Piergiacomo Castiglioni, Livio Castiglioni and Luigi Caccia Dominioni for Phonola in 1948
Radio aus Bakelit, von Piergiacomo Castiglioni, Livio Castiglioni und Luigi Caccia Dominioni im Jahr 1948 für Phonola entworfen

AVANTGARDE UND PROJECTUM

In der Übergangsphase, in der wir uns befinden, stellt man sich derzeit die Frage über den Sinn der Zukunft und darüber, wie wir die Projektivität darstellen können und, vielleicht, wie wir uns endlich von der Angst befreit haben, die Zukunft darzustellen, um zu einer weltlichen Interpretation der Gegenwart zu gelangen. Die Überlegung, die der deutsche Philosoph Martin Heidegger in den ersten Jahrzehnten dieses Jahrhunderts über das Projekt als *Projectum*, als "Entwerfen für", anstellte, ist viel zu oft als eine rein zeitliche Frage interpretiert worden, eben als eine Art Projekt für die Zukunft. Dabei ist jene Phase des Rückflußes zur Gegenwart vernachlässigt worden, die mit der "Ent-Entfernung" sogar vom Philosophen selbst herbeigewünscht worden war. Diese Vorstellung der Zukunft als einziges Ziel des Projekts durchdringt die Kultur dieses Jahrhunderts mit ihrer Produktion von Ideen, Erfin-

Final assembly line for the *Vespa*, 1958. Piaggio historical archives
Fließband mit Endmontage der *Vespa*, 1958. Historisches Archiv Piaggio

In this context there is little doubt about the fact that the avant-garde makes less sense today, the quantum of *avant* no longer expresses a situation of urgency, and those who assume the task of designing today are those who are capable of observing and decoding the reality of the present, intervening with great attention. "What we will be like" and "what we will do" are issues that no longer stimulate design imagination any more than "who we are" and "where we are" (and therefore what we carry in the luggage of our voyage in the temporal limitations of the "present-day" dimension). It is therefore quite possible that this attitude has determined the end of the historical avant-gardes, without taking anything away from the value of their "design."

With respect to the idea of "transition" itself, different possible interpretations exist. An essay by Ezio Manzini, of the Milan Polytechnic, entitled *The Development of Sustainable Products,* offers an early interpretation of the theme that we can usefully include here: "If there is to be a profound discontinuity between the past and the future, then the present takes the form of a phase of transition: a phase in which the 'old order of things,' in decline, coexists with the rising 'new order.' The timing, modes and results of this transition depend upon many different factors. One of them is our capacity to understand the phenomena in progress and to act as a consequence."[4]

Nevertheless, looking even more closely at the intense work of theoretical elaboration and support that has always characterized the history of Italian design, with a body of very precise, effective critical contributions, the need to adapt to the emerging transitive condition would appear somewhat less urgent. Andrea Branzi, in his book *Introduction to Italian Design. An Uncomplete Modernity* observes that: "We often hear this period defined as one of transition; but it is important to add that this transition has become a permanent condition, a stable historical period, a reliable statute of our present and our future. It is not positioned between two systems of certainties, the old, obsolete one and the new one that will soon take form: today the term transition indicates a stable condition of pursuit not of new values, but of operative possibilities to be implemented in the definitive absence of values."[5]

Thus the condition of the *transitive*—as the management or conscious acceptance of discontinuity—seems to have been clearly understood. What is less clear is what we can expect from the transition: in other words, what will be the aesthetic strategies and objective manifestations of new certainties that will characterize this "historical period"?

[1] A. Guarneri, "Anni Novanta," in *Abitare*, n. 385, June 1999.
[2] B. Zevi, "Sull'architettura del terzo millennio," editorial in *Architettura Cronaca e Storia*, October 1998.
[3] K. Pomian, "Il presente futurocentrico," in *Sfera*, n. 22, September 1991.
[4] E. Manzini, C. Vezzoli *Lo sviluppo dei prodotti sostenibili*, Maggioli editore, Rimini 1998.
[5] A. Branzi, *Introduzione al Design italiano. Una modernità incompleta*, Baldini & Castoldi, Milan 1999.

dungen, Architektur und Gegenständen. Aus diesen Anregungen sind die sogenannten Avantgarden entstanden, die eben "nach vorne schauen". Man könnte fast glauben, daß man mit dieser Aufmerksamkeit auf die Zukunft hin die Gefahr eingeht, das *Projectum* selbst um das Ansehen zu bringen, aber dem ist nicht so. Das Projekt der bewußten Gegenwart ist auch für das Projekt der möglichen Zukunft wahrscheinlicher und nützlicher.

Im Laufe dieser letzten Jahre hat die Nähe zum dritten Jahrtausend ein äußerst interessantes kulturelles Phänomen in Gang gesetzt, das aus der Tatsache entsteht, daß es uns gelungen ist, mit ausreichender Wahrscheinlichkeit vorauszusehen, wie die nahe Zukunft aussehen wird und sie damit zu vergleichen, was die Projektionen der jüngsten Vergangenheit vorgestellt hatten. Zwischen der Mitte des Jahrhunderts und heute scheint wirklich eine Brücke geschlagen worden zu sein, die den Augenblick der Schaffung des Mythos und seine Verifizierung verbinden. Darum hat sich auch mit dem Eintreffen des Jahres Zweitausend die mythische Bedeutung des Geschehens verweltlicht und zwar zugunsten einer weniger projektiven Vision: Die auf nebeneinanderliegende Zeiten hin ausgerichteten Gegenstände der Gleichzeitigkeit erscheinen uns ein wenig zu weit nach vorne geneigt und zu wenig nach hinten gewendet zu sein.

In diesem Sinn besteht kein Zweifel darüber, daß die Avantgarde heute weniger Bedeutung besitzt: Das Quantum von *avant* drückt keine Notwendigkeit mehr aus und wer die Aufgabe des Entwurfs übernimmt, ist heute in der Lage zu beobachten und zu entschlüsseln, indem er mit großer Aufmerksamkeit auf die Realität der Gegenwart eingeht. "Wie wir sein werden" und "was wir machen werden" sind Fragen, die die Planvorstellungen nicht mehr anregen als die Fragen "wer sind wir" und "wo sind wir" (und was nehmen wir auf unserer Reise in die zeitlichen Engen der "heutigen" Dimension mit). Daher ist es wahrscheinlich, daß dieses Verhalten das Ende der historischen Avantgarden bekräftigt, obwohl es auf keine Weise den Entwurf herabsetzt.

In Bezug auf die Vorstellung des "Übergangs" selbst gibt es verschiedene mögliche Interpretationen. Seit langem schon kann man in einem Beitrag von Ezio Manzini, vom Politecnico von Mailand, mit dem Titel *Die Entwicklung der erträglichen Produkte*, eine Vorausschau über das Thema des Übergangs einlesen, wobei folgendes Zitat sehr nützlich ist: "Wenn sich zwischen Vergangenheit und Zukunft eine tiefgehende Kluft auftut, dann stellt sich die Gegenwart als Übergangsphase vor: eine Phase, in der die 'alte Ordnung der Dinge', die im Untergehen ist, mit der entstehenden 'neuen' zusammenlebt. Die Zeiten, die Weisen und die Ergebnisse eines solchen Übergangs hängen von einer Vielfalt von Faktoren ab. Unter anderem auch von unserer Fähigkeit, die bestehenden Phänomene zu begreifen und dementsprechend zu handeln".[4]

Wenn man dann trotzdem die gewaltige theoretische Ausarbeitung und Grundlage betrachtet, die ja immer schon die Geschichte des italienischen Designs mit einem Corpus von kritisch sowohl ausgewogenen als auch wirksamen Beiträgen charakterisiert hat, so scheint es gar nicht so dringlich zu sein, sich der wachsenden Übergangsphase anzupassen. Andrea Branzi bemerkt nämlich in seinem Buch *Einführung in das italienische Design. Eine unvollständige Modernität* dazu: "Wir hören sehr oft, daß diese Epoche als eine Übergangssituation definiert wird. Dabei ist es wichtig hinzuzufügen, daß dieser Übergang eine permanente Kondition, eine stabile historische Zeit, ein sicheres Statut unserer Gegenwart und unserer Zukunft geworden ist. Sie steht eben nicht zwischen zwei Systemen der Gewißheiten, zwischen dem Alten und Verschwundenen und dem Neuen, das sich in Kürze bilden wird: Der Ausdruck Übergang bezieht sich heute auf eine stabile Kondition der Suche nicht nach neuen Werten, sondern nach operativen Möglichkeiten, die man im endgültigen Fehlen von Werten verwirklichen kann".[5]

Daher scheint inzwischen ausreichende Klarheit über die Lage selbst des *Transitiven* als Vorgang oder als bewußte Annahme der Unterbrechung zu herrschen. Was wir uns von dem Übergang erwarten sollen, erscheint jedoch weniger deutlich: Welche ästhetische Strategien es geben wird und welche objektiven Kundgebungen neuer Gewißheiten dann diese "geschichtliche Epoche" kennzeichnen werden.

[1] A. Guarneri, "Anni Novanta", in *Abitare*, Nr. 385, Juni 1999.
[2] B. Zevi, "Sull'architettura del terzo millennio", Leitartikel in *Architettura Cronaca e Storia*, Oktober 1998.
[3] K. Pomian, "Il presente futurocentrico", in *Sfera*, Nr. 22, September 1991.
[4] E. Manzini, C. Vezzoli *Lo sviluppo dei prodotti sostenibili*, Maggioli editore, Rimini 1998.
[5] A. Branzi, *Introduzione al Design italiano. Una modernità incompleta*, Baldini & Castoldi, Mailand 1999.

INDUSTRY DISCOVERS AFFECTION

The phenomenon that seems to emerge in the most widespread way from the spheres of contemporary material culture, and which will play a key role in the first years of the coming decade, can be defined with the term *Transitive Design*. This term, borrowed from the Latin verb *transire*—to go beyond—indicates all those industrial products that connect the past and the future without any nostalgic intent or futuristic ambitions, but with an attitude of continuity in change. Thus *transitive* products can be metaphorically compared to veritable "temporal ferries," products designed to set off from the safe shores of the aesthetic languages of the recent past and to dock at the undoubtedly less certain shores of the near future. For the *transitive* the relationship with the past is based on the memory of events, objects, sensations that belong to not so distant histories, to the extent that they are remembered with affection but not with the emotion-laden nostalgia of mannerist *revivals*. The relationship established with memory of recent experience is more detached, relaxed, liberated from any desire for emulation, but also respectful of its own roots.

The *transitive* character of these new products permits the reconciliation of two contradictory tensions of the present: the desire to go forward, on the one hand, and the fear of tomorrow on the other. Both the need to exorcise the uncertainties of the future and that of safeguarding points of continuity with the past require the presence of a major, reassuring factor which can be found in the aesthetic strategy of transitivity, based on a form of veritable temporal understatement. This strategy has the effect of attenuating the drive for representation of the continuing processes of innovation normally aimed at projecting, and not only in a metaphorical sense, the product toward the increasingly advanced goals of the technological future. This different design approach also ushers in what is undoubtedly not a passing phase in the history of design, with the potential of characterizing the entire decade of the "zeroes."

Presented initially in rather timid limited editions, the new tribe of *transitive* industrial products has been gradually reinforced thanks to certain important cases of market success, particularly in cases of products with a high level of technological content. This has given rise to the new "somatic types" of products, nearly always characterized by a singular aesthetic and functional autonomy, even in cases in which they were already integrated in other coordinated "groupings." This explains why the products of *Transitive Design* have emerged episodically in already consolidated catalogs, and have nearly al-

***Teddy Bear Band*, designed by Philippe Starck for Moulin Roty, 1998**

Teddy Bear Band, von Philippe Starck für Moulin Roty entworfen, 1998

DIE INDUSTRIE ENTDECKT DIE GEFÜHLSWELT

Das Phänomen, das sich schon in den Herrschaftsgebieten der zeitgenössischen materiellen Kultur auszuzeichnen scheint und das eine Hauptrolle in den ersten Jahren des nächsten Jahrzehnts einnehmen wird, kann mit dem Ausdruck *Transitive Design* bezeichnet werden. Dieser Ausdruck leitet sich vom lateinischen Verb *transire* – weiter gehen, überschreiten – ab und benennt all diejenigen Industrieprodukte, die die Vergangenheit und die Zukunft ohne irgendwelche nostalgische Absicht miteinander verbinden und zugleich auch keine projektiven Ziele verfolgen, sondern vielmehr unter dem Zeichen der Kontinuität in der Veränderung stehen. Die *transitiven* Produkte können auf metaphorischer Ebene wahren "Zeitfährschiffen" angeglichen werden, das heißt Produkten, die geplant worden sind, um vom sicheren Ufer der ästhetischen Sprachen der jüngsten Vergangenheit zu den gewiß unsicheren Ufern der nächsten Zukunft zu gelangen. Die Beziehung mit der Vergangenheit stützt sich also bei dem *Transitiven* auf die Erinnerung an Ereignisse, Gegenstände, Empfindungen, die zu Geschichten der jüngsten Vergangenheit gehören, so daß an sie zwar mit Gefühl gedacht wird, aber weder mit Zuneigung noch mit der lebhaften Nostalgie der manieristischen Überprüfung. Aus diesem Grund ist die Beziehung, die mit der sich am nahen Erlebnis schöpfenden Erinnerung entsteht, ungezwungen, emanzipiert und von jeglichem Nacheifern entfernt, aber trotzdem voller Achtung vor seinen eigenen Wurzeln.

Der *transitive* Charakter dieser neuen Produkte gestattet es, zwei widersprüchliche Spannungen der Gegenwart miteinander zu versöhnen: Einerseits der Wunsch nach dem Neuen und andererseits die Angst vor dem Morgen. Sowohl der Wunsch, die kommenden Ungewißheiten auszutreiben als auch das Bedürfnis, sich eine bestimmte Kontinuität mit der Vergangenheit zu garantieren, verlangen einen großen beruhigenden Faktor, der eben gerade in der ästhetischen Strategie der *Transitivität* festzustellen ist, die sich auf ein wahres zeitliches *Understatement* stützt. Diese Strategie bewirkt es, die Angst vor der Darstellung ständiger Innovationsprozeße abzuschwächen, denn diese tendieren normalerweise dazu, das Produkt nicht nur auf metaphysischer Ebene zu immer höheren Zielen der technologischen Zukunft hinzuführen. Dieses unterschiedliche schöpferische Verhalten führt außerdem zur Öffnung einer gewiß nicht flüchtigen Phase in der Geschichte des Designs und ist daher potentiell imstande, das ganze Jahrzehnt der Jahre Null zu charakterisieren.

Zuerst wurde diese neue Gattung der *transitiven* Produkte in einer limitierten Ausgabe oder in bescheiden ausgeführten Sonderausgaben vorgestellt, dann aber sicherte sie sich, auch dank einiger aufsehenerregender Markterfolge, vor allem bei Produkten mit technologisch hoch entwickelten Inhalten ihren Platz. Auf diese Weise entstanden die neuen "somatischen Typen", die sich fast immer durch eine einzigartige ästhetische und funktionale Autonomie auch dort auszeichnen, wo sie schon seit geraumer Zeit fest integriert sind. Damit erklärt sich, warum die Produkte des *Transitiven Designs* verstreut oder episodenhaft in schon bestehende Kataloge eingeführt worden sind. Diese somatischen Typen könnten wir als *unfitted* bezeichnen, da sie einerseits die Doppelnatur von Gegenständen besitzen, die jedem Versuch einer strukturellen Eingliederung in Koordinatensystemen widerstehen und andererseits ganz großzügig mit einer gewaltigen Stoffbeschaffenheit ausgestattet sind. Kühlschränke, die wie zufällig neben den starren Git-

ways been introduced little by little. One of the prevailing somatic characteristics, which we can define as *unfitted*, is a result of the dual nature of these products, that are both resistant to any advanced attempt at formal or even sizing integration, while possessing a tangible materic consistency. Refrigerators parked casually alongside the rigid grids of modular kitchen systems from which they are a definitive departure, bathtubs that lose the form of the traditional "built-in" units, roaming freely about the space of the bath: these are examples of autonomous or "separate" proposals, designed by beginning with forgotten formal archetypes recovered, today, with the aim of leading us back to a state of original iconic intensity. Products that are *unfitted* even with respect to themselves, because they have been designed according to the "object-oriented" formula of their components, of a design language that calls for a clear aesthetic autonomy of the single parts of an object, such as control knobs, removable covers, functional openings, etc., that thus remain "finite," distinct, eloquent.

"Transitive" kitchen with products featuring the most advanced technical functions, 1998
"Transitive" Küche mit Produkten, die die fortgeschrittenste technologische Zweckdienlichkeit besitzen, 1998

Conversation corner in the Ford Pavilion at the New York World's Fair, designed by Walter Dorwin Teague, 1939
Gesprächsecke im Ford-Pavillon auf der World's Fair von New York, von Walter Dorwin Teague entworfen, 1939

But the aim of this book is not to outline an improbable "transitive manifesto." This text is intended as a gathering of reflections on what already exists, on a phenomenon that has sprung up out of the woodwork of heterogeneous experiences, and is developing in the contemporary scenarios of production and design. *Transitive Design* is not the result of a theory of a limited group of people, a collective declaration or a school of thought. It is a widespread emotional impulse that introduces—for the first time in history—the rules of subjectivity and emotional memory in the previously gelid world of industry. In these terms the *transitive* leads to a major new development: the emancipation of industry with respect to the emotional qualifications objects can assume. That emotional content critically banned by the purism of the modernists, pragmatically ignored by the standardization of the postwar era, systematically deformed by the radical movements and, finally, utterly disrupted by Deconstructivism, is a fundamental part both of the phase of transition and of the destructuring virtuality that, today, leads to greater emotional and physical attachment to everyday objects.

When decorations and subjective emotions were banned from the genesis of modern industrial design the aim was to associate industrial development with a "new total objectivity"; in effect, historical reality called for just such a radical sacrifice. Nevertheless design has freed itself, and one century later those who speak of the adaptation of the industrial product to subjectivity no longer run the risk of appearing to be champions of a return to hand craftsmanship, nor of being relegated to the limbo of *Gestalt* speculation.

Because *Transitive Design* tends to take the form of an important phenomenon, but one that by nature will not alter the performance qualities of the products of the future, we can also hypothesize the appearance of a new form of humanism which was often invoked in the 1980s. In effect, the *transitive* appears to be structurally free of the kind of objective fallout to which we were historically accustomed in cases of new design approaches and emerging languages. A new form of humanism, therefore, in which man returns as the protagonist; in which the social, economic and political networks interweave the

tern von Einbauküchen abgestellt worden sind, denn sie gehören ja nicht mehr dazu; Badewannen, die die Form der "traditionellen" Einbettung verlieren, so daß man im Badezimmer selbst frei umher gehen kann: das sind Beispiele von autonomen und "getrennten" Vorschlägen. Diese sind aus den vergessenen formalen Archetypen entstanden, die heute mit der Absicht wieder hervorgeholt werden, uns zur ikonischen Intensität ihrer Ursprünge zurückzuführen. Produkte, die auch in sich selbst als *unfitted* dastehen, denn ihre Bestandteile wurden mittels der Formel *object-oriented* gekennzeichnet, das heißt mit der Sprache des Designs, die eine klare ästhetische Autonomie bei den einzelnen Teilen eines Gegenstandes vorzieht, wie die Stahlgriffe, die abnehmbaren Schutzdeckel, die funktionalen Öffnungen usw., die so "ausgefertigt", unterschiedlich und vielsagend bleiben.

Die Absicht dieses Buches besteht eigentlich nicht darin, ein unwahrscheinliches Manifest über das *Transitive* abzufassen, vielmehr sammelt der Text Überlegungen darüber, was schon besteht, über ein Phänomen, das in den Falten von heterogenen Erfahrungen entstanden ist und sich in den zeitgenössischen Szenarien der Produktionswelt und des Designs entwickelt. Das *Transitive Design* ist eben nicht das Ergebnis einer Theorie eines engen Kreises von Personen, eine kollektive Erklärung oder eine Denkschule, sondern eine verbreitete emotionale Instanz, die zum ersten Mal in der Geschichte die Regeln der Subjektivität und der leidenschaftlichen Erinnerung in die bis jetzt eiskalte Welt der Industrie einführt. Damit führt das *Transitive* eine große Neuheit ein, die sich in der Befreiung der Industrie bezüglich gefühlsmäßiger Eigenschaften ausdrückt, die die Gegenstände annehmen können. Diese Zuneigung wird vom Purismus der Modernisten kritisch abgelehnt, glattweg von der Standardisierung der Nachkriegszeit ignoriert, systematisch von dem radikalen Protest verzerrt und schließlich von den Dekonstruktivismen wie durch ein Erdbeben zerstört. Nun wird sie zur grundlegenden Instanz sowohl in der herrschenden Übergangsphase als auch in der destrukturierenden Virtualität, die heute zu einer gefühlvolleren und körperlicheren Haltung gegenüber den Alltagsgegenständen führt.

Als aus der Entstehungsgeschichte der modernen Industrieprojekte Dekorationen und subjektive Gefühle verbannt wurden, bestand die Absicht darin, die industrielle Entwicklung mit einer "neuen und totalen Gegenständlichkeit" zu verbinden, denn die geschichtliche Realität verlangte ja diesen radikalen Verzicht. Trotzdem hat sich das Design weiter entwickelt und wenn jetzt jemand, nach einem Jahrhundert, von der Anpassung des Industrieprodukts an die Subjektivität spricht, so läuft dieser nicht mehr Gefahr, weder anstandslos zum Handwerk zurückgehen zu wollen noch in den gleichgültigen Limbus der Gestaltspekulationen verbannt werden zu wollen.

Da sich das *Transitive Design* als ein bedeutendes Phänomen vorstellen will, aber aufgrund seiner Natur nicht auf die *Performances* unserer Zukunft einzuschneiden scheint, so könnten wir denken, daß ei-

structure of the present with individuals themselves, who express themselves in a dimension of profound participation, without the inevitable intimidations of history. A condition in progress, to which even new categories of objects want to belong, declaring their presence, and in which the products that are made already contain, in their genetic code, the memory of the years in which *design* passed from modern thought to the condition of modernity: the Forties, a decade that has been all too long overlooked.

THE LOST DECADE

The excitement about the turn of the millennium is not such a recent phenomenon; in fact, since the Forties the idea of the year 2000 has been charged with hopes and expectations. The decade of the Forties has been overlooked by critics, possibly because any positive evaluation runs the risk of being accused of historical revisionism. The reference of the *transitive* to the Forties is not merely nostalgic, and the reasons for this can be found in the history of those years. This was a decade of widespread poverty, with totalitarian regimes and latent conflicts that exploded into a world war, concluding with a long postwar recovery. Therefore the Forties are not remembered with enthusiasm, nor with nostalgia, nor with a revisionist attitude, but with respect for a memory that is so deeply rooted in our personal, more than design-oriented, experience that it has become almost an archetype. Therefore this new focus cannot be considered a facile revisitation of the past, as has already taken place for the Fifties, but rather a mature design approach capable of bringing certain signs and values of the past into the present.
Halfway through the Forties the most dramatic event of this century took place, in terms of the relationship between technology and the future: the first atomic bombs were dropped on Hiroshima and Nagasaki. With those explosions, the idea that technological development would only, always lead to increased well-being was demolished. Although it may sound cynical, we can state that, in direct proportion to the human tragedy, the explosion of the atomic bomb also led to a sensation of unlimited technological power in the imagination (and not only of the Occident) that reacted with an unprecedented acceleration of technological research and industrialization. Truly a terrible way to enter the true dimension of the future...
Nevertheless, at the time the coming millennium represented the myth of unlimited, exponential growth to which everyone would make a contribution. While on the one hand people looked forward to the new era with expectations of redemption with respect to the chasm into which mankind had fallen, on the other the year 2000 was such a remote future that it didn't create excessive fears. Perhaps this is why the Fifties have been the object of frequent nostalgic revisitations and remakes, often mere fashions, while the Forties, with their unavoidably grave, serious overtones, have been used only today as a source of iconic borrowings, usually of a reflexive nature. What is recovered from the Forties is not the aesthetic as an end in itself, but the sense of physical quality and the pursuit of reliability that represent one of the aspects of the emotional patrimony of *Transitive Design*.
The finest expressions of the Forties, repressed in our memories, have also been shifted in the collective memory toward the preceding and subsequent decades. Thus the Thirties have been credited with the visionary previews of the effects of technology, especially the logistical innovation that characterized wartime production in the Forties. These are the years in which Charles Eames applied the new technology of curved plywood to orthopedic supports, while Bob Propst, a logistics officer in the Pacific, learned the organizational rules in the field that were to influence not only the design of open-plan offices, but also the concept of *facilities management* in America. The Fifties, on the other hand, received all the advantages of the technological developments, which in the meantime had lost the self-referential, negative overtones of wartime. All this, also in aesthetic terms, had a great effect on the cheerful expressions of economic well-being. Thus the Forties were subjected to a gigantic *time-lapse*; we cannot really know when they began nor when they ended.
This is one of the questions addressed by the volumi-

ne neue Form des Humanismus im Entstehen begriffen ist. Tatsächlich hat das *Transitive* auf struktureller Ebene keine objektiven Rückfälle, wie wir von jeher her bei den neuen Einstellungen im Design und bei den aufkommenden Sprachen gewöhnt waren. In dieser neuen Form des Humanismus spielt der Mensch wieder eine Hauptrolle und die sozialen, wirtschaftlichen und politischen Netze verknüpfen die Struktur der Gegenwart mit den Individuen selbst, die sich auf diese Weise in einer Dimension der tiefgehenden Beteiligung ohne die unausbleiblichen Einschüchterungen der Geschichte ausdrücken. An dieser bestehenden Situation wollen auch neue Kategorien von Gegenständen teilnehmen, die dadurch ihre Präsenz bestätigen. Und die schon bestehenden Produkte haben in ihrem genetischen Kodex das Gedächtnis jener Jahre eingeschrieben, in denen das *Design* vom modernen Denken zur Kondition der Modernität übergeht, in jenen vierziger Jahren, die schon zu lange als verloren angesehen worden sind.

DAS VERLORENE JAHRZEHNT

Die Aufregung über die Jahrtausendwende ist kein aktuelles Ereignis mehr; ja man könnte fast sagen, daß man schon seit den vierziger Jahren auf das Jahr Zweitausend einen äußerst festen, erwartungsvollen Blick warf: Die vierziger Jahre sind ein von der Kritik ziemlich vernachlässigtes und verschwiegenes Jahrzehnt gewesen, weil wahrscheinlich jedes positive Urteil das Risiko gelaufen wäre, als historischer Revisionismus verschrieen zu werden. Warum der Hinweis des *Transitiven* auf die vierziger Jahre nicht einfach nur nostalgisch ist, ergibt sich aus der Geschichte dieses Zeitraums. Es war ein Jahrzehnt, in dem eine verbreitete Armut mit totalitären Regimen und latenten Konflikten herrschte, die sich dann im Weltkrieg zuspitzten und zu einer langen Nachkriegszeit führten. Daher blickt man ohne Begeisterung, aber auch nicht mit Nostalgie auf die vierziger Jahre und schon gar nicht mit revisionistischen Bestrebungen, sondern vielmehr mit Respekt vor einer Zeit, die für uns alle persönliche, tiefverwurzelte Erinnerungen wachruft und erst im Nachhinein an kreative Neuerungen denken läßt, so daß dieser Zeitraum fast archetypisch erscheint. Diese neue Zuneigung kann darum auch nicht als eine flüchtige Überprüfung der Vergangenheit betrachtet werden, wie dies schon mit den fünfziger Jahren passiert ist, sondern vielmehr ein reifes Planungsverhalten mit der Fähigkeit, einige Zeichen und Werte der Vergangenheit in die Gegenwart hinüberzubringen.

In die Mitte der vierziger Jahre gehört das überwältigendste Geschehen dieses Jahrhunderts was die Beziehung zwischen Technologie und Zukunft betrifft: Der Abwurf der ersten Atombomben auf Hiroshima und Nagasaki. Mit jenen Explosionen zerbrach die Vorstellung, daß die technologische Entwicklung immer und nur zu einem wachsenden Wohlstand für die Menschheit führen würde. Auch auf die Gefahr hin, ein wenig zynisch in der Erklärung zu wirken, so hat doch unmittelbar proportionell zum humanitären Desaster die Explosion der Atombomben, nicht nur in der westlichen Vorstellung, ein Gefühl der wachsenden und unbegrenzten technologischen Macht erzeugt, die mit einer noch nie dagewesenen Beschleunigung in der technologischen Forschung und der Industrialisierung reagieren wird. Eine schreckliche Weise, in die wahre Dimension der Zukunft einzutreten... Damals verkörperte aber das Jahr Zweitausend den Mythos des unbegrenzten und beschleunigten Wachstums, an dem alle mitgewirkt hätten. Wenn man einerseits auf diesen schicksalshaften Zeitpunkt mit der Erwartung einer Revanche aus dem Abgrund blickte, in den die Menschheit gestürzt war, so handelte es sich andererseits um eine so weit entfernte Zukunft, daß sie eben keine übertriebenen Angstzustände hervorrief. Vielleicht lag darin der Grund, warum die fünfziger Jahre Gegenstand von häufigen Liebeleien und von sehr oft rein konsumistischen und modeabhängigen *Remakes* waren, während die vierziger Jahre mit ihrer unumgehbaren Schwere erst heute Gegenstand einer vorherrschend *reflexiven*, ikonischen *Repechage* geworden sind. Von den vierziger Jahren greift man nicht nur die Ästhetik als Selbstzweck auf, sondern auch den Sinn der Körperlichkeit und der Suche nach Zuverlässigkeit, der einen Aspekt im Gefühlsvermögens des *Transitiven Designs* darstellt. Die besten und erfolgreichsten Ausdrucksweisen jenes Jahrzehnts sind Gegenstand der Verdrängung gewesen und werden außerdem von dem kollektiven Gedächtnis sowohl der vorherigen

nous monograph by Anne Bony on the Forties. Here the decade is seen as beginning in 1937, at the time of the Exposition Universelle des Arts et Techniques in Paris. This dating is justified by the fact that for many years the atrocities of the Second World War have obscured, in the collective memory, the creativity of much of the decade. The author writes: "The necessities of the war disrupt or freeze attitudes: image becomes propaganda, architecture becomes 'blocks,' automobiles become 'wagons.' But thanks to technological investments, a new form of creativity directly generated by industry assumes its fullest expression."[6] With precisely this culture based on technological efficiency in mind, rather than the servile autarchy of the regime celebrations of pre-war Europe, Giampiero Bosoni, a design historian, indicates the World's Fair in New York in 1939 as the event that opens the Forties, along with a period of intense focus on the future on the part of the American corporations. Similar, in some ways, to what happened with the Universal Exposition in Paris in 1889, which marked the birth, in *fin de siècle* Europe, of a new phase of the industrial era.

In *World's Fair*, a popular novel by E.L. Doctorow, the author shows us the "world of tomorrow" through the eyes of Edgar, a boy of seven who receives, at the exit of the General Motors pavilion, a button with the message: "I have seen the future!"[7] The *Futurama* of Bel Geddes, in the GM pavilion, featured a train of moving armchairs that permitted each of the five million visitors to make their way through the gigantic diorama in just sixteen minutes. The model of the landscape, that covered three thousand square meters and featured one million trees, half a million buildings and fifty thousand cars, could be observed from different heights, a bird's-eye view. The idea was to imagine what the United States would look like, in urban terms, in the Sixties. The vocal soundtrack, emitted by speakers in the armchairs, described the scene of "Highways and Horizons" as a model of modern, efficient urban planning, with large high-speed traffic arteries in large spaces, immersed in healthful air and sunlight, where safety, comfort, speed and economy were not seen as incompatible attributes. While Bel Geddes himself, for the *Futurama*, made use of the special effects of a reduced scale, declaring: "The best way to make the situation comprehensible is the make it visual, theatrical,"[8]Ford chose a project by Walter Dorwin Teague and Albert Kahn, a contrasting solution which, today, we could define as having a typically *transitive* realism. In practice, the pavilion was a blown up, life-size version of a toy parking garage, with spiral ramps and four levels. On the surprising "Street of the Future," half a mile long, visitors were invited to try out the new Mercury and Lincoln-Zephyr models which, in turn, were presented as large, fantastic toys in what was a true prototype of one of the future drive-ins

Detail of the *Futurama* model, designed by Norman Bel Geddes for General Motors and presented at the New York World's Fair, 1939. In the background, the elevated train with the spectators
Teilansicht des Plastikmodells *Futurama*, von Norman Bel Geddes für General Motors entworfen und auf der World's Fair von New York vorgestellt, 1939. Im Hintergrund die Trägerbahn mit den Zuschauern

als auch der darauffolgenden Jahrzehnte umstritten. Aus den dreißiger Jahren stammen die visionären Vorankündigungen über die Auswirkungen der Technologie und zwar insbesondere über die logistische Innovation, die die Kriegsproduktion der vierziger Jahre charakterisiert hat, in denen Charles Eames die neue Technologie des gebogenen Sperrholzes als orthopädische Stütze für Unfallopfer anwendet, während Bob Propst, Offizier für Logistik im Pazifik, auf dem Feld selbst die Betriebsregeln erkannte, die auch das *Facility Management* der amerikanischen *Open Space* ermöglichten. An die fünfziger Jahre aber gingen alle Vorteile des technologischen Rückfalls, der inzwischen den für die Kriegszeit typischen reflexiven und leidenden Status verloren hatte. Dabei handelt es sich um einen derart wirksamen Rückfall, daß dieser auf ästhetischer Ebene große Folgen auf die heiteren Ausdrucksformen des erreichten wirtschaftlichen Wohlstandes hatte. Die vierziger Jahre waren daher Gegenstand eines gewaltigen *Time-Lapse* und man weiß weder genau, wann sie effektiv begannen, noch wann sie endeten.

In diesem Sinne bewegt sich auch die umfangreiche Monografie, die Anne Bony über die vierziger Jahre verfasst hat und in der eben dieses Jahrzehnt schon 1937 anläßlich der Exposition Universelle des Arts et Techniques von Paris seinen Anfang nimmt. Die Datierung wird dann noch durch die Tatsache gerechtfertigt, daß lange Zeit die Gräueltaten des Zweiten Weltkriegs die Kreativität fast des gesamten Jahrzehnts im kollektiven Gedächtnis verdunkelt hatten. Dazu schreibt die Verfasserin: "Die Bedürfnisse des Krieges brachten die Gewohnheiten aus dem Gleichgewicht oder froren diese ein: Das Bild wird Propaganda, die Architektur zur 'Blockhausarchitektur' und das Auto ein Panzer. Aber dank der technologischen Investitionen erreicht eine direkt durch die Industrie entstandene neue Form der Kreativität damals ihr ganzes Ausmaß".[6] Vielmehr durch diese von der technologischen Effizienz geprägten Kultur und nicht so sehr durch die schleichende Autarchie der Regimefeiern im Vorkriegseuropa beinflußt, erklärt Giampiero Bosoni, Designhistoriker, die World's Fair von New York im Jahr 1939, als das Ereignis, das die vierziger Jahre und damit jene Epoche eröffnet hat, in der die amerikanischen Unternehmen sich fast ausschließlich auf die Zukunft konzentriert haben. Das gleicht ein bißchen der Weltausstellung von Paris 1889, auf der im Europa des *Fin de Siècle* die Geburt einer neuen Industriephase gefeiert wurde.

In *World's Fair*, einem bekannten Roman von E.L. Doctorow, stellt uns der Autor die "Welt von Morgen" mit den Augen von Edgar vor, einem siebenjährigen Jungen, der beim Verlassen des Pavillons der General Motors einen Aufkleber mit der Aufschrift "Ich habe die Zukunft gesehen" erhält.[7] Das *Futurama* von Norman Bel Geddes im Pavillon der General Motors sah nämlich einen Zug aus rollenden Sesseln vor, auf denen jeder der fünf Millionen Besucher in nur sechzehn Minuten dieses riesige Diorama besichtigen konnte. Das gesamte Modell bedeckte eine Fläche von mehr als dreitausend Quadratmetern und besaß eine Million Bäume, eine halbe Million Gebäude und fünfzigtausend Autos und konnte aus verschiedenen Höhen im Vogelflug betrachtet werden. Dabei sollte man sich eben vorstellen, wie das Städtebild der Vereinigten Staaten in den sechziger Jahren sein könnte. Der Kommentar über die Audiosessel beschrieb die Szene "Highways and Horizons" als ein modernes und effizientes urbanistisches Modell mit breiten, schnellen Durchfahrtsstraßen inmitten frischer Luft und im Sonnenlicht, wo Sicherheit, Bequemlichkeiten, Geschwindigkeit und Wirtschaft nicht mehr als unvereinbare Merkmale erschienen. Bel Geddes selbst greift bei dem *Futurama* auf Spezialeffekte der Maßstabverkleinerung zurück und erklärt dabei: "Die beste Art, die Situation verständlich zu machen, ist sie zu visualisieren, sie zu theatralisieren".[8] Stattdessen wählte Ford nach einem Projekt von Walter Dorwin Teague und Albert Kahn eine genau gegensätzliche Lösung, die wir heute als einen typisch *transitiven* Realismus bezeichnen könnten. Es wurde nämlich eine Spielzeugautopiste mit vierstöckigen Spiralauf- und abfahrten auf Normalgröße gebracht. Auf dieser erstaunlichen, eine halbe Meile langen "Straße der Zukunft" wurden die Besucher des Ford Pavillons aufgefordert, die neuen Modelle Mercury und Lincoln-Zephyr zu probieren, die ihrerseits wie große fantasievolle Spielsachen in einem Prototyp der zukünftigen *Drive-in* eingefügt schienen, die dann von den

which, beginning in the Fifties, were to become a part of the American landscape. The New York World's Fair got all the leading designers of the time involved in the spectacularization of a not-so-distant "world of tomorrow," from Raymond Loewy, who created, among various installations, the pavilion of the *Astrorama*, to Henry Dreyfuss who presented the grand diorama *Democracity*.

The interest in the ideas and formal languages whose "somatic traits" can be traced back to the memory of the design of the mid-century is certainly not based on any nostalgia for a difficult period like the Forties in the history of the western world. The attraction to those years, which represent a seminal though uncertain period in the history of design, is the result of the attitude of looking at the future with the same visionary "short-term" pragmatism that is so widespread today.

NORMAN BEL GEDDES

If the New York World's Fair of 1939 was an event that instead of concluding a decade opened the second half of the century, Norman Bel Geddes was the paradigmatic figure of that change and that American design genius that was capable of foreseeing, on the threshold of the Forties, the images of a future that was later gradually to become reality. The visions of Bel Geddes take on completed form in the book *Horizons*, inspiring one entire generation of designers and offering an optimistic message for the others. What made Bel Geddes a designer capable of working on themes connected to the future, and not merely a visionary engineer, is clearly expressed in this volume: all the projects are presented in a detailed context, and described in a realistic tone. Above all, they do not hold out the prospect of escape from the difficult realities of the present—the Great Depression—based on the language of science fiction; instead, they make reference to a future that is as close as possible to the aspirations of the pragmatic American dream: the future as an imminent tomorrow.

Today we live with an idea of the future that is similar to the one imagined and promoted by the intuitions of personalities like Bel Geddes: "A future that conserved a sufficient number of elements of 1939 to keep it from belonging to the realm of pure fantasy,"[9] as he himself explained, speaking of the temporal strategies employed in the *Futurama*. A future which was already becoming a reality in the Forties, and the model for the possible forms of progress that has survived until today. In today's terms, the forecasts of the future have become, more than ever, "time-limited" projections, tuned to the frequency of small temporal changes (*time tuning*), but strongly concentrated on the continuity of the present.

Loring A. Schuler, editor of *Ladies' Home Journal*, invited Bel Geddes in 1930, as an innovator and creator of daring ideas, to make a series of previews on the future developments of technology. Bel Geddes formulated about eighty predictions that appeared under the title: "Ten Years From Now." Two thirds of the predictions turned out to be correct, although their realization took much longer than ten years.

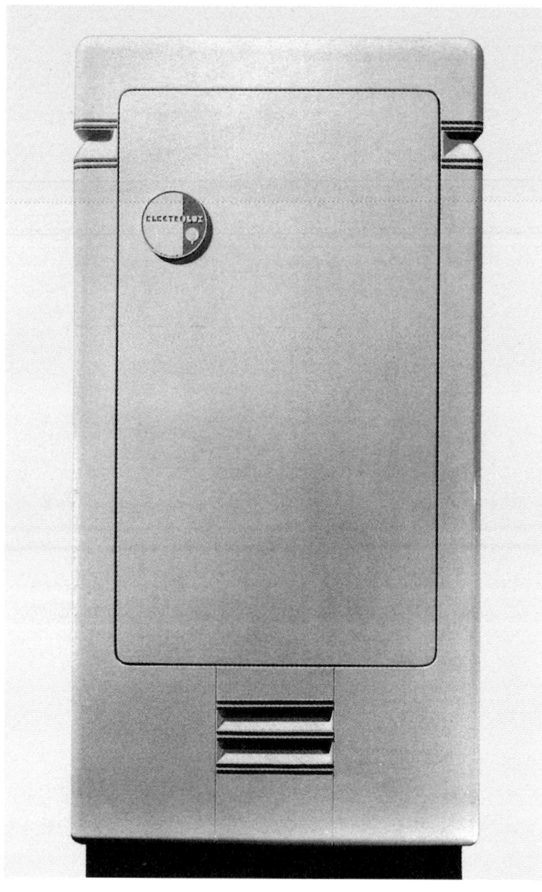

Refrigerator designed for Electrolux by Norman Bel Geddes in 1934. Never produced

Kühlschrank, von Norman Bel Geddes im Jahr 1934 für Electrolux entworfen. Nie produziert

fünfziger Jahren an die amerikanische Landschaft gekennzeichnet haben. Die World's Fair von New York beanspruchte alle großen Designer von damals wie Raymond Loewy, der unter verschiedenen anderen Installationen den Pavillon des *Astrorama* realisierte, und Henry Dreyfuss, der sein großes Diorama *Democracity* vorstellte, im Projekt und in der Theatralisierung einer uns sehr nahen "Welt von Morgen".
Das Interesse für die Ideen und die formalen Sprachen, deren "somatische Merkmale" im Gedächtnis des Designs in der Mitte des Jahrhunderts zu finden sind, entsteht gewiß nicht aus der Nostalgie für einen schwierigen Abschnitt in der Geschichte des Abendlandes, wie es ja die vierziger Jahre waren. Die Sympathie für diese Jahre, die ja einen wenn auch unsicheren Keimboden in der Geschichte des Designs darstellen, kann in der Gewohnheit gesehen werden, mit jenem visionären "kurzsichtigen" Pragmatismus in die Zukunft zu blicken, der uns ja heute vereint.

NORMAN BEL GEDDES

Wenn die World's Fair von New York 1939 ein Ereignis war, das eigentlich gar nicht ein Jahrzehnt abschloß, sondern vielmehr die zweite Hälfte des Jahrhunderts einleitete, dann stellte Norman Bel Geddes eine paradigmatische Figur jenes Wandels und des amerikanischen Entwurfsgenies dar, das an der Schwelle der vierziger Jahre die Bilder einer Zukunft voraussehen konnte, die sich nach und nach auch wirklich einstellten. Seine Visionen nahmen im Buch *Horizons* die Form von vollständigen Werken an, und sie inspirierten eine ganze Generation von Designern und wurden außerdem zu einer optimistischen und überzeugenden Botschaft für die anderen. Was Bel Geddes zu einem Entwerfer macht, der ja eben fähig ist, mit an die Zukunft gebundenen Themen zu arbeiten und nicht nur ein einfacher visionärer Ingenieur zu sein, wird in diesem Buch ausgedrückt: Alle Projekte werden eingehend und realistisch beschrieben. Aber sie stellen vor allem keine Flucht aus der schwierigen Realität der Gegenwart in Aussicht, wie aus der Weltwirtschaftskrise, indem sie sich in die Sprache der Science Fiction zurückziehen, sondern versuchen im Gegensatz dazu, sich auf eine Zukunft einzustellen, die so nah wie möglich den Erwartungen des pragmatischen amerikanischen Traums entspricht: die Zukunft als imminentes Morgen.
Wir leben heute mit einer Vorstellung der Zukunft, die sich derjenigen annähert, die durch die Intuitionen von Persönlichkeiten wie Bel Geddes gefördert wurde: "Es dreht sich um eine Zukunft, die eine Anzahl von genügenden Elementen des Jahres 1939 bewahrt, um eben nicht in die Fantasie abzuschweifen"[9], wie er selbst erklärte, indem er sich auf die im *Futurama* angewandten Zeitstrategien bezog. Diese Zukunft scheint sich schon im Laufe der vierziger Jahre abzuzeichnen und sie wird zum Modell der möglichen Formen eines bis in die heutigen Tage gelangten Fortschritts. Aktuell gesehen sind die Voraussagen über die Zukunft heute mehr als je zuvor "fällige" Projektionen, zwar auf das Register der kleinen Zeitveränderungen (*time tuning*) eingestellt, aber stark auf die Fortdauer der Gegenwart konzentriert. Loring A. Schuler, Herausgeber des *Ladies' Home Journal*, forderte Bel Geddes 1930 auf, in seiner Funktion als Erneuerer und Schöpfer kühner Ideen eine Reihe von Voraussagen über die zukünftigen Entwicklungen der Technologie zu machen. Bel Geddes formulierte etwa achtzig Voraussagen, die unter dem Titel "In Zehn Jahren" erschienen sind. Zwei Drittel dieser Vorankündigungen sind wirklich eingetroffen, wenn auch in einem viel längeren als anfänglich vorgesehenen Zeitraum. Darunter waren einige leicht vorauszusehen, während sich andere mit einer Präzision einstellten, wie es nur eine fantasievolle Zeitmaschine ermöglichen konnte. Auf der anderen Seite

Advertising page for the Chrysler Airflow with several designs by Norman Bel Geddes in the background, 1934. A. Jucker Collection, Basel
Werbeseite für die Chrysler Airflow mit einigen Entwürfen von Norman Bel Geddes im Hintergrund, 1934. A. Jucker Sammlung, Basel

Some of them were relatively evident, but others achieved concrete form with such precision that only a time machine could have permitted such knowledge. Bel Geddes, the planner, also had great faith in intuition and, to some extent, in the spontaneity of the design action.
In this list we find precise assertions, such as "research on the seas and interplanetary space will permit absolutely certain forecasting of weather conditions," but also other declarations: "The rains will be scientifically controlled." A preview: "The manipulation of light will completely eliminate theatrical sets and props," but also the improbable: "The Color Organ will be definitively recognized as a means of expression." Where transportation was concerned, "a network of air lines will wrap the globe, improving the potential of our present means of transport, covering distant regions nearly unknown to civilized man," but "airplanes will be equipped with sleeping compartments and dining rooms." Moreover, "synthetic fibers will be used together with wool and cotton for the production of garments," but "steel for construction will be replaced by another alloy, with half the weight and equal strength." The long, arduously compiled list isn't lacking in ironic remarks, including this one about fashion: "Women's hemlines will rise; women's hemlines will fall; women's hemlines will rise; finally, women's hemlines will fall."[10]
What is most surprising today about Bel Geddes is not the prophetic accuracy of his predictions, but the formal timeliness and plastic density of his works, which are perfectly coherent with the ideas expressed. His home appliances, cars, trains, ships and planes appear to be completely stripped of the sense of that iconic passion for *streamlining*—so widespread among his colleagues—and appear, instead, to be carriers of a measured expressionism (Erich Mendelsohn was one of his idols) that is already the result of a technical and design awareness unique in the panorama of the industrial design of the day.
In effect, for Norman Bel Geddes speed was never to become the focus of a myth of streamlining. If anything, he thought of speed only in terms of performance efficiency. He was capable of obstinate discussion regarding just a few miles per hour of differentiation between one highway lane and the next. His airplanes have the cautious speeds of blimps, because of his idea—an erroneous one, this time—that travel by ship would set the definitive standard for comfort in transatlantic air travel. Moreover, no vacuum cleaner or refrigerator designed by him has ever given the impression that it was about to take flight. In short, his ideal of velocity is not that of a winged goddess, and never corresponded to the dynamic-passionate myth that was shortly to emerge in a generalized way. Therefore his forms are emotionally rich, but with a very well-balanced aesthetic that, seen in a contemporary key, could be defined as *transitive*. Today this aesthetic seems powerful to us, not so much because it is dynamic as because it is capable of communicating the efficiency of a "reflexive" process which was lost in the decades to follow, in favor of the suggestions of more typically "seductive" design from which we are finally freeing ourselves, perhaps, only in this last segment of the century.

***Energy Mosaic* server. Metadesign 2000 Project by Castelli Design Milano for Hitachi Design Center, 1997**

Energy Mosaic Server. Entwurf Metadesign 2000 von Castelli Design Milano für Hitachi Design Center, 1997

besaß Norman Bel Geddes auch großes Vertrauen in die Intuition und in gewisser Weise auch in die Spontaneität des Schöpfungsaktes. In diesem Verzeichnis finden wir genaue Behauptungen darüber, daß "die Erforschung des Meeresbodens und des Weltraums eine absolut sichere Wettervorhersage ermöglichen wird". Dazu kommen aber Erklärungen wie die folgende: "Die Regenfälle werden auf wissenschaftlicher Grundlage kontrolliert". Oder auch die Ankündigung: "Die Manipulation des Lichts macht die Theaterszenen völlig überflüssig", aber auch Unwahrscheinliches wie: "Das Farborgan wird endgültig als Ausdrucksmittel anerkannt". Was dann den Transport betrifft, so findet man, daß "ein Netz von Flugrouten den Globus umspannen wird, wir verstärken unsere derzeitigen Transportmittel und werden dabei entlegene, dem zivilisierten Menschen fast unbekannte, Gebiete erschließen", aber "die Flugzeuge werden Schlafräume und Eßzimmer besitzen". Außerdem werden "die Kunststofffasern zusammen mit Wolle und mit Baumwolle in der Bekleidungsproduktion verwendet werden", aber "der Stahl im Bauwesen wird von einer halb so schweren, aber genauso widerstandsfähigen Legierung ersetzt". Unter den Voraussagen auf dieser langen und eindrucksvollen Liste fehlen selbstverständlich auch nicht einige ironische Erklärungen, wie eben diejenigen über die Mode: "Die Damenkleider werden kürzer, die Damenkleider werden länger, die Damenkleider werden kürzer und schließlich werden die Damenkleider länger".[10]

Was uns heute bei Bel Geddes am meisten überrascht, ist eben nicht der prophetische Inhalt seiner Voraussagen, sondern die formale Aktualität und die plastische Dichte seiner Arbeiten, die völlig kohärent zu den ausgedrückten Ideen waren. Seine Haushaltsgeräte, die Autos, die Züge, die Schiffe und die Flugzeuge erscheinen uns vollständig vom Sinn jener Zeichenleidenschaftlichkeit für das entstehende stromlinienförmige Produkt entledigt, das ja bei seinen Kollegen so beliebt war. Vielmehr erscheinen sie als Träger eines gemäßigten Expressionismus (Erich Mendelsohn war sein Idol), der eben das Ergebnis eines einzigartigen technischen Planungsbewußtseins im Panorama des *Industrial Design* von damals war.

Metaphorical image of *Synaptic Waves – Identity Link* server. Metadesign 2000 Project by Castelli Design Milano for Hitachi Design Center, 1996
Metaphorisches Bild des *Sinaptic Waves – Identity Link* Server. Entwurf Metadesign 2000 von Castelli Design Milano für Hitachi Design Center, 1996

Tatsächlich wird die Geschwindigkeit für Norman Bel Geddes niemals ein Renner, ein Mythos. Wenn er sich überhaupt mit der Geschwindigkeit auf der Ebene der Leistungsfähigkeit beschäftigt dann ist er nämlich sogar dazu fähig, eigensinnig über Abweichungen von wenigen Stundenkilometern in der Geschwindigkeit zwischen der einen und der anderen Fahrspur einer Autobahn nachzudenken. Seine Flugzeuge besitzen die vorsichtige Geschwindigkeit von Luftschiffen, da er fälschlicherweise den Komfort der Schiffsreise als unverzichtbaren Standard des Überseetransports ansah. Außerdem hat niemals ein von ihm gezeichneter Staubsauger oder Kühlschrank den Eindruck eines zum Abheben bereiten Gegenstandes erweckt. Kurz gesagt ist sein Ideal von Geschwindigkeit nicht das einer geflügelten Göttin und er hat daher nie dem dynamisch-leidenschaftlichen Mythos entsprochen, der kurz darauf überall aufgetaucht ist. Daher befinden wir uns vor gefühlsmäßig reichen, aber ästhetisch sehr ausgeglichenen Formen, die im zeitgenössischen Schlüssel eben als *transitive* bezeichnet werden könnten. Diese Ästhetik erscheint uns heute noch als kraftvoll, wenn auch nicht so sehr, weil sie dynamisch ist, sondern weil sie vor allem fähig ist, die Effizienz eines *reflexiven* Prozeßes mitzuteilen, die dann in den kommenden Jahrzehnten zu Gunsten von Anregungen des typisch "verführerischen" Designs verloren ging und von der wir uns vielleicht erst in diesem letzten Abschnitt des Jahrhunderts befreien.

TRANSITIVE CITY

If time today has a less projection-oriented value, and therefore a reduced tension, this is due to the fact that tools of technology and communications make it easier to scroll through time in both directions. The skewing toward the future is reduced, but so is that toward the past. Memory is thus rehabilitated as a *link* for the connecting of previously separated, although not very distant, languages. But there are also cases in which we may want to repress a memory that reawakens old, not entirely resolved tensions, creating sensations of discomfort. To better understand this attitude, we can consider the reticence with which the elderly recall the Forties, or we can examine the problems which, for example, the recent work in Berlin has brought back to the surface, offering an excellent metaphor for the *transitive*.

The reconstruction of the German capital after the fall of the wall, with its orientation toward the new, could not completely erase the characteristics of the past: thus it is an evident expression of this *transitive* culture. The architectural languages utilized in the reconstruction of the capital have proposed solutions that are attempts at configurations of the scenarios of the next millennium, but also try to graft themselves onto the traces of the historical and collective memory of Germany, recuperating the essence of the transitive languages of entire quarters of a city, with the aim of attenuating the contradictions that always spring up due to the coexistence of heterogeneous historical realities.

In confirmation of this *transitive* vision of Berlin, the urban planning expert Bernardo Secchi justifies the use of reinterpretation of the materials of the modern city in the awareness of the fact that they represent a resource that is the result of a slow process of cumulative selection. After a necessary preliminary warning against the dangers of antiquarian or, even worse, nostalgic mannerism, Secchi asserts that the reference to the themes of the recent past of modernity is also a way of emphasizing its character as an unfinished project, and adds: "Though it may appear paradoxical, Berlin is in a favorable position today. Its reconstruction is being completed many years after the events that caused the destruction, when all the other European cities have long ended their reconstruction and reflected on their greatest errors. The biggest mistake of the European reconstruction has perhaps been that of believing that the city of the second half of the century would be inhabited by a wealthier but very similar society to that which had lived there before the war—similar in structure, with the same hopes and the same desires expressed in the period between the two wars and represented in projects prepared prior to the conflict. By the end of the Fifties it was already clear that things would be different, and that the European city was heading toward a radically different story with respect to those for which the Berlin of the Twenties and Thirties had been ferociously criticized; that contemporary society would be radically different from the society for which the Berlin of the 19th and early 20th centuries had been constructed. "[11]

Berlin has been the historical incarnation of all the contradictions and tensions of 20th-century Europe: a nerve center of European culture during the first half of the century; a target for destruction during the war; a wall (not only ideological and political) in the inexorable cold war between East and West; and,

The Mercedes Building on Potsdamer Platz, Berlin, by Renzo Piano, 1994

Das Mercedes-Gebäude am Potsdamer Platz, Berlin, von Renzo Piano, 1994

TRANSITIVE STADT

Wenn die Zeit heute einen weniger projektiven Wert besitzt und daher eine geringere Spannung, dann hängt das von den Instrumenten der Technologie und der Kommunikation ab, die sie in der einen wie in der anderen Richtung leichter begehbar macht. Es reduziert sich daher die Neigung zur Zukunft aber auch zur Vergangenheit und man holt dabei wieder das Gedächtnis als *Link* heraus, um bis jetzt getrennte, wenn auch nicht sehr weit voneinander entfernte Sprachen zusammenzubringen. Trotzdem gibt es auch Fälle, in denen man die Verdrängung einer Erinnerung erwünschen kann, die alte, noch nicht ganz gedämpfte Spannungen aufweckt und somit zu einem Gefühl des Unbehagens führt. Um dieses Verhalten besser verstehen zu können, würde es genügen, an die Zurückhaltung zu denken, mit der sich die alten Menschen an die vierziger Jahre erinnern und auch an die Problematiken, die zum Beispiel die jüngsten Eingriffe in Berlin wieder haben auftauchen lassen und die eine ausgezeichnete Metapher für das *Transitive* anbieten. Der Wiederaufbau nach dem Fall der Mauer in der deutschen Hauptstadt mit der Neigung zum Neuen hat aber trotzdem die Merkmale der Vergangenheit nicht unauslöschlich ausmerzen können und ist dadurch der deutliche Ausdruck dieser Kultur des *Transitiven.* Die in der Rekonstruktion der Stadt angewandten architektonischen Sprachen haben zu Lösungen geführt, die die Szenarien des nächsten Jahrtausends darstellen, aber zugleich haben sie auch versucht, den Spuren im geschichtlichen und kollektiven Gedächtnis Deutschlands zu folgen und dabei das Wesen der transitiven Sprachen von ganzen Stadtvierteln wieder aufleben zu lassen und zwar in der Absicht, die unvermeidlichen Widersprüche auszugleichen, die immer zusammen mit heterogenen geschichtlichen Wirklichkeiten herauskommen.

Der Urbanist Bernardo Secchi bestätigt diese *transitive* Auffassung von Berlin und rechtfertigt den Zugriff auf die Neuinterpretation der Materialien. Außerdem ist er sich darüber bewußt, daß man auf einen Vorrat zurückgreifen kann, der schon das Ergebnis eines langsamen Gesamtauswahlprozeßes ist. Nach einer pflichtmäßigen Empfehlung über das Risiko in antiquarische oder noch schlimmer in nostalgische Manierismen zu verfallen, behauptet er, daß das Zurückgreifen auf die Themen der jüngsten Vergangenheit der Modernität eine Weise ist, den Charakter des unvollendeten Projekts wieder zu bestätigen und er fügt hinzu: "So paradox es auch scheinen mag, heute befindet sich Berlin in einer privilegierten Lage. Seine Rekonstruktion vervollständigt sich viele Jahre nach den Ereignissen, die zur Zerstörung geführt haben, während alle anderen europäischen Städte schon seit langem ihren eigenen Wiederaufbau abgeschlossen und über ihren eigenen größten Fehler nachgedacht haben. Wahrscheinlich bestand der größte Fehler der europäischen Rekonstruktion in der Annahme, daß die Stadt in der zweiten Hälfte des Jahrhunderts von einer in jedem Sinne analogen Gesellschaft bewohnt würde, die nur etwas reicher als die vor dem Krieg wäre: Ähnlich in der Struktur mit den gleichen Erwartungen und den gleichen Wünschen, so wie sich diese in den Jahren zwischen den zwei Kriegen in den Vorkriegsprojekten ausgedrückt haben und so wie sie dargestellt worden sind. Am Ende der fünfziger Jahre war es schon klar, daß die Dinge anders verlaufen würden und daß die europäische Stadt auf eine radikal andere Geschichte zusteuerte als diejenige, die gerade im Berlin der zwanziger und dreißiger Jahre heftigst kritisiert worden war. Die zeitgenössische Gesellschaft wäre demnach radikal anders als die Gesellschaft, für die das Berlin im neunzehnten Jahrhundert und zu Beginn des zwanzigsten Jahrhundert gebaut worden ist".[11] Auf geschichtlicher Ebene hat Berlin alle Widersprüche und Spannungen des zwanzigsten Jahrhunderts in Europa verkörpert: Neuralgisches Zentrum in der europäischen Kultur der ersten Hälfte des Jahrhunderts; Ziel der Zerstörungen während des Krieges; nicht nur ideologische und politische Mauer des unabwendbaren kalten Krieges zwischen Osten und Westen und schließlich hektische Baustelle der urbanistischen Entwicklung am Ende des Jahrhunderts-Jahrtausends. Die großen Themen der Vergangenheit konnten nicht erörterungslos wieder aufgenommen werden und sie konnten nicht funktionieren, so wie auch keine nostalgische Neigung erlaubt sein durfte. Aus diesem Grund verlangten die vom urbanistischen Plan der Stadt aufgezeigten Entwicklungslinien, in Berlin einzugreifen und dabei seine urbanen

finally, a frenetic construction site for the urban development of the end of the century-millennium. The great themes of memory, in and of themselves, could not function here, just as no nostalgic view of the past could be permitted. For this reason the lines of development indicated by the Master Plan of the city called for intervention in Berlin that would reinterpret its building typologies and urban morphology, creating a constant "bridge" to the past.
On the subject of Berlin and the theme of memory as a temporal *link*, Renzo Piano, designer of some of the most important projects in the city, has declared, in an interview for the inauguration of the Potsdamer Platz: "Memory is, first of all, the bridge between past and future. Memory doesn't encourage optimism, especially here. Only a few years were necessary to disrupt the freest of the European capitals, a few months to make it a desert, and half a century to begin its reconstruction. Berlin was made into a desert not by the bombs, but by the desire to forget, the desire for innocence of the Berliners themselves. In 1945 it would have been possible to reconstruct, the wall wasn't built until 1961. But the desire was to leave a black hole, to repress memories, not to see. A sort of terrible spell that wasn't broken for fifty years. If it were a book, Berlin would have many torn-out pages." When asked about the vision of the future, Piano responds: "The future is no longer in fashion. Because perhaps the idea of the future has aged. We still think of the future as we did in the postwar era. In terms of growth. At the time this was exciting, and I miss that sort of desire to do things..."[12]
As we can observe, the reconstruction of Berlin has also been an opportunity for the beginning of an operation of theoretical redesign based on the foundations of modernity, more perhaps than a formal and compositional rethinking of the contemporary city.

AUTOMOTIVE STRATEGIES

The advent of the *transitive* does not manifest itself only in aesthetic terms, but also through a deeper comprehension of the market destiny not only of products, but also of the modes and contents of their communication. An operation, therefore, that has always involved the entire cycle of the strategic design process, especially in the cases of extremely complex production contexts. The introduction of *Transitive Design* in certain production sectors has developed, for the most part, on single products, rather than entire brands. This has led to the appearance of the New Beetle, the Audi TT, but also the iMac and other products of great visibility and indubitable commercial success; and this success has been even more remarkable to the extent that the products are characterized by a high level of technological content, and therefore involve major investments. Although in the world of the automobile all this began, at first, in the form of retrofuturistic revivals to pander to the tastes of lovers of classic cars, some segments of the automotive sector, and not just niches, today have achieved the capacity to control the formal languages of an unmistakably contemporary aesthetic.
The present Design Vice-president of Ford, John Mays, who was the management force in the Volkswagen group, at almost the same time, for different designs like the New Beetle and the Audi A6, remarks: "There's room for everything, a niche for everything. When I was at Audi they were making basically four models of cars for a total of around 450,000 sold per year. At Ford we have seventy-six different models and a total of about seven million cars per year. In a constellation of this kind it is possible to experiment. Some cars can be very serious, elitist, pragmatic and Teutonic, others can be friendly, accessible, democratic. It's the same healthy difference that you find between Alessi and Braun: on the one side cheerful products, on the other tremendously serious."[13]
The emblematic case has been that of Volkswagen which, last but not least among the major world automakers, opened the Simi Valley Design Center to the north of Los Angeles at the beginning of the Nineties, with the aim of identifying in this "hot spot" of the planet the new automotive trends at their starting point, and to develop proposals for the American market, with the outlook of also making use of new, alternative propulsion systems, in compliance with the Californian drive to achieve the ecological motor, or "zero emissions." Only seven years after the founding of the Simi Valley Center,

Bau- und Morfologietypologien neu zu interpretieren und eine ständige "Brücke" zur Vergangenheit herzustellen.Was dann Berlin und das Thema der Erinnerung als *Zeitlinks* angeht, erklärt Renzo Piano, der einige der bedeutungsvollsten Eingriffe in der Stadt entworfen hat, in einem Interview bei der Eröffnung des Potsdamer Platzes: "Die Erinnerung ist vor allem die Brücke zwischen Vergangenheit und Zukunft. Die Erinnerung hilft nicht optimistisch zu sein, vor allem hier nicht. In nur wenigen Jahren ist die freieste Hauptstadt Europas erschüttert worden, in nur wenigen Monaten ist daraus eine Wüste entstanden und nach einem halben Jahrhundert, beginnt man erst mit dem Wiederaufbau. Denn es waren eigentlich nicht die Bomben, die aus Berlin eine Wüste machten, sondern vielmehr der Wille zum Vergessen und der Wunsch der Berliner nach Unschuld. Im Jahr 1945 hätte man wiederaufbauen können, die Mauer entstand ja erst im Jahr 1961. Aber man wollte ein schwarzes Loch lassen, verdrängen, nicht sehen. Ein schreckliches fünfzigjähriges Verhängnis. Wenn Berlin ein Buch wäre, hätte es zahlreiche zerrissene Seiten". Auf die Frage über die Vision der Zukunft antwortet Piano: "Die Zukunft ist nicht mehr Mode. Die Auffassung über die Zukunft ist vielleicht veraltet. Man denkt immer noch an die Zukunft wie in der Nachkriegszeit. Und zwar auf der Ebene des Wachstums. Damals waren alles und alle begeisterungsfähig, ich trauere jener Bauwut nach ..."[12] Wie man bemerken kann, ist der Wiederaufbau von Berlin auch die Gelegenheit für den Beginn einer Operation des theoretischen *Redesigns* auf den Grundlagen der Modernität und zwar auch vor einem formalen und kompositiven Überdenken der zeitgenössischen Stadt.

AUTOMOTIVE STRATEGIEN

Die Entstehung des *Transitiven* hat sich nicht einzig und allein auf ästhetischer Ebene gezeigt, sondern auch durch das tiefe Verständnis über das Schicksal des Gütermarktes wie auch der Weisen und der Inhalte ihrer Kommunikation. Eine Operation also, die immer den gesamten Prozeßablauf im strategischen Design miteinbezogen hat und zwar vor allem, wenn sie sich auf äußerst komplexen Produktionsgebieten befand. Die Einführung des *Transitiven Designs* in einige Produktionsbereiche hat sich vor allem bei einigen Produkten ausgewirkt und eben nicht so sehr auf das gesamte Markenzeichen. Auf diese Weise sind der New Beetle, der Audi TT Coupé, der iMac von Apple und andere auffallende, unumstrittene Markterfolge entstanden. Das erwies sich umso wahrer, da sie alle von einem großen technologischen Inhalt charakterisiert waren und daher das Ergebnis beachtlicher Investitionen darstellten. Auch wenn anfangs in der Automobilwelt alles in einer retrofuturistischen Revivalform stattgefunden hat, um die Sehnsüchte der Oldtimerlieberhaber zu erfüllen, haben heute einige Bereiche in der Automobilbranche – nicht nur in der Nische – die Fähigkeit erreicht, die formalen Sprachen einer eindeutig zeitgenössischen Ästhetik zu beherrschen.Der derzeitige stellvertretende Präsident von Ford, John Mays, der bei Volkswagen fast zeitgleich für die im wesentlichen unterschiedlichen Projekte wie der New Beetle und der Audi A6 verantwortlich gewesen ist, kommentiert dazu: "Raum gibt es für alles, eine Nische für alles: Als ich bei Audi war, erzeugte man im wesentlichen vier Automodelle mit einem jährlichen Gesamtabsatz von ungefähr vierhundertfünfzigtausend Wagen. Bei Ford haben wir sechsundsiebzig verschiedene Modelle mit einem Jahresabsatz von zirka sieben Millionen Wagen. In einer solchen Konstellation ist es möglich, Versuche anzustellen: Einige Autos können sehr seriös, elitär, pragmatisch und teutonisch sein, andere wiederum freundlich, zugänglich, demokratisch. Dabei handelt es sich um den gleichen positiven Unterschied, der auch zwischen Alessi und Braun zu erkennen ist: auf der einen Seite lustige Produkte und auf der anderen Seite verdammt seriöse".[13] Der beispielhafte Fall dafür ist aber Volkswagen, der als guter Letzter unter den großen Weltproduzenten erst Anfang der neunziger Jahre nördlich von Los Angeles das Design-Zentrum von Simi Valley mit der Absicht gegründet hat, an einem "heißen" Punkt des Planeten die neuen *automotiven* Trends in deren Anfangsstadien festzustellen und Vorschläge zu entwickeln, die auf den amerikanischen Markt ausgerichtet sind und zwar mit der Aussicht, neue Formen des alternativen Antriebs einzusehen und dem kalifornischen Bedürfnis nachzugeben, zum Ökomotor, zu "Nullabgasen" zu gelangen. Schon sie-

the youthful Volkswagen design team seemed to have already reached, in a brilliant manner, one of the vital objectives for this type of institution: the production of the Concept 1, a design from the beginning of 1993, proposing a remake of the classic rear-engine Beetle.

An operation of this type had never before been attempted for that segment of the automotive market. In fact, the mother company was not prepared for the reaction; the marketing forecasts and production planning were gravely underestimated. Already, halfway through 1998—or immediately after the model's introduction—the Puebla production plant in the Mexican free exchange zone was overwhelmed with orders from the North American market, which alone absorbed the total production of sixhundred units per day. This was an unprecedented success, although it had been thoroughly predictable in the wake of the cautious intermediate presentations of the various concept cars at the international motor shows. Although all that remains of the legendary Beetle is the attractive shell (the motor is up front now), and although it contains no trace of the proudly announced research on clean, alternative propulsion methods, the New Beetle represents an important case study, whose most interesting implications lie precisely in the area of the strategy of choice of formal language. Paradoxically, from the race toward the new frontiers of the American West, toward visionary technology and future models of consumption, Volkswagen has returned with the *transitive* icon of its past, consciously transformed into a sort of "memory of the future."

These reflections on the timeframe and the opening of the new American frontiers of innovation lead us back to an image from a rare production photo from the film *Go West* (1925), with the emaciated silhouette of Buster Keaton wavering, almost losing his balance, on the edge of the roof of a freight train as it takes a large curve. Keaton—straw hat pulled low, hands behind his back—looks distractedly at the camera, like a random passer-by standing on the edge of an everyday sidewalk. With an awareness of Keaton's comic style, his terse, metaphysical humor in mind, we can justifiably imagine that the train was standing still, and that he was simulating, with wry indifference, the perilous condition of that extreme balancing act. In this image from *Go West* he seems to be illustrating all the contrasting forces that animate our perception of movement and time, including the condition of extraneousness and unconscious automatism of "going West," or of our capacity to adapt to the inexorable dynamics of the continuous movement toward the unattainable goals of the future.

But the *transitive* vision of contemporary design is not a uniquely American myth. In fact, precisely during the years when the Concept 1 was making its international debut, in Europe the Audi TT Coupé, again by the Volkswagen group and again designed in California, was attracting the attention of sector analysts. Presented at the Frankfurt Motor Show in 1995 the prototype of the small German sports model demonstrated, for the first time, that it was possible to combine reflexive affection for the aerodynamic memorabilia of the pre-war era with the neu-

Preliminary research drawings by Freeman Thomas for the *Audi TT Coupé*, 1994
Vorbereitende Entwurfsskizzen von Freeman Thomas für den *Audi TT Coupé*, 1994

ben Jahre nach der Eröffnung des Zentrums von Simi Valley schien das junge Designerteam von Volkswagen auf mehr als glänzende Weise eines der vitalsten Ziele in diesen Institutionen erreicht zu haben: Concept 1 in Produktion zu schicken, ein Projekt, das seit Anfang 1993 das *Remake* des klassischen Käfers mit dem Motor hinten vorgeschlagen hatte. Eine solche Operation ist bei jenem Segment des Autos nie versucht worden, so daß beim New Beetle das Mutterhaus auf unvorstellbare Weise sowohl die Voraussagen des Marktes als auch die Produktionspläne verfehlte und schon Mitte 1998 – das heißt sofort nach der aufsehenerregenden Lancierung – die Werksanlage von Puebla in der mexikanischen Freihandelszone schon von den Anfragen des nordamerikanischen Marktes eingedeckt war, die allein die Gesamtproduktion von sechshundert Autos täglich abdeckten. Es war ein Erfolg ohnegleichen, der aber schon von den vorsichtigen Zwischenvorstellungen der verschiedenen *Concept Cars* in den letzten internationalen Autosalons angekündigt worden war. Auch wenn vom legendären Käfer eigentlich nicht mehr als die ansprechende Schale übriggeblieben ist (der Motor befindet sich jetzt vorne) und auch wenn es keine Spur mehr der mythischen Suche nach revolutionären und sauberen Antrieben gibt, stellt der New Beetle trotzdem einen bedeutenden Fall dar, der gerade in der Entscheidungsstrategie der formalen Sprachen die interessantesten Verknüpfungen besitzt. Paradoxerweise kehrt Volkswagen nach dem Rennen hin zu den neuen Grenzen des amerikanischen Westens, zu der visionären Technologie und den zukünftigen Konsummodellen, mit der *transitiven* Ikone zu seiner Vergangenheit zurück, die bewußt in eine Art "Erinnerung an die Zukunft" gewandelt worden ist.

***Audi TT Coupé*, designed by the Simi Valley Design Center, 1995**
Audi TT Coupé, vom Simi Valley Design Center entworfen, 1995

Diese Überlegungen über die Zeitlichkeit und über die Öffnung der neuen amerikanischen Grenzen der Innovation führen uns zur Vorstellung eines seltenen Szenenfotos des Films *Go West* aus dem Jahre 1925, mit der ausgemergelten Silhouette von Buster Keaton, im äußerst prekären Gleichgewicht am Dachrand eines Güterzuges in einer langen Kurve, der mit heruntergezogenem Strohhut und den Händen auf dem Rücken zerstreut ins Objektiv blickt, als wäre er ein zufällig vorbeikommender Passant an irgendeinem Straßenrand. Da man seine Formen der Komik und seinen bissigen und metaphysischen Humor kennt, taucht der gerechtfertigte Verdacht auf, daß der Zug in Wirklichkeit in der Kurve steht und daß der Schauspieler mit betrügerischer Gleichgültigkeit seine gefährliche Lage des extremen Seiltanzes vortäuscht. In diesem Bild von *Go West* scheint er alle seine widersprüchlichen Kräfte in Szene zu setzen, die unsere Wahrnehmung von Bewegung und von Zeit zusammen mit der Verfremdung und dem unbewußten Automatismus "in den Westen zu gehen" beleben, nämlich unsere Fähigkeit, uns an die unabwendbare Dynamik der ständigen Bewegung hin zu den unerreichbaren Zielen der Zukunft anzupassen. Aber die *transitive* Vision des zeitgenössischen Designs ist nicht einzig ein amerikanischer Traum. Denn gerade in den Jahren, in denen Concept 1 seine ersten internationalen Auftritte machte, zog in Europa das ebenfalls in der Gruppe Volkswagen und ebenfalls in Kalifornien entworfene Audi TT Coupé die Aufmerksamkeit der Analysten auf diesem Gebiet auf sich. Der Prototyp dieses kleinen deutschen Sportwagens wurde auf dem Frankfurter Salon 1995 vorgestellt und er zeigte zum ersten Mal, wie es möglich ist, das *reflexive* Gefühlsvermögen für die aereodynamischen *Memorabilia* der Vorkriegszeit mit der nüchternen und einwandfreien Ästhetik aller seiner Komponenten von stark *object-oriented* Design miteinander zu verbinden. Daher ist der Audi TT das erste Auto mit einem völlig *transitiven* Design, da er im Gegensatz zum New Beetle nicht das Ergebnis eines mehr oder weniger nostalgischen *Remakes* eines schon dagewesenen Produkts ist. Den neuen Figuren des *Car Designs* von Audi wie Freeman Thomas, Romulus Rost und deren von Peter Schreyer und Martin Smith angeführten Teams gelingt es endlich, mit ihrem Designvorschlag das schon erschöpfte und bis jetzt die Automobilindustrie beherrschende organische und verführerische Styling in Krise zu versetzen, das von

tral, impeccable aesthetic of all the components of highly *object-oriented* design. The Audi TT Coupé, therefore, is the first automobile with a completely *transitive* design because, unlike the New Beetle, it is not the result of a more or less nostalgic remake of an existing product. The new figures of car design at Audi, like Freeman Thomas, Romulus Rost and their teams, guided by Peter Schreyer and Martin Smith, finally managed to challenge, with their design proposals, the overworked organic, seductive styling that had previously dominated the automotive world, and which has been gradually abandoned since then.

The Audi TT Coupé does not appear to have structural differences with respect to the concept car on which it is based; in particular, it continues to stimulate curiosity due to the perfect symmetry between the front and the rear of the car, a morphological characteristic that had been completely absent in auto production since the early years of the century. And a characteristic we also find in the New Beetle, where the hood has been shortened and the front and back views appear to be perfectly equal. In this case, however, this is merely the emphasizing of one of the original characteristics of the Beetle. In the case of the Audi TT, the new look is much more innovative, because it contradicts the usual volumetric design of sports cars. In the usual *streamlined* styling of sports models the hood, with the motor below, is normally much larger than the trunk: a way of representing the sense of speed through the asymmetry of the dynamic profile of the side. In the Audi TT this archetype is utterly abandoned: the compact, economical body of the car makes the symmetry of its volumes into one of the most attractive aspects of its identity, which because of its "regressive" nature can be seen as clearly *transitive*. Rejected by the less perceptive critics at the outset, this unusual compositional character can be explained as the *affective* recovery of a unique automotive archetype, that can be traced back to wooden toy cars for infants, where the difference between forward and backward motion doesn't exist, and the object becomes bi-frontal. The monolithic treatment of the side of the Audi TT coupe reflects another aspect of car design that can be defined as *transitive*, or the increasingly large size of the tires, which completely fill the fenders. This is a widespread trend today which, in the area of tire design, can be better explained in terms of style rather than performance. But this aspect is not as surprising as the more "regressive" reduction of the size of the windows, which in the original concept car was even more evident due to the large rear upright of the prototype, that was later narrowed. The reduction of the size of the windows is still an expression of the pursuit of an archetypal character that many mannerist concept cars, based on a simple retro image, have overlooked, sticking with the futuristic pursuit of larger and larger glazings. The result is particularly evident, in purely emotional terms as well, from the inside of the Tourist Trophy, which gives the user the impression of being in the cockpit of an airplane from before the Second World War.

Finally, what characterizes the design of the interior of the Audi TT, along with some of its external details, is its "object-oriented" treatment. On the dashboard, for example, each instrument, control or component is well-separated from the others, with a simple geometric form, avoiding the attempts at integration at all costs typical of the previously dominant organic styling. Even the doors, which have always been designed to blend into the bodywork of the sides of cars, now follow, in the lower profile, this design logic of recognizable identity and autonomy of the detail, where everything appears real, clear and, therefore, extraordinarily *transitive*.

The case of the design of the Audi TT Coupé represents a courageous, influential proposal in the *automotive* sector. After the first signals of perplexity and disconcertion, other positive, acute, pertinent evaluations immediately began to appear, such as that of Daniele Cornil who noted: "The Audi TT shown in Frankfurt was effectively a model of style in the fullest sense of the term. A paradigmatic automobile that contained, as in an encyclopedic compendium, all the future stylistic developments of the trademark. It was a cellular nucleus of ideas. A manifesto. [...] The Audi TT Coupé represents the new corporate path, based on a synthesis of high technology and emotional impact."[14]

[6] A. Bony, Les *Années 40 de Anne Bony*, Editions du Regard, Paris 1985.

[7] E.L. Doctorow, *World's Fair*, Random House, New York 1985.

[8] N. Bel Geddes, *Magic Motorways*, Random House, New York 1940.

[9] N. Bel Geddes, *Description of the General Motors Building and Exhibit for the New York World's Fair*, typescript dated 8 September 1939, p. 6.

[10] N. Bel Geddes, "Ten Years From Now," in *Ladies' Home Journal*, January 1931, p. 3.

[11] B. Secchi, "Milano-Berlino," in *Domus*, May 1999.

[12] R. Piano, "Potsdamer Platz," in *Architettura Cronaca e Storia*, November-December 1998.

[13] P.A. Tuminelli, "Marche, mercati, strategie. Intervista a John Mays," in *Domus*, June 1999.

[14] D. Cornil, "Coerenza formale," in *Auto&Design*, November 1997.

diesem Tag an allmählich aufgegeben wurde. Der Audi TT Coupé scheint keine strukturellen Unterschiede in Bezug auf den *Concept Car* aufzuweisen, von dem er ja abstammt. Besonders seine perfekte Symmetrie zwischen dem vorderen und dem hinteren Teil des Wagens erwecken Neugierde, denn seit Beginn des Jahrhunderts fehlte diese morfologische Eigenschaft in der Produktion. Dieses Merkmal finden wir auch beim New Beetle, bei dem die Motorhaube um ein weiteres Stück verkürzt worden ist und wo jetzt die Windschutzscheibe und das Heckfenster ganz gleich sind. Dabei handelt es sich aber hier um ein Originalmerkmal des alten Käfers, das dadurch nur noch verstärkt wird.

Im Fall des Audi TT erscheint dieser Look aufsehenerregend, denn er widerspricht allen bekannten Tendenzen in der volumetrischen Verteilung eines anständigen Sportwagens. Im üblichen Stil der *Streamline* ist das Ausmaß der Motorhaube normalerweise größer als das Hinterteil: durch die asymmetrische, dynamische Seitenansicht versucht man Geschwindigkeit darzustellen. Beim Audi TT Coupé ist dieser Versuch völlig eingestellt worden, der Wagen als solcher stellt sich kurz und gespannt vor und besitzt in der Symmetrie seiner Ausmaße eines seiner anziehendsten Identitätsmerkmale, die wir aufgrund ihrer "regressiven" Natur als stark *transitiv* bezeichnen können. Anfangs ist dieses völlig neue Kompositionsmerkmal von den weniger weit vorausblickenden Kritikern abgelehnt worden, dabei könnte er als die gefühlsmäßige Wiederherstellung eines einzigartigen *automotiven* Archetyp erklärt werden, der schon in den hölzernen Spielzeugautos anzutreffen ist, bei denen eben der Unterschied zwischen ziehen oder schieben eigentlich überhaupt nicht auftaucht und dadurch der Gegenstand hinten und vorne gleich ist. Die monolythische Verarbeitung der Seitenteile beim Audi TT Coupé weist einen weiteren Aspekt des Designs auf, der als *transitive* bezeichnet werden könnte und zwar die großzügigeren Dimensionen der den Radstand völlig ausfüllende Autoreifen. Diese heute allgemeine Tendenz wird auf dem Gebiet der Reifenplanung besser auf stilistischer als auf der Ebene der Leistung erklärt. Ein solcher Aspekt ist eigentlich gar nicht so überraschend wie die derart "regressive" Verkleinerung der Scheiben, die beim ursprünglichen *Concept Car* aufgrund des hinteren breiten, später aber schmäleren Rahmens beim Prototyp noch leichter zu erkennen war. Die Verkleinerung aller Scheiben bei einem Wagen drückt eben gerade die Suche nach dem archetypischen Merkmal aus, das viele manieristische, ganz einfach *retrò* inspirierte *Concept Car*s vernachlässigt haben, und dabei vielmehr die projektive und noch wiederholte futuristische Suche nach immer größeren Fensterscheiben eingesetzt haben. Das Ergebnis kann auch auf der rein emotionalen Ebene im Inneren des Tourist Trophy festgestellt werden, das sich wie ein Cockpit eines Vorkriegsflugzeug ausnimmt. Was dann schließlich das Design im Innern des Audi TT Coupé, aber auch einige Einzelheiten der Außenansicht, so charakteristisch macht, ist seine *object-oriented* Verarbeitung. Auf dem Armaturenbrett sind zum Beispiel die einzelnen Instrumente, Kommandos oder Bestandteile klar voneinander abgegrenzt; sie weisen einfache geometrische Formen auf und entfliehen dadurch einem Versuch der Integrierung um jeden Preis, die ja so typisch im bis jetzt vorherrschenden organischen Styling war. Sogar die Vordertür, deren Schnitt an der Seite immer so verlief, daß diese sich nahtlos in die Karosserie einfügte, folgt jetzt, im unteren Teil, dieser neuen Logik des Designs in der wiedererkennbaren und autonomen Identität der Einzelteile, wo alles real, klar und daher außergewöhnlich *transitiv* erscheint. Das Design beim Audi TT stellt einen kühnen und einschneidenden Vorschlag auf dem *automotiven* Gebiet dar. Nach den ersten Anzeichen von Bestürzung und von Erstaunen sind sofort auch zahlreiche positive treffsichere und scharfsinnige Urteile abgegeben worden, wie zum Beispiel von Daniele Cornil, der Folgendes anmerkte: "Der in Frankfurt ausgestellte Audi TT war wirklich im wahren Sinne des Wortes ein Stilmodell. Ein paradigmatischer Wagen, der wie in einem enzyklopädischen Werk alle zukünftigen stilistischen Entwicklungen des Markenzeichens in sich trägt. Er war der Zellkern der Ideen. Ein Manifest. [...] Der Audi TT Coupé stellt den neuen Weg im Betrieb dar, der sich auf eine Synthese von hoher Technologie und Emotivität stützt".[14]

[6] A. Bony, *Les Années 40 de Anne Bony*, Editions du Regard, Paris, 1985.
[7] E.L. Doctorow , *World's Fair*, Random House, New York, 1985.
[8] N. Bel Geddes, *Magic Motorways*, Random House, New York, 1940.
[9] N. Bel Geddes, *Description of the General Motors Building and Exhibit for the New York World's Fair*, maschinegeschriebener Text vom 8. September 1939, S. 6.
[10] N. Bel Geddes, "Ten Years From Now", in *Ladies' Home Journal*, Januar 1931, S. 3.
[11] B. Secchi, "Milano-Berlino", in *Domus*, Mai 1999.
[12] R. Piano, "Potsdamer Platz", in *Architettura Cronaca e Storia*, November-Dezember 1998.
[13] P.A. Tuminelli, "Marche, mercati, strategie. Intervista a John Mays", *in Domus*, Juni 1999.
[14] D. Cornil, "Coerenza formale", in *Auto&Design*, November 1997.

THE POWER OF THE LINK

The century that is coming to an end has undoubtedly witnessed the greatest density of revolutionary events in human history, but the pace of its progress has actually been determined by the rigid rules established at its beginning by the industrial revolution. Nevertheless, today we are in the middle of another epochal revolution, that of data processing and telecommunications, which proceeds at a different rhythm from all previous revolutions, and creates a situation for design that is not fully understood and still in the process of being defined. Because "computerized time" seems to be a situation of the simultaneous, in which images and contents of the past and future are positioned without apparent hierarchies on the virtual shelves of a giant digital *viewport*, we can say that the *transitive* is merely another version of the culture of the *link*. By "link culture" we mean designing by means of "citations," or through visual or conceptual references of a heterogeneous nature that become powerful generators of temporal connections.

This way of designing, clearly based on the virtual, permits greater agility and a freer use of reference sources with respect to a design generated by the traditional methodological sequences. A design choice that also has a profound effect on our way of organizing and arranging our knowledge of things: in fact, while on the one hand it mimics the language of the world of computers—imposing the "mental clicks" of the *links*—on the other it takes design back into the physical universe, the world of designed objects and constructed reality. To design through the use of *links* is not only a nonchalant form of exploitation of the new tools of representation—impossible before the advent of the computer—but also a veritable narrative expedient, aimed at establishing aesthetic compatibility among heterogeneous formal metaphors. Today, in fact, the identity of a product can no longer be specified and then represented *tout-court* by its design, because it also needs to be somehow "narrated" through the product itself.

A *link*, by nature, is just one facet of the identity of a product, and often it is an autonomous, easily recognized figurative metaphor that, combined with other metaphors, generates the narrative dimension. Nevertheless, the narrative assembled by means of the concatenation of metaphors leads to allegory: a form of narration abandoned at the beginning of the century—with the decline of the representation of "myth" and its entire symbolic and decorative repertoire—which can be rediscovered today in new rhetorical forms. Not that metaphor has been absent in the structure of the design of the products of the recent past: but it was nearly always a single, large metaphorical construction, the result of the concatenations of a linear narrative, nearly always based on a "methodological" design matrix. A matrix based on a homogeneous theme, provided with compositional hierarchies and an aesthetic continuum that leads to a uniform representation mode, to an "organic whole," in balanced relation. The culture of the *link*, on the other hand, has introduced the possibility of making free use even of very complex figurative expressions, both in cultural and temporal terms; and thus the new developments of the way we experience time today, in its new, simultaneous accessibility, bring us—thanks to the link—directly to the language and the manifestations of the *transitive*.

An interesting example of the application of a temporal link in a recently designed product is that of

DIE MACHT DES LINKS

Das zu Ende gehende Jahrhundert hat zweifellos in seiner Geschichte eine Abfolge von zahlreichen revolutionären Ereignissen erlebt. Aber der Rhythmus seiner Zeit ist eben einzig und allein von den ehernen Regeln bestimmt worden, die die industrielle Revolution zu Beginn des Jahrhunderts festgelegt hatte. Derzeit befinden wir uns wieder inmitten einer anderen epochalen Revolution, nämlich der Revolution auf dem Gebiet der Informatik, die sich in einem völlig anderen Rhythmus als die bisher dagewesenen bewegt und zwar in einer nicht allen bekannten und zum Großteil noch festzulegenden Entwurfssituation. Da die "Informatikzeit" zur Zeit der Simultaneität zu werden scheint, wo sich Bilder und Inhalte der Vergangenheit und der Zukunft ohne offensichtliche Anordnung auf den virtuellen Regalen in einem großen digitalen *Viewport* aufreihen, könnte man einfach behaupten, daß das *Transitive* nichts anderes als eine Variation der *Link*-Kultur ist. Unter "*Link*- Kultur" verstehen wir das Entwerfen mittels Einsatzes von "Zitaten", das heißt durch visuelle oder begriffliche Rückverweise heterogener Natur, die dann auch starke Generatoren zeitlicher Verbindungen werden.

Diese Entwurfsmethode, die eindeutig im Bereich des Virtuellen einzuordnen ist, gestattet eine größere Beweglichkeit und einen freieren Einsatz von Beziehungsquellen als gewöhnlicherweise im aus den traditionellen methodologischen Verkettungen stammenden Design. Die Wahl einer solchen Vorgehensweise hat eine tiefgehende Auswirkung auch darauf, wie die Kenntnis der Dinge organisiert und verteilt wird: Wenn auf der einen Seite die Sprache der Informatikwelt nachgeahmt wird und somit die "geistigen Clicks" des *Links* vorgesetzt werden, dann führt auf der anderen Seite das Design zum physischen Universum, zur Welt der gezeichneten Gegenstände und der konstruierten Wirklichkeit. Das Entwerfen durch den Einsatz von *Links* stellt nicht nur eine ungezwungene Form der Ausbeutung der neuen Darstellungsinstrumente dar, – was vor dem Zeitalter der Computer völlig undenkbar war – sondern stellt ein wahres Erzählmittel dar, das darauf ausgerichtet ist, eine ästhetische Angleichung zwischen heterogenen formalen Metaphern festzulegen. Heutzutage kann nämlich die Identität eines Produkts nicht mehr festgelegt und dann ausschließlich von seinem Design dargestellt werden, denn irgendwie giert es geradezu danach, durch das Produkt selbst auch "erzählt" zu werden.

Aufgrund seiner Natur ist ein *Link* nur ein Teilstück in der Identität eines Produkts und sehr oft handelt es sich dabei um eine autonome figurative und leicht erkennbare Metapher, die zusammen mit anderen Metaphern die Dimension der Erzählung erzeugt. Trotzdem führt die durch die Verkettung von mehreren Metaphern ablaufende Erzählung zur Allegorie: Diese Erzählform ist zu Beginn des Jahrhunderts aufgegeben worden, da man den "Mythos" und dessen gesamten symbolischen und dekorativen Apparat einfach nicht mehr brauchte, aber heute könnte sie wieder in neuartigen rhetorischen Formen aufgenommen werden. In der Struktur des Designs der Produkte aus der jüngsten Vergangenheit fehlt jedoch auch die Metapher nicht: Es handelt sich aber fast immer um eine einzige große metaphorische Konstruktion, Ergebnis der Verkettung einer linearen Erzählung, die sich fast immer auf eine "methodologische" Matrize des Designs stützt. Diese Matrize mit einer thematischen und homogenen Anlage besitzt kompositorische Hierarchien und ein ästhetisches *Continuum*, das zu einer eindeutigen Darstellungs-

the box for coarse salt by Enzo Mari for Alessi: another object that is representative of *Transitive Design* and which, in spite of Mari's notorious disdain for categories, labels and "trends", offers precious evidence of a reflexive, poetic way of designing. Enzo Mari, in fact, had already been involved for some time in the design of ingenious hinges for plastic boxes which—by avoiding the use of the usual pins—also permitted easy assembly and disassembly of the covers. A brilliant solution, immediately applied to boxes in translucent plastic, but with generic functions and an elegant but "syntactic" form, i.e. free of any other information apart from the virtuosity of the hinge design and the subtle charm of the material. Reproposing the same concept for Alessi, but this time in the "iconic" form of a salt container, the designer enriches the product with the contents of a very timely emotional narrative.

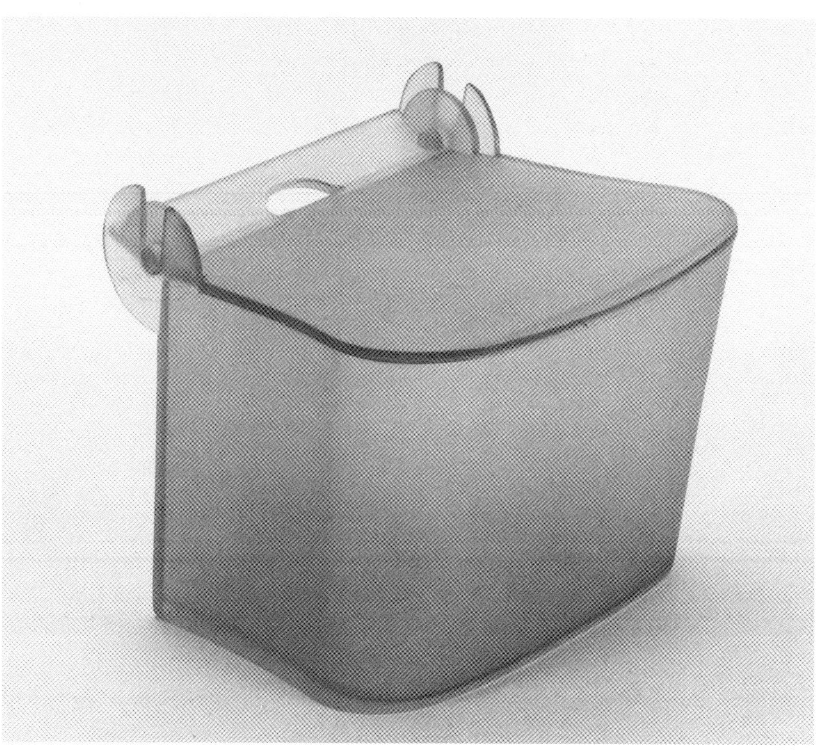

The *Container for kitchen salt and more* in plastic, designed by Enzo Mari for Alessi, 1999
Der *Behälter für Salz und anderes* aus Plastik, von Enzo Mari für Alessi entworfen, 1999

Working sketches for the *Container for kitchen salt and more*, designed by Enzo Mari in 1996 and produced in 1999
Entwurfskizzen für den *Behälter für Salz und anderes*, 1996 von Enzo Mari entworfen und 1999 hergestellt

With this product Enzo Mari not only recuperates an archetype of small domestic objects, a container we all remember (at least in Italy) as an omnipresent icon in the kitchens of the past, but also manages to transmit—instantly—the implicit message of a history that seemed to have been lost, but that perhaps interests him more, the message of the sense and gesture of taking a "pinch" of salt and carefully estimating its size. The most important prerogative of the culture of the *link*, that is manifested in the *transitive*, is that of total, instant access to all the knowledge and all the history of design, where nothing seems to be lost and where all the objectives and achievements of modernity are there, ready, equally available for use and reference.

ECLECTICISM AND MANNERISM

The *transitive* is not a style, but neither is it a design methodology aimed at revivals or philological copies of a "model," a linguistic exercise capable of introducing only supplementary aesthetic and formal variables. Therefore the *transitive* is not *revival*, but memory of time; it is not styling but design (as can be seen in its language, which involves the entire composition of the object rather than the single details); the matrix is the archetype, but the emotional details are modern.

One of the reasons for looking to the past as a resource of formal archetypes is that never before as in this last decade have design and research concentrated so intensely on "new" materials—and not just synthetic ones. There has also been a rediscovery of "antiquated," natural materials; even proto-industrial materials of artificial origin like linoleum, bakelite, cellulose fibers, etc. have been reintroduced in a variety of contexts. Parallels can be drawn here with the trends of the late 19th century, when historical Eclecticism—making use of the forms of neoclassicism and the major historical

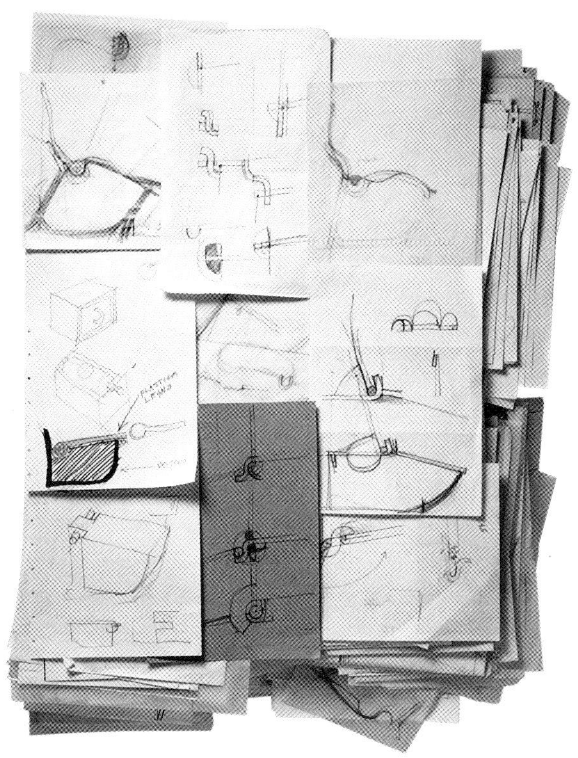

weise, zu einem "gleichartigen organischen Ganzen" hinführt. Stattdessen hat die *Link*-Kultur die Möglichkeit eingeführt, ganz frei aus den figurativen, auch kulturell und zeitlich sehr gegliederten, Ausdrücken zu schöpfen. Hier steht dann die große Neuheit, wie wir heute die Zeit in ihrer anderen und gleichzeitigen Zugänglichkeit erleben und die uns, mit Hilfe des *Links*, direkt zu den Formsprachen und zu den Kundgebungen des *Transitiven* führt.

Ein glänzendes Beispiel für die Anwendung eines *Zeitlinks* bei einem Produkt aus dem jüngsten Design ist der Behälter für das grobe Salz von Enzo Mari für Alessi: ein weiterer repräsentativer Gegenstand des *Transitiven Designs*, der trotz der Geringschätzung von Mari gegenüber Kategorisierungen und all dem, was als *trendy* bezeichnet werden könnte, ein wertvolles Zeugnis einer *reflexiven* und zugleich poetischen Entwurfsmethode geliefert hat. Tatsächlich war Enzo Mari schon lange im Design damit beschäftigt, praktischere Scharniere für Plastikdosen zu finden, mit denen man ohne die lästigen banalen Stifte die Deckel leicht auf- und abmontieren kann. Diese glänzende Lösung ist dann auch sofort bei den durchsichtigen, gewöhnlichen Plastikdosen mit eleganter aber "syntaktischer" Form angewendet worden, da diese Dosen keine weiteren Informationen besitzen als nur die Virtuosität des Scharnierenspiels und den feinen Zauber ihres Materials. Der Designer hat dann für Alessi das gleiche Konzept vorgeschlagen, aber dieses Mal in der "ikonischen" Form eines Salzbehälters, wobei er dieses Produkt mit den Inhalten einer gefühlsmäßig sehr aktuellen Erzählung angereichert hat.

Mit diesem Produkt nimmt Enzo Mari nicht nur einen Archteyp der kleinen Haushaltsgegenstände wieder auf, nämlich einen Behälter, an den wir uns alle als allgegenwärtige Ikone in den italienischen Küchen der Vergangenheit erinnern, sondern ihm gelingt es auch, sofort die Botschaft zu übermitteln, die in einer schon fast verschwundenen Geschichte enthalten ist, die ihn aber wahrscheinlich mehr interessiert als die Bedeutung und die Geste einer "vorsichtig abgewogenen Handvoll" Salz. Das wichtigste Merkmal der *Link*-Kultur zeigt sich im *Transitiven* und daher im totalen und unmittelbaren Zugang zu den Kenntnissen und zur Geschichte des Designs, wo nichts verloren zu gehen scheint und wo alle Ziele, Errungenschaften oder Eroberungen der Modernität bereit und vollständig sind und alle gleich zur Verfügung stehen.

EKLEKTIZISMUS UND MANIERISMUS

Das *Transitive* ist kein Stil, aber auch keine Entwurfsmethodologie, die am *Revival* oder an der philologischen Kopie des "Modells" interessiert ist und eine Sprachübung begünstigt, die nur ästhetische Variablen und formale Beifügungen einführen kann. Daher ist das *Transitive* kein *Revival*, sondern das Gedächtnis der Zeit; es ist keine Stilkunde, sondern Design (wie man von seiner Sprache her begreifen kann, die die gesamte Komposition des Gegenstandes und nicht so sehr der Einzelheiten selbst miteinbezieht); die Anlage ist archteypisch, aber die emotionellen Einzelheiten sind modern.

Einer der Gründe, weswegen man auf die Vergangenheit wie auf eine Fundgrube von formalen Archetypen zurückgreift, besteht darin, daß sich wie nie in diesem letzten Jahrzehnt die Forschung und das Design auf die "neuen" Materialien konzentriert haben – und nicht nur auf die Kunststoffe. Man ist dazu gekommen, auch jene antiken und natürlichen Stoffe wieder zu entdecken und zwar bis zu dem Punkt, auf verschiedensten Ebenen das breite Band der protoindustriellen Kunststoffe wie das Linoleum, das Bakelit, die Zellstoffasern usw. wieder einzuführen. Ähnlich erging es am Ende des neunzehnten Jahrhunderts, als der von den neoklassischen Formen und von den großen geschichtlichen Stilen schöpfende historische Eklektizismus die hervorstechendste formale Antwort

styles—offered the most evident formal response to an industrial revolution that was creating very new materials, but also updating the potential, performance and availability of very old ones like glass and metals.

This similarity to the formula of the historical past does not necessarily lead to new forms of Eclecticism in contemporary design, although this is always a possibility when one shifts about in the temporal context, and when one makes use of *links* for their heterogeneous nature. In times when *revivals* are a recurring theme, or a period in which people look to the future while keeping an eye on the past, an understanding of the nature of Eclecticism, of its origins and significance, can be useful in order to go beyond the use of *revival* as a mere citation, to find a way to give it new values which, as in the case of the languages of the *link*, can help us to configure the expression of a contemporary, recognizable, autonomous design.

As we will see in the course of this analysis, the true problem of *Transitive Design* is not posed, therefore, by a more or less eclectic aesthetic, but by the constant danger of falling into the trap of the most hackneyed kind of mannerism. This is a real risk—already evident due to the appearance of the first retro style products—which, were it to truly take hold, would make the success of the *transitive* truly unbearable. This concern has been expressed explicitly—although in a different context—by a consideration of Renzo Piano on the concept of memory and design: "The architect must have many memories: memory of the environment, memory of man, historical memory, and also memory of materials and memory of craft. In many works of postmodern architecture the concept of memory has been translated, in a banal way, as a form of borrowing, a photocopying of languages, of modules of the compositions of the past. In this case we are talking about a rather short memory. It is like taking quotations and inserting them, without development, in a context: they remain mere engravings on tablets. But there is also a subtle memory, that is not based on rediscovered classical objects, nor on forms, but on materials and vibrations..."

This reflection is echoed, ten years later, in a recent, utterly *transitive* work by Piano's Workshop which, apart from the knobs, could easily have been produced by the studio of Bel Geddes, and would have looked perfect in *Horizons.* It is the stainless steel oven designed for Smeg: a reassuring example of how it is possible, today, to approach the design of a *transitive* home appliance without indulging in

the temptations of nostalgic *revivals.* The fundamental identity of the product lies in the measure and the sense of real control of its morphology, without the excesses that managed to make "total glazings" of the doors of the panoramic ovens of the minimalist kitchens. Once again, as in the case of the automobile, the reduction of the glazing is the sign of the inversion of a trend toward superperformance which, until just a few years ago, seemed to still be utterly unstoppable.

F67 oven designed by Piano Workshop for Smeg, 1999
Backofen *F67*, vom Piano Workshop für Smeg entworfen, 1999

Tenara series wall-plate in the *Neue Zeit* version, designed by Martin Szekely by Kreo for Legrand. CMF design by Castelli Design Milano, 1999
Schalterrahmen *Tenara* in der Version *Neue Zeit*, von Martin Szekely by Kreo für Legrand entworfen. CMF Design von Castelli Design Milano, 1999

auf eine industrielle Revolution darstellte, die die neuesten Materialien hervorbrachte, aber zugleich die Leistungen und die Verfügbarkeit von den sehr antiken Materialien, wie Glas und Metall, verstärkte. Die Analogie mit dieser Formel der geschichtlichen Vergangenheit ist notwendigerweise nicht Trägerin von neuen Formen des Eklektizismus im zeitgenössischen Design. Diese Eventualität bleibt aber trotzdem möglich, wenn man sich im Kontext der Zeit bewegt und wenn man die in ihrer Natur heterogenen *Links* einsetzt. In den immer häufiger auftauchenden Zeiten des *Revivals*, das heißt der Gewohnheit, in die Zukunft zu schauen und doch auch einen Blick in die Vergangenheit zu werfen, erlaubt das Verständnis über die Natur des Eklektizismus, über seine Ursprünge und seine Bedeutungen, das *Revival* selbst als einfaches Zitat zu überwinden und zu begreifen. Statt dessen muß man diesem *Revival* neue Werte zuschreiben, die wie im Fall der *Link*-Sprachen helfen, den Ausdruck eines zeitgenössischen, erkennbaren und autonomen Designs darzustellen.

Wie an anderer Stelle noch erörtert wird, stellt sich das wahre Problem des *Transitiven Designs* nicht im Rahmen einer mehr oder weniger eklektischen Ästhetik vor, sondern es bewegt sich in einem Raum, in dem es ständig Gefahr läuft, in einen ziemlich voraussehbaren Manierismus zu verfallen. Ein reales Risiko, das beim Erscheinen der ersten Produkte im *Retròstil* erkannt wurde und das, sollte sich dieser Stil durchsetzen, die Behauptung des *Transitiven* völlig unerträglich machen würde. In einem anderen Zusammenhang wird diese Sorge auch durch eine Überlegung von Renzo Piano über den Begriff von Gedächtnis und Projekt deutlich ausgedrückt: "Der Architekt muß unterschiedliche Erinnerungsebenen besitzen: Erinnerung an die Umwelt, Erinnerung des Menschen, historisches Gedächtnis und auch Erinnerung an die Materialien und Erinnerung an den Beruf. In vielen postmodernen Architekturströmungen wird manchmal der Begriff des Gedächtnisses ganz banal als eine Leihgabe angesehen, eben als eine Fotokopie der Sprachen, der Schriftmodule aus der Vergangenheit. In diesem Fall handelt es sich um ein ziemlich kurzes Gedächtnis. Es sieht so aus, als ob man Zitate nehmen und sie ohne zu verarbeiten in einen Kontext einfügen würde: sie bleiben Gedenksteine. Dabei gibt es aber ein feines Gedächtnis, das nicht aus wiedergefundenen klassischen Gegenständen besteht und eben nicht die Formen, sondern die Materialien und die Schwingungen betrifft..."

Diese Betrachtung von Piano widerspiegelt sich nach zehn Jahren in einem völlig *transitiven* Produkt, das aus seinem Workshop stammt und das abgesehen von den Drehgriffen genauso gut ein Produkt aus dem Atelier von Bel Geddes hätte sein können und in *Horizons* seine gute Figur abgegeben hätte. Wir beziehen uns hier auf den für Smeg entworfenen Backofen aus Nirosta: Ein beruhigendes Beispiel dafür, wie man heute das Design eines *transitiven* Haushaltsgerätes angehen kann, ohne dabei in ein nostalgisches *Revival* zu verfallen. Aber die grundlegende Identität dieses Produkts wird in dem Maße und in dem Sinne einer wirklichen Kontrolle über seine Morfologie gesucht, die frei von jeglichem Drang ist, der die Türen des Panoramabackrohres der *Minimalküchen* "ganz aus Glas" werden ließ. Wieder einmal zeigt sich, wie eben auch beim Auto, daß die Verkleinerung der Fenster zu einer Tendenzumkehr der Superperformance führt, die bis vor einigen Jahren überhaupt nicht einzudämmen gewesen wäre.

DESIGNING IN THE EXISTING WORLD

The fact that in the design sphere we are seeing an increased presence of languages that, while invoking a near future, also evoke a recent past, is due, first of all, to a desire to slow the pace of environmental transformations. This is one of the basic needs that has given rise to *Transitive Design*: an increasing reluctance to take part in types of *performance* that modify the extant in a continuing, ever more rapid manner, probably as a reaction against the "disposable" mentality of the Eighties and the revisions of the most severe "native" environmentalism of the early Nineties. The condition of the *transitive* is one of "ecology of the mind," where all the formal languages available are put to work, concentrating design research on the most complex variables of the identity of the product itself. In such a cultural context, in fact, innovation no longer focuses on the creation of formal styles, but on new alternative values such as that of the immanence of the product, i.e. its capacity to express, through design, both its own market destiny (marketing strategy) and the content of its communication (advertising strategy). The "immanent product" appears, therefore, as one with a prevalently "narrative" orientation, realized through the use of *links*, metaphors, allegories and their powerful temporal connections.

The trend toward evocation leads us to the theme of the *remake* and its evolution with respect to the numerous operations in which leading manufacturers have dug into their archives of historical products, putting them back into production without making any modifications. At first there was Cassina, whose "I Maestri" collection featured replicas of objects designed by the protagonists of the Modern Movement, for which they had acquired the reproduction rights. Then came the cases of Zanotta, with Blow by De Pas-D'Urbino-Lomazzi-Scolari, Kartell, with the wastebaskets by Colombini, B&B, with the Diesis divan by Antonio Citterio, and others. All these latter companies are cases in which the *remake* becomes a revisitation of the firm's own history, rather than an offering of prestigious *Ersatz* pieces, seen as a response to a widespread desire for "affective replacements." Therefore these operations are not always based on pure marketing aimed at reaffirming the advanced position these important firms represented in the past.

A similar operation is that of "Herman Miller for the Home," undertaken beginning in the mid-nineties on the wave of the new *transitive* sensibility. The Herman Miller trademark, known today only for its office furnishing systems, wanted to return to its role as protagonist of domestic furnishings, recouping classic products from its past that still represent, today, one of the highest aesthetic expressions of the second half of the century. These include the Bubble Lamp designed by George Nelson and a selection of fabrics designed by Alexander Girard, as well as the Eames Storage Unit and the Eames Moulded Lounge Chair with Metal Legs with new finishes. Therefore this is an operation that is more complex that a mere philological replica, because it revives some of the most innovative objects of the period, acknowledging the optimism that lay behind their design as an indispensable emotion for the present. Nevertheless, this operation, like the others, seems to be weakened by the availability of new *transitive* languages, that have the advantage of being able to exploit the atemporal values of the product of reference, without running the risk of suffering in the shadow of their own model.

Apart from the cases of pure re-production, there are also those in which the replica does not appear as a clone of a model using dated DNA, but as a product updated in *transitive* terms. Two examples of reinterpretations of classics of the past that avoid this risk are: the Ensemble chair by Fritz Hansen—a direct descendant of the 3107 by Arne Jacobsen—, and the Meda Chair for offices by Vitra—an explicit homage to the work of Charles Eames. The Fritz Hansen operation is captionlike but effective, realized for the celebration of the firm's 125th anniversary as a producer, combining the new Ensemble chair, designed by Alfred Homann, and miniatures of the Jacobsen's famous 3107, outlining an explicit genealogical continuity between the two products. Thus the *transitive* becomes a strategic choice for trademarks that want to appear new, even with products that are not really new, adding value "in progress" to designs, with

DESIGN IN DER BESTEHENDEN WELT

Wenn man im Bereich des Designs immer häufiger auf eine bedeutungsvolle Präsenz von Sprachen stößt, die zukunftsweisend auch die jüngste Vergangenheit aufleben lassen, so muß dies vor allem einem Wunsch nach Verlangsamung bei den Umweltveränderungen zugeschrieben werden. Das ist eines der Grundbedürfnisse, das an den Wurzeln des *Transitiven Designs* zu finden ist: Mit immer mehr Unbehagen nimmt man an *Performances* teil, die das Bestehende ständig und immer schneller verändern und zwar wahrscheinlich als Reaktion auf die "Wegwerf-Mentalität" der achtziger Jahre und auf die Revisionen des strengeren *native* Ökologismus der frühen neunziger Jahre. Daher ist das *Transitive* eine "Ökologie des Geistes", wo alle zur Verfügung stehenden Formsprachen eingesetzt werden und wo sich das Design auf die vielfältigsten Variablen in der Identität selbst des Produkts konzentriert. In diesem kulturellen Kontext richtet sich die Erneuerung nämlich nicht mehr auf die Schöpfung von formalen Stilen, sondern vielmehr auf neue alternative Werte wie die Immanenz des Produkts, das heißt auf dessen Ausdruckskraft – auch durch das Design – und zwar sowohl was den eigenen Markterfolg (Marketingstrategie) als auch was die Inhalte seiner Aussagen (Werbestrategie) betrifft. Daher zeigt das "immanente Produkt" eine vor allem "erzählende" Neigung, die durch den Einsatz der *Links*, der Metaphern, der Allegorien und deren starke Zeitbindungen verwirklicht wird.

Die Neigung zum Wiederhervorholen führt uns daher zum Thema des *Remake* und zu seiner Entwicklung hinsichtlich der zahlreichen Operationen in den führenden Unternehmen, die in ihren Archiven die eigenen historischen Produkte wieder hervorholen und gerade diese Produkte ohne irgendeine Veränderung wieder in Produktion bringen. Anfangs hatte Cassina mit der Kollektion "I Maestri" die *Wiederholung* von Produkten vor, die von den Exponenten der Modernen Bewegung entworfen worden waren und deren Reproduktionsrechte das Unternehmen erworben hatte; dann folgten alsbald Zanotta mit Blow von De Pas-D'Urbino-Lomazzi-Scolari, Kartell mit den Körbchen von Colombini, B&B mit dem Sofa Diesis von Antonio Citterio und viele andere. In allen diesen Betrieben führt das *Remake* zu einer Neuauslegung der eigenen Geschichte und eben nicht als Angebot eines wertvollen *Ersatzes* sondern als Antwort auf einen verbreiteten Wunsch nach "Stellvertretern von Gefühlen". Deswegen handelt es sich nicht immer um reine Marketingoperation, um die avantgardistische Stellung zu behaupten, die diese großen Unternehmen schon in der Vergangenheit einnahmen.

Gar nicht so anders zeigt sich die Operation "Herman Miller for the Home," die seit Mitte der neunziger Jahre auf der Welle der neuen *transitiven* Sensibilität abläuft. Das Markenzeichen Herman Miller, das eigentlich nur noch durch Büroeinrichtungssysteme bekannt war, beabsichtigte auf diese Weise wieder auf dem Gebiet der Wohnungseinrichtung marktführend zu werden. Dabei sind vier klassische Produkte der Vergangenheit wieder aufgenommen worden, die heute noch eine der größten ästhetischen Ausdrucksformen in der zweiten Hälfte des Jahrhunderts darstellen. Darunter finden wir neben der von George Nelson entworfenen Bubble Lamp und einer Stoffauswahl von Alexander Girard auch die Eames Storage Unit und den neu ausgefertigten Eames Moulded Lounge Chair with Metal Legs. Es handelt sich eben um ein komplexeres Unterfangen als nur um eine einfache philologische *Wiederholung*, denn dabei läßt man einige der innovativsten Produkte von damals wieder aufleben und erkennt im Optimismus an den Wurzeln dieser Gegenstände eine unverzichtbare Erregung für die Gegenwart. Trotzdem erscheint auch diese Operation durch die Verfügbarkeit der neuen *transitiven* Sprachen geschwächt, die den Vorteil besitzen, die zeitlosen Werte des Bezugsprodukts auszunutzen, ohne dabei die Gefahr zu laufen, in den Schatten des eigenen Modells zu geraten.

Neben solchen deutlichen Wiederauflagen gibt es Fälle, bei denen sich die *Wiederholung* nicht wie ein geklontes Modell mit einem schon gealterten DNA vorstellt, sondern vielmehr als ein im *transitiven* Sinne erneuertes Produkt. Die zwei folgenden beispielhaften Wiederaufnahmen der Vergangenheit brauchen dieses Risiko nicht zu befürchten: Der Stuhl Ensemble von Fritz Hansen – direkte Abstammung von

large or small adjustments and new variations. The case of the Meda Chair, on the other hand, is symptomatic of a capacity for emancipation with respect to the model. Alberto Meda reworks the language of Eames, developing his own product as a sort of biological offspring. The Meda Chair remembers its genealogy, but it is also, effectively, a contemporary product, with its own *transitive* identity. Starting with an awareness of the fact that the emotional values of a masterpiece of the past cannot be easily recovered and adapted to the functional standards of the applications sector in question, Alberto Meda has worked on his new chair model with the aim of making the typology of the aluminium spatial frame ergonomically efficient, equipping it with a posture compensation mechanism. The problem has been brilliantly resolved, also thanks to the contribution of the Vitra engineers, integrating the kinematic mechanism with the entire structure of the die-cast frame, rather than relegating it to the usual "box" beneath the seat. The result is a chair with an innovative synchronized device, an immediately successful product that, apart from its formal simplicity, also offers the conceptual elegance of a mechanism designed with an "object-oriented" approach. Given its constant reference to the past, at first glance the transitive might appear to be the expression of conservative thinking. But this risk would exist if the aesthetic *déjà vu* were always explicit; in *Transitive Design* the recognition factor of what "already exists" is balanced by an innovative technological approach.

The inspiration from the Forties, which gives the form of *transitive* objects its soft, rounded lines, leads to an aesthetic similarity to the sinuous forms of today's "organic" design trends, and could cause a misunderstanding, an inappropriate grouping of the two. The products of Ross Lovegrove or Ron Arad, of organicist orientation—as were those of Alvar Aalto or Eero Saarinen—, focus on botanical or zoological images, maintaining an affinity with the forms of the natural environment. *Transitive* forms, on the other hand, are the expression of evolved artifacts, or of icons and archetypes of cultural nature. Both languages express the attributes of the *soft touch*, but whereas in the case of organic design we are faced

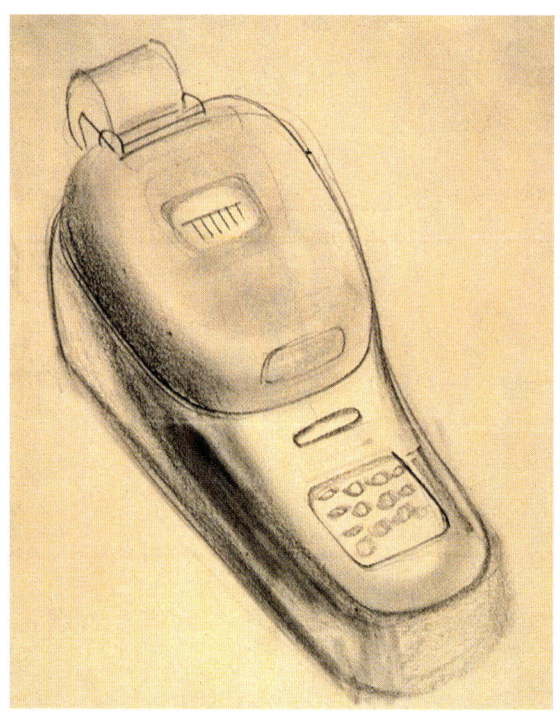

Research drawing for the *Summa* adding machine by Marcello Nizzoli for Olivetti, 1940
Entwurfzeichnung der Rechenmaschine *Summa* von Marcello Nizzoli für Olivetti, 1940

with an affectivity linked to the relationship with the world of natural forms, in *Transitive Design* the affective element is supplied by connection to temporal links. Often the two qualities can coexist, as in the case of the Rotor 2000 public telephone by George Sowden, where the rounded forms that set the design apart are simply the result of an operation of "manual" intervention on the plastic material, effected through the medium of virtual modeling. "Hands never produce cubes," Sowden says, revealing how the advent of practical CAD programs has permitted definitive emancipation from the "projected" two-dimensional quality of mechanical drawing. In other words, we no longer have a depth of objects generated through a summation of *layers*, but a virtual tactility that takes us back to the practice of "sculptural" design, as in the work of one of its last, greatest exponents, Marcello Nizzoli. In this way Sowden, representing the new expression of manual modeling using tools that did not exist at the time of Nizzoli, establishes a *link* with the languages of half a century ago, through the application of a similar design procedure. And perhaps it is precisely this sensation of a "manu-factured" product, industrially re-

dem 3107 von Arne Jacobsen – und der Bürostuhl Meda Chair von Vitra – eine direkte Hommage an die Arbeit von Charles Eames. Der Fritz Hansen-Stuhl ist eine beschreibende, aber wirksame Operation, die im Rahmen des 125. Firmenbestehens verwirklicht und gefeiert worden ist, indem auch noch der neue, von Alfred Homann entworfene Stuhl Ensamble zu den Miniaturen des berühmten 3107 von Arne Jacobsen hinzugestellt wird und somit eine deutliche, zwischen den zwei Produkten gezeichnete Abstammungslinie erschien. Das *Transitive* wird daher eine strategische Entscheidung der Markenzeichen, die neu erscheinen wollen, und zwar auch mit eigentlich gar nicht neuen Produkten, und mit größeren oder kleineren Berichtigungen und neuen Varianten den Entwürfen Werte *in progress* hinzufügen. Der Fall vom Meda Chair erweist sich jedoch sinnbildlich für die emanzipatorische Fähigkeit in Bezug auf das Modell. Alberto Meda arbeitete nämlich die Formsprachen von Eames weiter aus und ließ fast auf biologischer Ebene sein Produkt entstehen. Der Meda Chair erinnert an seine Abstammung, aber er ist in jeder Hinsicht ein aktuelles Produkt mit einer eigenen *transitiven* Identität. Dabei geht Alberto Meda von dem Bewußtsein aus, daß die Gefühlswerte eines Meisterwerkes der Vergangenheit äußert schwer hervorzuholen und genauso schwer an den Funktionsstandard im eigenen Anwendungsbereich anzupassen sind. An seinem neuen Modell hat er daher mit dem Ziel gearbeitet, die Ausmaße des räumlichen Aluminiumrahmens ergonomisch effizient zu gestalten, das heißt er setzte einen Verstellmechanismus ein. Das Problem ist glänzend gelöst worden und zwar auch dank der Beiträge von Ingenieuren der Vitra, die ein Getriebe in die Gesamtstruktur des Druckgußrahmens eingepaßt haben und eben nicht in der klassischen "Box" unter der Sitzfläche. Dadurch wird das Sitzen zu einer innovativen synchronen Tätigkeit, der Stuhl selbst – ein sofort erfolgreiches Produkt – weist die begriffliche Eleganz eines Mechanismus auf, der *object-oriented* gezeichnet worden ist. Da immer wieder auf die Vergangenheit zurückgegriffen wird, könnte das *Transitive* bei einer oberflächlichen Betrachtung fast als Ausdruck eines konservativen Denkens erscheinen. Aber die Gefahr bestünde erst, wenn das *Dejavù* auf ästhetischer Ebene immer deutlich ausgedrückt würde, während beim *Transitiven* die Anerkennung des "schon Bestandenen" durch ein innovatives Verhalten auf technologischer Ebene ausgeglichen wird.

Die Eingebung der vierziger Jahre, die auf die Form der *transitiven* Gegenstände mit weichen und abgestumpften Linien einwirkt, führt zu einer ästhetischen Analogie mit den geschwungenen Formen der aktuellen "organischen" Tendenz im Design und das könnte zum Mißverständnis führen, die einen mit den anderen zusammenzubringen. Die sich organisch ableitenden Produkte von Ross Lovegrove oder von Ron Arad – wie auch die von Alvar Aalto oder von Eero Saarinen – lassen eine imaginäre Pflanzen- oder Tierwelt aufleben und bewahren auch eine gewisse Beziehung zu den Formen in der Natur. Aber die *transitiven* Formen sind Ausdruck von entwickelten Erzeugnissen, das heißt von kulturellen Ikonen und Archetypen. Beide Sprachen drücken die Merkmale des *Soft Touch* aus, aber wenn wir uns, wie im Fall des organischen Designs, vor einer Gefühlsbetroffenheit befinden, die an die Beziehung zur Welt der Naturformen gebunden ist, so wird im *Transitiven Design* das Gefühlselement durch die Aufnahme der Zeit-*Links* gegeben. Ab und zu können diese zwei Merkmale gleichzeitig existieren, wie im Fall des öffentlichen Telefons Rotor 2000 von George Sowden, wo die für das Design charakteristischen abgerundeten Formen eigentlich nichts anderes als ein "manueller" Eingriff in die Plastikmaterie sind, auch wenn dieser durch das *Medium* der virtuellen Formung abläuft. "Die Hände formen niemals Würfel", behauptet Sowden und zeigt damit auf, wie der Einsatz von bequemen Informatikprogrammen die endgültige Emanzipation aus der "projezierten" Zweidimensionalität am Zeichentisch ermöglicht hat. Es handelt sich also nicht mehr um eine Tiefe der durch eine Reihe von Schichten entstandenen Gegenstände, sondern um eine virtuelle Tastfähigkeit, die uns zur Praxis des "plastischen" Designs zurückführt, von dem Marcello Nizzoli einer der größten und letzten Interpreten war. Auf diese Weise stellt Sowden, in der Darstellung der neuen Ausdrucksformen der Handfertigkeit mit zur Zeit Nizzolis nicht existierenden In-

Research drawing of the *Rotor 2000* outdoor public telephone, designed by George J. Sowden, Hiroshi Ono and Davy Kho for I.P.M. in 1997-98

Entwurfzeichnung des öffentlichen Telefons *Rotor 2000*, von George J. Sowden, Hiroshi Ono und Davy Kho für I.P.M. entworfen, 1997-1998

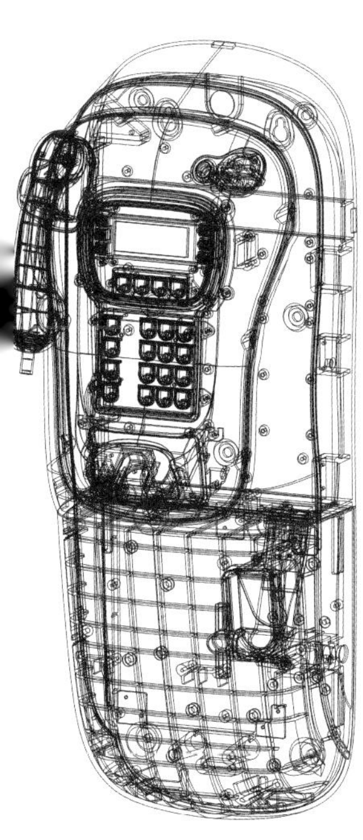

produced, that creates a new *link* between the culture of the virtual form and the industrial artifacts of the Forties.

These frequent references to a protoindustrial aesthetic confirm a renewed continuity between the design of contemporary products and the forms of the early modern era and the *demi-siècle*. Dense, consistent forms, that at most attempted to lighten their static expression through nonchalant eclectic transformations. Their evolution, and the desire for liberation from the syllogism between formal lightness and image of the future, have led to the forms that have emerged in the second half of the last decade of the century. In the catalog of the 18th Milan Triennial in 1992, on the theme *Life between things and nature: design and environmental culture*, in the chapter entitled *Consistency. The dense object* we find the following passage: "The dense object prompts profound meaningfulness, going beyond the pure functional and transitive use of signs and forms. It leads from an object that captures this virtual density, interpreting this invitation to sensory introspection, to the experience of thickness that lies in the material quality of the object, becoming the dense language of things. The dense object offers itself as the vehicle of a restless, eternal interpretation that operates on the level of polysensoriality. We are very far away from the purely visual, two-dimensional world of surfaces. Instead, we are in the third dimension, in the depth of the material. We enter a world of high cultural and sensorial 'specific weight.'"[15] In the next chapter, entitled *Qualistic scenario*, there is a forecast, of surprising precision, that "... Consistency, or the dense object, perfectly copies the matrix of one of the qualistic scenarios that will characterize the formal languages of the last decade of our century."[16]

Advertising page of the Herman Miller Company published in *Blueprint Magazine*, with a statement by Clino Trini Castelli. New York, 1983

Werbeseite des Unternehmens Herman Miller erschienen im *Blueprint Magazine*, mit einem Statement von Clino Trini Castelli. New York, 1983

A separate discussion should be devoted to color, which is usually considered a quality of the form. In *transitive* objects, on the other hand, nearly the opposite could be true, and we can hypothesize "form as color quality." This is a strategy that moves in precisely the opposite direction with respect to those of the Eighties, when each product was offered in a very wide range of colors. In the *transitive* we see a drastic reduction in the number of colors offered for a single product, based on a highly defined chromatic personality. As in the case of the Audi TT, available in three colors only. An example of a product, on the other hand, that has reached the market going against the trend of the aesthetic languages of the moment is the small Smart car: a courageous idea, developed during the same period as the New Beetle and the Audi TT, but which seems to be plagued by a manneristic syndrome, with a predominantly projective, only slightly *transitive* character. A product conceived for a highly subjective characterization, due to the great permutation flexibility of its chromatic identity, it has paradoxically been limited, in its use, to functions of "company cars" with written messages and logos, and therefore restricted, in these cases, to situations of collective, impersonal use.

Transitive products also feature a chromatic minimalism that uses both moderate and intense tones. These are colors that are often inspired by the industrial design of the Forties and Fifties, whose *Color Presence* is utilized in an iconic but emancipated

strumenten, eine Beziehung zu den Sprachen der vorigen Jahrhundertshälfte durch den Einsatz eines analogen Designverfahrens her. Wahrscheinlich ist es gerade das Gefühl der industriell vervielfältigten "Manufakturwaren", das einen neuen *Link* zwischen der Kultur der virtuellen Form und der Industrieerzeugnisse der vierziger Jahre schafft.

Diese häufigen Hinweise auf eine frühindustrielle Ästhetik bestätigen eine erneuerte Kontinuität zwischen dem Design zeitgenössischer Produkte und den Formen der ersten Modernität und des *Demi-Siècle*, beständige und feste Formen, die aber trotz allem versuchen, ihre eigene statische Ausdrucksform durch ungezwungene eklektische Veränderungen zu entlasten. Aus deren Entwicklung und aus dem Wunsch nach Emanzipation in Bezug auf den Sillogismus zwischen Formleichtigkeit und Zukunftsbild sind die Formen entstanden, die dann die zweite Hälfte des letzten Jahrzehnts am Jahrhundertende bestückt haben. Aus dem Katalog der XVIII. Triennale von Mailand im Jahr 1992 über das Thema *Das Leben zwischen Dingen und Natur: Der Entwurf und seine Umweltkultur*, im Kapitel *Beschaffenheit. Der feste Gegenstand*, ist nachzulesen: "Der feste Gegenstand fordert zu einer tiefen Bedeutsamkeit auf, um den rein funktionalen und transitiven Gebrauch der Zeichen und der Formen zu überwinden. Diese führt dann zu einem Gegenstand, der diese virtuelle Dichte sammelt, diese Aufforderung zur Innerlichkeit der Sinne, zur Erfahrung der Dichte interpretiert, die in der Stofflichkeit des Gegenstandes steht, um dann die dichte Sprache der Dinge zu werden. Der feste Gegenstand stellt sich als Instrument einer unruhigen und ständigen Interpretation vor, die auf der Ebene der verschiedenen Sinneswahrnehmungen spielt. Von der rein visuellen und zweidimensionalen Welt der Oberfläche sind wir ganz weit entfernt. Wir treten in eine Welt mit kulturellem und sensorialem hohem "spezifischen Gewicht" ein".[15] Im darauffolgenden Kapitel, *Qualistisches Szenarium*, wird mit einer auch für uns unerwarteten Genauigkeit vorausgesagt, "... die Festigkeit, das heißt der feste Gegenstand, kopiert auf vollkommene Weise die Matrize eines der qualistischen Szenarien, die die Formsprachen im letzten Jahrzehnt unseres Jahrhunderts charakterisieren werden".[16] Aber auch der Farbe gebührt eine eigene Aufmerksamkeit, denn gewöhnlicherweise wird sie als ein Merkmal der Form angesehen. Bei den *transitiven* Gegenständen könnte fast das Gegenteil behauptet und eben die "Form als Merkmal der Farbe" betrachtet werden. Es handelt sich um eine Strategie, die sich in einer absolut gegensätzlichen Richtung zu den Tendenzen der achtziger Jahre bewegt, als jedes Produkt eine sehr große Auswahl an Farben anbot. Mit dem *Transitiven* kommt es zu einer drastischen Verringerung in der Farbauswahl für das jeweilige Produkt, das sich schon mit einer bestimmten Farbpersönlichkeit vorstellt. Der Fall des Audi TT beweist dies, da er nur in drei Farben angeboten wird. Ein Produkt, das hingegen im Gegenstrom zu den aktuellen ästhetischen Sprachen auf dem Markt erscheint, ist der kleine Smart. Es ist eine mutige Vorstellung von einem Auto, das in denselben Jahren wie der New Beetle und der Audi TT Coupé entstanden ist, aber durch seinen, zum Großteil projezierenden und nur leicht *transitiven*, Charakter an einem manieristischen Syndrom zu leiden scheint. Dieses Auto besitzt eine ausgeprägte subjektive Charakterisierung und zwar insbesondere aufgrund seiner großen chromatischen Identitätsanpassung; es hat jedoch – paradoxerweise – seinen eigenen Einsatz auf die Kategorie "Firmenauto" beschränken müssen, das heißt versehen mit Schriften und Zeichen, die in diesem Fall zu einem kollektiven und unpersönlichen Gebrauch führen. Die *transitiven* Produkte stellen außerdem einen chromatischen Minimalismus mit sowohl gedämpften als auch starken Farben vor. Dabei dreht es sich um Farben, die sich sehr oft nach dem *Industrial Design* der vierziger und fünfziger Jahre richten, in denen die *Color Presence* auf ikonische, aber emanzipatorische Weise durch die neuen Technologien der Materialien gegeben und nie ausdrücklich vorgestellt worden ist. Die verbreitete Neigung zu einer einzigen Farbe für das ganze Objekt bestimmt auch den Eindruck, als ob das Produkt aus einem einzigen Stoff hergestellt worden wäre. Dieser wird dann noch durch eine *Color Distribution* verstärkt, bei der sogar Identifikationselemente des Produkts miteinbezogen werden können. Ein Beispiel dafür ist das Markenzeichen beim iMac,

way, thanks to the new technologies of materials, and therefore never literally reproduced. The widespread tendency to apply a single color to an entire object, moreover, leads to a monomateric effect, emphasized by a *Color Distribution* that involves even the elements of identification of the product, as in the case of the trademark of the iMac, where the apple of the logo takes on the color of the computer. Relieved of the weight of the muscular language of technological display, design objects take on the qualistic attributes of the soft touch. When designer Jonathan Ive designed the iMac, one of his priorities was that the new computer should change the relationship between the user and the machine. As a result he gave the new product emotional qualities that would make it a friendly object, reconciling a sense of familiarity with the impact of novelty. Although rejecting the label of retro-futurist design, the iMac maintains its potential for technological representation while, however, also "provoking people's past memory" through its consistent form, in contrast with the translucent exterior in an unusually range of colors that were later added. As Klaus Ottmann, Artistic Director of the American Federation of Arts, sustains, what is emerging is "a new participatory humanism and a synergism of art and design that is inspired by the idea of leisure, play and sports."[17] Precisely in the area of high-technology products, an increasingly emotional, perhaps even a more "enchanted" relationship is established with the contemporary object.

RETROFUTURISM

Transitivity is simultaneously a character and a design condition, suited to periods in which great changes are expected, in which the temptations of acritical revivalism—Mannerism—are always lurking. But all this was not so clear when, at the beginning of the Eighties, the Japanese producer-designer Naoki Sakai, with his Water Studio, designed the first technological products with a nostalgic appearance. His Be-1 car, designed in 1983 and then produced by Nissan, became famous, and was historically categorized within the series of retro products that appeared by the hundreds in those years, or at the beginning of the great Japanese "bubble." On the other hand, his design for the Olympus O-Product camera in 1989 was completely *transitive* (perhaps the first project that can truly be defined as such), free of the mannerist forms of the time, a prototype of a language Sakai likes to define as *Retro Future.*

When asked by us about the possible interpretations of *Transitive Design*, Sakai implies that this definition of a new design language and his *Retro Future* are exactly the same thing, discreetly glossing over the critical distinctions of manner that seem to plague the retro aesthetic. "Frankly, my *Retro Future* design is the re-production of my private past. I was born in 1947, and when I was a youngster I saw cartoons, which contained many aerodynamic forms. Growing up in an era in which many industrial products like the automobile, the airplane and the telephone had aerodynamic forms, they became part of my basic image-bank, and I think they became the archetype of my design taste. Design as the result of an extraction and remixing of this 'data base' of childhood memories is simultaneously future, present and past. I extract and mix the *concept* I am looking for, making use of different temporal axes." Naoki Sakai begins his explanation of his work of those years in this manner, but then he delves deeper: "There is no regular sequence of time in the *Retro Future*. It spreads evenly over the past, present and future, and produces its own time. It is not a question of forms: the *Retro Future* itself produces time. In other words, it is a design that comes and goes, moving through the confines of the material and the immaterial."

The question of time has always been an important one for Sakai; in fact, we can say that all the activity of Water Studio is focused on the utilization of temporal variants that require, among other things, the greatest possible openness and cultural flexibility, to make ready—but not superficial—use of the continuous opportunities for reinterpretation of the available image-bank (which Sakai rather prosaically defines as the "data base" of memory). Sakai, moreover, has no difficulties in indicating, case by case, the modes and the sources, even the most remote ones, that have led him to re-create his "transitive

wo der Apfel nicht mehr nur rot ist, sondern jeweils die Farbe der Außenhülle annimmt. Die Designobjekte sind von der Muskelsprache einer auffälligen Technologie entlastet worden und sie nehmen die qualistischen Merkmale des *Soft Touch* an. Als der Designer Jonathan Ive den iMac entwarf, stellte es für ihn ein unverzichtbares Bedürfnis dar, daß der Computer die Beziehung zwischen Benutzer und Gerät veränderte. Als Antwort darauf verlieh er dem neuen Produkt emotionale Merkmale, die es dann zu einem freundlichen Gegenstand machten, und verband damit zugleich Bekanntes mit Neuem. Obwohl der iMac das Etikett des retrofuturistischen Designs ablehnt, so bewahrt er doch seine technologische Vorstellungskraft, indem er aber durch die Form der im Gegensatz dazu durchsichtigen Hülle mit den ungewöhnlichen Farben "die abgelegten Erinnerungen der Personen aufstöbert". Klaus Ottmann, Artistic Director an der American Federation of Arts behauptet, daß "ein neuer Humanismus der Teilnahme, eine Sinergie von Kunst und Design, angeregt von der Vorstellung von Freizeit, Spiel, Sport" Gestalt annimmt.[17] Wenn man dabei von den hoch technologischen Produkten ausgeht, so entsteht eine immer gefühlsbetontere und vielleicht sogar "verzaubertere" Beziehung zu den zeitgenössischen Objekten.

RETROFUTURISMUS

Die Transitivität ist zugleich ein Merkmal und eine Designsituation, die sich Perioden anpaßt, in denen man sich große Veränderungen erwartet und in denen daher die Versuchung eines unkritischen Revivalismus, eben des Manierismus, immer auf der Lauer liegt. Das alles war aber nicht so klar, als zu Beginn der achtziger Jahre der japanische *Producer-Designer* Naoki Sakai mit seinem Water Studio die ersten technologischen, nostalgisch aussehenden Produkte entwarf. Berühmt ist sein Wagen Be-1, den er 1983 erdachte und der dann von Nissan hergestellt worden ist. Auf geschichtlicher Ebene wird dieses Auto in jene Reihe von *Retrò-Produkten* gestellt, die damals, nämlich zu Beginn der "großen japanischen Luftblase", wie Pilze aus dem Boden schossen. Völlig *transitive* (wahrscheinlich der erste als solcher zu bezeichnende Entwurf) war der Fotoapparat Olympus O-Pro-

Dashboard detail of the *Pao*, designed by Naoki Sakai (Water Studio) with Nissan Design Center, 1986
Teilansicht des Armaturenbrett des *Pao*, von Naoki Sakai (Water Studio) in Zusammenarbeit mit dem Nissan Design Center, entworfen, 1986

duct aus dem Jahr 1989, der ohne die manieristische Formen der damaligen Jahre der Prototyp einer Sprache ist, die Sakai am liebsten als *Retro Future* bezeichnet. Auf unsere Frage über die Natur und über die möglichen Interpretationen des *Transitiven Designs* läßt Sakai erkennen, daß diese Definition einer neuen Designsprache und sein *Retro Future* ein und dasselbe sind. Dabei sieht er ganz unbefangen über die kritischen Unterschiede der manieristischen Merkmale hinweg, die die *Retrò-Ästhetik* heimzusuchen scheinen. "Ganz offen gesagt ist mein *Retro-Future-Design* die Wiederauflage meiner persönlichen Vergangenheit. Ich bin 1947 geboren und als Junge sah ich in den *Cartoons* zahllose aerodynamische Formen. Zudem bin ich in einer Epoche aufgewachsen, in der viele Industrieprodukte wie das Auto, das Flugzeug und das Telefon Stromlinienform besaßen und damit habe ich meine Einstellung aufgebaut und ich denke, daß diese für meinen Designergeschmack archetypisch geworden sind. Das Design als Ergebnis einer Entnahme, einer Vermischung jener 'Datenbank' meiner Kindheitserinnerung ist zugleich Zukunft, Gegenwart und Vergangenheit. Ich entnehme und vermische das von mir gewünschte *Concept* und dabei schöpfe ich aus den verschiedensten Zeitachsen". So spricht Naoki Sakai über seine Arbeit von damals und dabei geht er aber noch tiefer und fügt hinzu: "Es gibt keine regelmäßige Abfolge in der *Retro Future*. Sie verteilt sich gleichmäßig auf Vergangenheit, Gegen-

present." From the films of Steven Spielberg to the music of Tetsuya Komuri—who made samples of historical music from all eras and many different countries, becoming a very successful producer—the key to the *Retro Future* can be found in the "data base" of many of the new works, in the fields of cinema and music, available on today's market: "*Star Wars - Episode 1* gave me a precise perception of what the *Retro Future* would truly be like. It is neither past nor future, but past and future, simultaneously. It is neither occidental nor oriental, but both of them, simultaneously." In the way of designing of Naoki Sakai, the imagination of the future and the constants of the past crystallize as a product of the present. "I don't think that what I am doing is literally retro. For me it is future memory. All our images, films, memories of the past are like a cultural warehouse where everything can be equally utilized. You can also make use of films on the image of the past. For example the Pao—another Nissan car—was inspired by the film *Indiana Jones and the Temple of Doom*."

Apart from the inspirations, the dimension of time has also influenced the visions involved in the marketing of products conceived in this way. Water Studio tends, in fact, to design things that will be produced in limited editions, for immediate marketing. The Be-1 was produced in a limited edition of 10,000 units, and the car was sold before it actually hit the market. The Pao was available for only three months, with no more than 40,000 units produced. Half of the numbered edition of 20,000 units of the O-Product camera was sold in Japan, the other half abroad. Olympus received 25,000 orders in only three weeks. This strategy, that cannot properly be defined as marketing, after fifteen years is still the solid basis for a series of indubitable successes in the area of product innovation. It is taking on the form of an alternative but stable operative mode for contemporary businesses in pursuit of new forms of consistency with respect to their market orientations.

In the years when Water Studio was achieving an unusual visibility for a small Japanese design studio, Naoki Sakai preferred to define himself as a *producer* rather than a designer, partially to indicate, in a different way, the difficult situation of the figure of the independent designer in Japan at the time, and partially because the function of the industrial designer was too closely connected to the practical aspects of problem solving which, he admits, do not particularly interest him. But there was also another reason why the figure of the producer was particularly favorable at the time: the need for the work of strategic conceptualization that only an external consultant, or an independent "producer," could effectively perform. The all too often abused phase of the *design concept*, omnipresent in the design methodology of Japanese businesses, does not indicate, in fact, only the moment of conceptual work, the definition of the strategic themes of future products: it is above all a process of generation of "consensus," a particularly Japanese ethical concern that has produced throngs of conceptualists convinced of the fact that to propose ideas and see them realized, although by others, was undoubtedly the highest of all possible aspirations in that cultural and industrial context.

"What did people say when they saw the Be-1 at the Tokyo Motor Show? Simply 'It's cute' and 'I want it'. It seemed as if they were not sure how to express their sensations in any other way. The Be-1 was harshly criticized by many journalists in the automo-

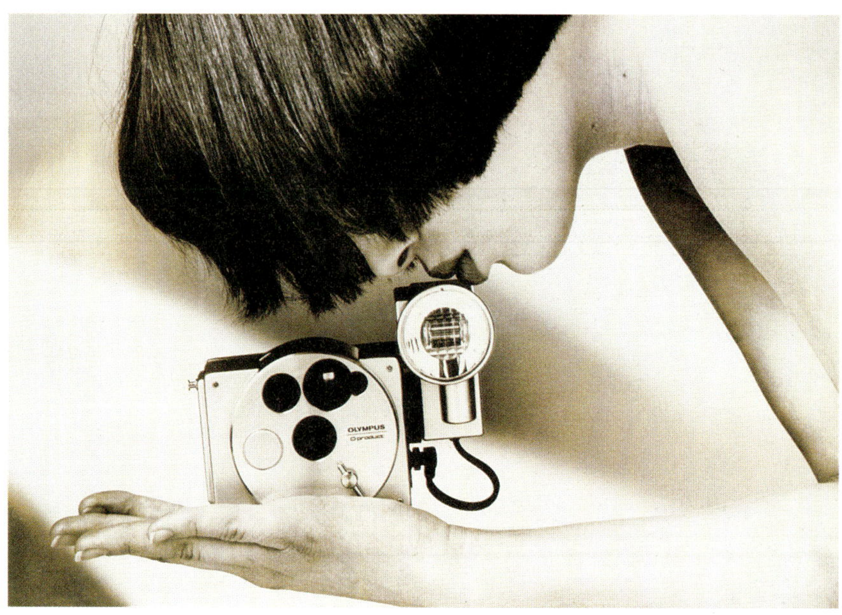

***O-Product* autofocus camera, designed by Shunji Yamanaka and Naoki Sakai (Water Studio) for Olympus, 1989**

Fotoapparat mit Autofocus *O-Product*, von Shunji Yamanaka und Naoki Sakai (Water Studio) für Olympus entworfen, 1989

The *Compass* camera, designed by Billing Pemberton for Jaeger – Le Coutre, 1937
Der Fotoapparat *Compass*, von Billing Pemberton für Jaeger – Le Coutre entworfen, 1937

wart und Zukunft und erzeugt selbst ihre Zeit. Es ist keine Frage der Formen: Die *Retro Future* selbst erzeugt die Zeit. Anders ausgedrückt ist sie ein Design, das kommt und geht, indem es sich über die Grenzen des Materiellen und des Immateriellen bewegt". Für Sakai ist die Zeitlichkeit immer wichtig gewesen. Man kann sogar sagen, daß sich die gesamte Tätigkeit des Water Studio auf die Ausbeutung der Zeitabweichungen ausgerichtet hat, die unter anderem die größte Verfügbarkeit und kulturelle Ungezwungenheit verlangt, um sofort – aber eben nicht oberflächlich – ständig die Gelegenheiten der zur Verfügung stehenden Ideen einzusetzen (die der Designer sehr nüchtern als "Datenbank" des Gedächtnisses bezeichnet). Außerdem ist es für Sakai überhaupt kein Problem, nach und nach die Bedingungen und die auch entferntesten Quellen aufzuzeigen, die ihn dazu brachten, seine "transitive Gegenwart" wieder neu zu schaffen. Ob es die Filme von Steven Spielberg oder die Musik von Tetsuya Komuri sind – der antike Musik anhand von Beispielen aus allen Epochen und aus allen Ländern zusammenstellte und dabei ein gefragter *Musikproducer* geworden ist –, der Schlüssel der *Retro Future* ist in der "Datenbank" vieler aktuell verfügbaren Neuheiten im Film- und Musikbereich zu finden: "*Star Wars – Episode 1* hat mir ganz genau das Gefühl verschafft, wie die *Retro Future* wirklich gewesen wäre. Weder Vergangenheit noch Zukunft, sondern zugleich Vergangenheit und Zukunft. Weder westlich noch östlich, sondern zugleich westlich und östlich". In den Entwürfen von Naoki Sakai kristallisieren sich die Vorstellung der Zukunft und die Konstanten der Vergangenheit heraus, als seien sie ein Produkt der Gegenwart. "Was ich mache, betrachte ich eigentlich nicht genau als *retrò*. Für mich ist es das zukünftige Gedächtnis. Alle unsere Bilder, die Filme, die Erinnerung an die Vergangenheit sind wie ein Kulturlager, wo alles unterschiedslos benutzt werden kann. Auch aus den Filmen kann man in den Vorstellungen der Vergangenheit schöpfen. Zum Beispiel der Pao – das andere Auto von Nissan – hielt sich an den Film *Indiana Jones and the Temple of Doom*".

Wenn man die Inspirationen beiseite läßt, so hat die Dimension der Zeit auch die Visionen beeinflußt, die den Markterfolg solcher Produkte prägten. Water Studio versucht tatsächlich limitierte, sofort erhältiche Ausgaben zu entwerfen und in die Produktion zu schicken. Von dem Be-1 wurden in limitierter Serie 10.000 Exemplare hergestellt und diese waren alle schon verkauft, bevor sie überhaupt auf den Markt kamen. Der Pao war nur drei Monate auf dem Markt und es gab nicht mehr als 40.000 davon. Die Hälfte der numerierten Ausgabe von 20.000 Exemplaren des Fotoapparats O-Product wurde in Japan abgesetzt, die andere Hälfte im Ausland. In nur drei Wochen erhielt Olympus 25.000 Bestellungen. Nach fünfzehn Jahren ist diese Strategie, die man eigentlich nicht genau als Marketing bezeichnen kann, immer noch fest an der Basis einer Reihe von unverleugbaren Erfolgen im Bereich der Produktinnovation verankert. Zudem beginnt sie sich langsam wie eine alternative, aber stabile Form im zeitgenössischen Betrieb auf der Suche nach neuen Adhäsionsformen für die eigene Marktorientierung abzuzeichnen.

In den Jahren, in denen das Water Studio ein für ein kleines japanisches Studio ungewöhnliches Ansehen erworben hat, sah sich Naoki Sakai als *Producer* und eben nicht so sehr als *Designer*, einerseits um die schwierige Lage des unabhängigen Designers im damaligen Japan etwas anders darzustellen, andererseits weil die Funktion des *Industrial Designer* zu fest an die praktischen Aspekte des *Problem solving* gebunden war, was ihn überhaupt nicht begeisterte, wie er selbst zugab. Aber es gab einen weiteren Grund, warum die Figur des *Producer* damals besonders begünstigt war: Die Arbeit der strategischen Konzeptualisierung war für ihn zugeschnitten und nur jemand außerhalb des Betriebes, oder eben ein unabhängiger Mitarbeiter, konnte diese wirkungsvoll erledigen. Die zu sehr mißbrauchte Phase des *Design Concept*, die in der De-

The *Be-1*, designed by Naoki Sakai (Water Studio) with Nissan Design Center, 1983
Der *Be-1*, von Naoki Sakai (Water Studio) in Zusammenarbeit mit dem Nissan Design Center entworfen, 1983

camera more seductive. The production of this commemorative camera involved as many as 75 working phases, about twice the normal number. And in fact it was a limited edition, that could only be purchased by special order.

"The development of electronic technology and the *Retro Future* happened during the same period," explaines Sakai. I believe that the concept of retro could not have emerged without the development of that technology, because it freed it of the principle of function. I believe that the freedom of retro stems from such design concessions." The result of the Olympus O-Product operation already clearly shows the characteristics of the mature *transitive* product: clear geometric forms, *object-oriented*, without attempts at integration, for example, between the camera body and the flash unit, which return to their original *unfitted* state. All the controls in the O-Product are also interfaced in a very different way from those of normal cameras.

Naoki Sakai concludes the interview as follows: "I began to use the term *Retro Future* in the design of the Olympus O-Product in 1988. A camera is an accumulation of electronic technology, but I wanted to eliminate electronic interfaces in the zones of contact between the user and the camera, so I introduced a manual lever on the front of the product."

The curiosity to know whether for this project too Sakai can tell us about his sources of inspiration, the useful factors for the re-creation of the "transitive present" of the product, is soon satisfied: in the period in which he was designing the O-Product, Sakai had seen a film entitled *Brazil*. "It's a film I still like, I've seen it a number of times. I think that the term *Retro Future*, after the digital revolution, is another way of saying 'classic,' like classic literature, which you can read and reread without getting bored."

tive world, but for me it is a car that realizes the desires of people; it wasn't created to fulfill the needs of the industry. It was a car conceived to provoke, with its appearance, sensations of nostalgia, familiarity, tenderness. Most of the critics said: 'It is the depravation of car design'; most of them said I was getting people drunk on happiness; but the car design sector is a repressed, conflictual one. In the end, the Be-1 was a breakthrough, and I believe it was also the beginning of the *Retro Future* in my work. In other words that design, that reflected my line of conduct in life and in design, is a *Fueki Ryuko*. This Japanese expression—coined by Basho Matsuo, a famous Japanese poet and tea master in the classical era—means 'constants that always come back into vogue': an absolutely oriental way of thinking that, I imagine, contradicts western logic, because with *Fueki Ryuko* we are saying that 'immutable things are changing'."

About ten years ago, for its 70th anniversary, Olympus asked Water Studio to design a camera. Naoki Sakai proposed his free interpretation of what could have been a Kodak Brownie from the Fifties, or a revisitation of the small but monolithic Swiss Compass. The body of the camera—a block of solid aluminium—had three distinct surface finishes: brushed, glossed and mirror-polished, with the function of making the standard mechanism of a normal point-and-shoot

[15] AA.VV., *La vita tra cose e natura: il progetto e la sua sfida ambientale*, catalogue of the 18th Triennale of Milan, Electa, Milan 1992.
[16] *Ibidem*.
[17] K. Ottmann, "Io sono," in *Domus*, n. 816, June 1999.

signmethode des japanischen Unternehmens allgegenwärtig ist, zeigt eben nicht nur den Moment der Kopfarbeit bei der Ausrichtung von strategischen Themen bei den Zukunftsprodukten auf: Es ist vor allem der Entstehungsakt der "Zustimmung", eine ethisch ganz japanische Leidenschaft, die eine Unzahl von *Konzeptualisten* hervorgerufen hat, die alle von der Tatsache überzeugt sind, daß Ideen vorzustellen und sie, wenn auch von anderen, verwirklicht zu sehen, gewiß den Höhepunkt der möglichen Erwartungen in jenem kulturellen und industriellen Kontext darstellt. "Was sagten die Leute, als sie auf der Tokyo Motor Show den Be-1 sahen? Nur 'hübsch' und 'den hätte ich gern...'. Es schien, als ob sie ihre eigenen Empfindungen nicht anders ausdrücken könnten. Be-1 wurde von zahlreichen Journalisten aus der Welt der Autos heftigst kritisiert, aber für mich ist Be-1 ein Auto, das den Wunsch der Menschen verwirklicht und es ist eben nicht entstanden, um die Bedürfnisse der Industrie zu befriedigen. Dieses Auto ist entworfen worden, um mit seinem Aussehen Nostalgie, Vertrautheit und Zärtlichkeit zu erwecken. Der Großteil der Kritiker sagte: 'Das ist die Entartung des Car-Designs'. Zahlreiche andere erklärten dann noch, daß ich mit Glückseligkeit berauschen würde, aber der Sektor des Car-Designs ist eine unterdrückte und mürrische Minderheit. Denn trotz allem stellte der Be-1 ein bißchen die Bruchstelle dar und ich glaubte, daß er auch den Beginn der *Retro Future* in meiner Arbeit darstellte. Anders ausgedrückt ist jenes Projekt, das meine Leitlinie im Leben und im Design widerspiegelt, eben ein *Fueki Ryuko*. Dieser japanische Ausdruck – der von Basho Matsuo, einem berühmten japanischen Dichter und Teezeremonienmeister in der klassischen Zeit geprägt wurde – bedeutet 'Konstanten, die immer wieder in Mode kommen': Das ist eine absolut orientalische Denkweise, die, wie mir scheint, der westlichen Logik widerspricht, denn mit *Fueki Ryuko* wird die Behauptung aufgestellt, 'daß sich die unveränderbaren Dinge verändern'". Vor ungefähr zehn Jahren gab Olympus dem Water Studio den Auftrag, zur Feier des siebzigjährigen Bestehens einen Fotoapparat zu entwerfen. Damals schlug Naoki Sakai eine seiner freien Interpretationen darüber vor, was eine Kodak Brownie der fünfziger Jahre sein könnte, sowie eine Überarbeitung der kleinen, aber monolythischen Schweizer Compass. Der Fotoapparat selbst – ein fester Aluminiumblock – besaß drei verschiedene Oberflächenstrukturen: glänzend, satiniert und spiegelglatt, um den Standardmechanismus eines normalen Point-and-shoot-Apparats anziehend zu machen. Die Produktion dieser Jubiläumskamera bestand aus ganzen 75 Arbeitsvorgängen, das heißt das Doppelte einer normalen Herstellung. Produziert wurde er in limitierter Auflage und er konnte nur mittels eines Bestellformulars erworben werden. "Die Entwicklung der elektronischen Technologie und die *Retro Future* stammen aus demselben Zeitraum. Ich glaube, daß das Konzept von *retrò* nicht ohne die Entwicklung jener Technologie hätte ablaufen können, denn diese befreite es vom Prinzip der Funktionalität. Ich glaube, daßdie Freiheit von *retrò* aus solchen Zugeständnissen für das Design stammt". Das Resultat des Unterfangens Olympus O-Product zeigt schon ganz deutlich die Merkmale des reifen *transitiven* Produkts: Klare geometrische und *object-oriented* Formen ohne Integrationsversuche, wie zum Beispiel zwischen dem Fotoapparat selbst und dem Blitzlicht – diese Formen werden eben wieder *unfitted*. Auch alle Bedienungsknöpfe sind beim O-Product ganz anders als gewöhnlich angeordnet.

Naoki Sakai schließt dieses Interview so ab: "Ich habe begonnen, den Ausdruck *Retro Future* 1988, während des Entwurfs vom Olympus O-Product, zu benutzen. Ein Fotoapparat ist eine Anhäufung von elektronischer Technologie, aber ich habe die elektronische Bedienung aus den Kontaktbereichen zwischen Benutzer und Apparat verbannen wollen und darum habe ich an der Vorderseite des Produkts einen Handhebel angebracht". Der Wissensdurst, ob auch in diesem Entwurf eine Inspirationsquelle zu finden ist, die sich als nützlich erweist, um eben die "transitive Gegenwar" des Produkts wieder zu erschaffen, wird sehr bald befriedigt: In dem Zeitraum, in dem Naoki Sakai das O-Product entwarf, hatte er einen Film mit dem Titel *Brazil* gesehen. "Dieser Film gefällt mir heute noch, ich habe ihn immer wieder gesehen. Ich glaube, daß nach der digitalen Revolution der Ausdruck *Retro Future* in anderen Worten 'klassisch' bedeutet, wie eben die klassische Literatur, die man lesen und immer wieder lesen kann, ohne sich dabei zu langweilen".

[15] *La vita tra cose e natura: il progetto e la sua sfida ambientale*, Ausstellungskatalog der XVIII Triennale von Mailand, Electa, Mailand 1992.
[16] Ebenda.
[17] K. Ottmann, "Io sono", in *Domus*, Nr. 816, Juni 1999.

DESIGN VIEWPORTS

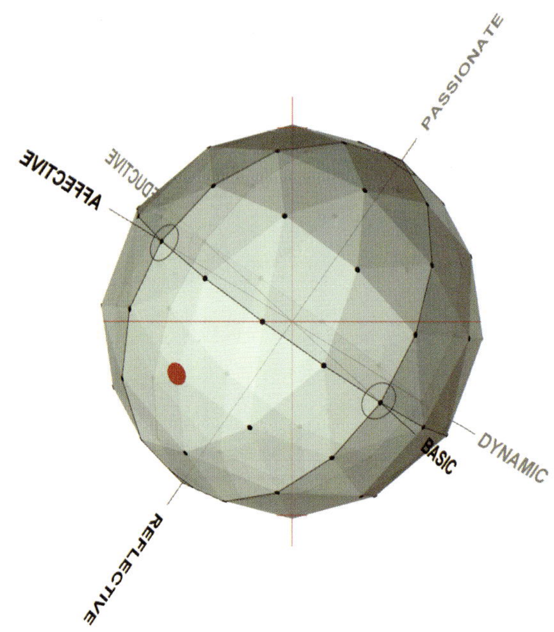

Kitchen in a New York loft, in which furnishings with essential lines are combined with elements from the Forties. Interior design by Stuart Parr
Küche in einem New Yorker Loft, dessen durch essentielle Linien charakteristische Ausstattung mit Einrichtungsgegenständen aus den vierziger Jahren zusammengestellt worden ist. Interior Design von Stuart Parr

Trini Diagram
General positioning of the *Affective Records* family: decidedly *Affective* and slightly *Reflective-Basic* (A-RB)

Trini Diagram.
Gesamteinstellung der Familie *Affective Records*: entschieden *Affective* und leicht *Reflective-Basic* (A-RB)

Image of a wooden tub used by Hoesch for the presentation of the bath fixtures designed by Philippe Starck
Ansicht einer Holzwanne, die von Hoesch für die Ausstellung der von Philippe Starck entworfenen sanitären Anlagen eingesetzt worden ist

Flatware, designed by Ettore Sottsass for Alessi, 1987
Besteck, von Ettore Sottsass für Alessi entworfen, 1987

Affective Records

Icon Viewport of *time-tuned design,* linking "memories of archetypes" to contemporary emotions

Transitive products can metaphorically be compared to "time shuttles" capable of connecting a recent past and a near future without nostalgic intent or projective ambition, in a context of continuity of change. Products generated by images and contents of transitive time, positioned without apparent hierarchy on the shelves of a large virtual *viewport*. The *transitive* is also a version of the culture of the *link*, or of a way of designing that is distant from traditional methodological concatenations: it calls, in fact, for the use of "citations" that, through visual or conceptual reminders, become powerful generators of temporal connections. Therefore *Transitive Design* is not revival but memory of time; it is not styling but design: the archetype is the matrix, but the emotional details are modern.

Icon Viewport des *auf die Zeit abgestimmten Designs,* das die "Erinnerung an die Archetypen" mit den Empfindungen unserer Zeit verbindet

Auf metaphorischer Ebene können die *transitiven* Produkte mit "Raumfährschiffen" gleichgestellt werden, die die jüngste Vergangenheit und eine nahe Zukunft weder mit nostalgischen Absichten noch mit vorausweisenden Zielen, sondern unter dem Zeichen der Kontinuität im Wandel verbinden können. Die aus Bildern und Inhalten der *transitiven* Zeit entstandenen Produkte stellen sich ohne sichtbare Hierarchie auf die Regale eines großen virtuellen *Viewports.* Das *Transitive* ist auch ein Bestandteil der *Link*-Kultur, das heißt eine von den traditonellen methodologischen Verknüpfungen weit entfernte Entwurfsmethode: Hier ist nämlich der Einsatz von "Zitaten" vorgesehen, die durch visuelle oder begriffliche Rückverweise zu starken Antriebsmotoren von Zeitverbindungen werden. Daher ist das *Transitive Design* kein *Revival*, sondern Zeiterinnerung. Es ist kein Stil, sondern Design: Archetypisch ist die Anlage, aber modern sind die emotionalen Einzelheiten.

SMEG
1
2
3
7
6
8
10
11
12

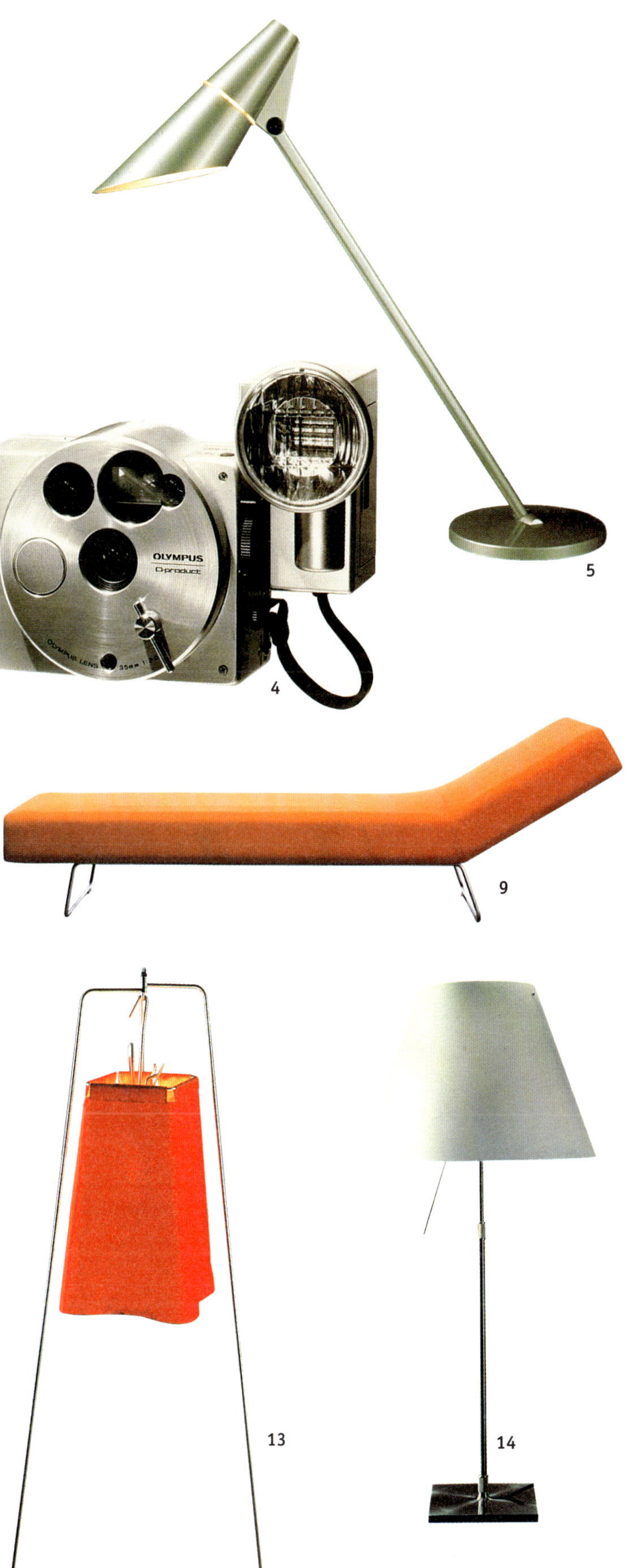

1. *FAB32V* refrigerator, produced by Smeg, 1999

2. Armchair from the *Lazy Working Sofa* series, designed by Philippe Starck for Cassina, 1998

3. *Meda Chair* for offices, designed by Alberto Meda for Vitra, 1996

4. *O-Product* camera, designed by Shunji Yamanaka and Naoki Sakai (Water Studio) for Olympus, 1988

5. *Spy* lamp, designed by Hannes Wettstein for Artemide, 1996

6. Detail of the top of the *Tolomeo* lamp, designed by Michele De Lucchi and Giancarlo Fassina for Artemide, 1986

7. *Container for kitchen salt and more*, seen here in the amber version, designed by Enzo Mari for Alessi, 1999

8. *F67* oven, designed by Piano Workshop for Smeg, 1999

9. *Loop* chaise longue, designed by Barber-Osgerby for Cappellini, 1999

10. *Paper* chair, designed by Piero Lissoni for Cappellini, 1997

11. *Diabolo* lamp, designed by Achille Castiglioni for Flos, 1998

12. Bathtub from the line of bath fixtures designed by Philippe Starck for Hoesch, 1994

13. *Lucilla* lamp in the table version with tripod, designed by Paolo Rizzatto for Luceplan, 1992-94

14. *Costanza* lamp with shade in polycarbon, in different colors, designed by Paolo Rizzatto for Luceplan, 1986-94

1. Kühlschrank *FAB32V*, hergestellt von Smeg, 1999

2. Sessel der Serie *Lazy Working Sofa*, von Philippe Starck für Cassina entworfen, 1998

3. Bürostuhl *Meda Chair*, von Alberto Meda für Vitra entworfen, 1996

4. Fotoapparat *O-Product*, von Shunji Yamanaka und Naoki Sakai (Water Studio) für Olympus entworfen, 1988

5. Lampe *Spy*, von Hannes Wettstein für Artemide entworfen, 1996

6. Detail des Oberteils der Lampe *Tolomeo*, von Michele De Lucchi und Giancarlo Fassina für Artemide entworfen, 1986

7. *Behälter für Salz und anderes* in der bernsteinfarbenen Version, von Enzo Mari für Alessi entworfen, 1999

8. *F67* Backofen, vom Piano Workshop für Smeg entworfen, 1999

9. Chaiselongue *Loop*, von Barber-Osgerby für Cappellini entworfen, 1999

10. Stuhl *Paper*, von Piero Lissoni für Cappellini entworfen, 1997

11. Lampe *Diabolo*, von Achille Castiglioni für Flos entworfen, 1998

12. Badewanne aus der Reihe von sanitären Anlagen, die von Philippe Starck für Hoesch entworfen wurde, 1994

13. Lampe *Lucilla* in der Tischversion mit Dreifuß, von Paolo Rizzatto für Luceplan entworfen, 1992-1994

14. Lampe *Costanza* mit Lampenschirm aus Polykarbonat in verschiedenen Farben, von Paolo Rizzatto für Luceplan entworfen, 1986-1994

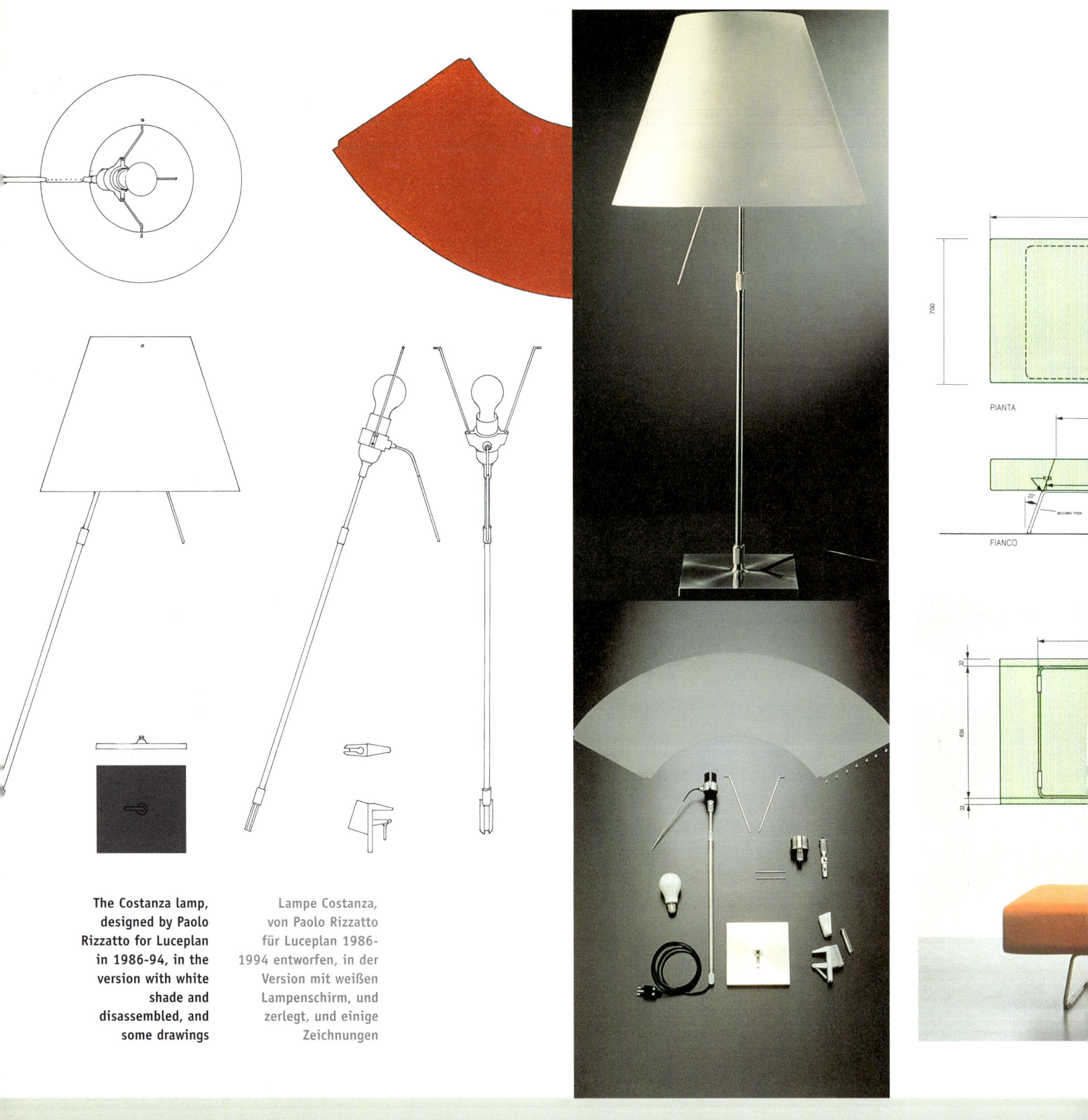

The Costanza lamp, designed by Paolo Rizzatto for Luceplan in 1986-94, in the version with white shade and disassembled, and some drawings

Lampe Costanza, von Paolo Rizzatto für Luceplan 1986-1994 entworfen, in der Version mit weißen Lampenschirm, und zerlegt, und einige Zeichnungen

Chaise longue Loop, designed by Barber-Osgerby for Cappellini in 1999, and technical drawings

Chaiselongue Loop, von Barber-Osgerby für Cappellini im Jahr 1999 entworfen, und technische Zeichnungen

"Reduction Strategies"

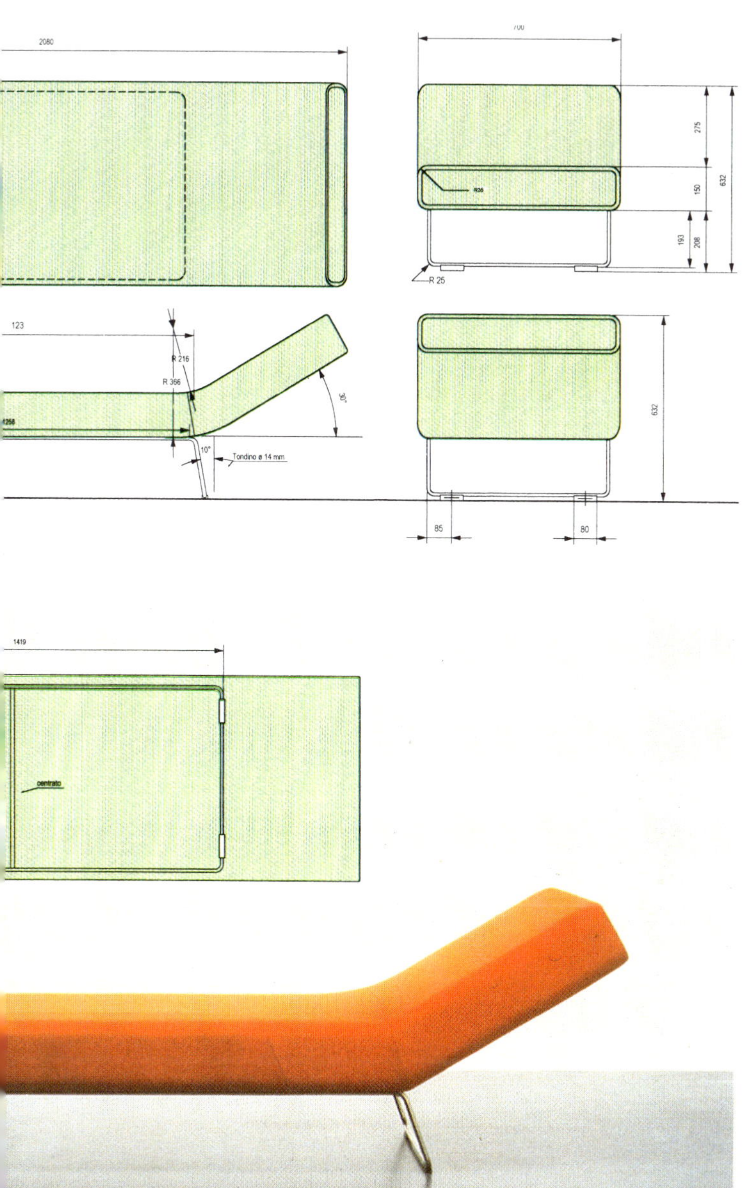

Designing in the "existing world" today requires a particular sensibility, given the fact that we are increasingly reluctant to take part in forms of performance that are rapidly, continuously modifying the environment. To respond to this need for slowing things down, certain aesthetic reduction strategies have been developed during the Nineties: *native* ecology, minimalism and the *transitive*. *Native* is an aesthetic of reason based on reflection, minimalism operates on the tension of formal reduction, or on the axis of energy, while *Transitive Design* works on the emotional area of the timeframe. All these languages take us back to a condition of "ecology of the mind" in which, in different ways, reduction intervenes to outline new conceptual systems for the redefinition of the existing world.

In der "bestehenden Welt" zu planen verlangt heutzutage eine eigene Empfindsamkeit, da wir uns immer mehr dagegen stemmen, an *Performances* teilzunehmen, die die Umwelt schnell und ständig verändern. Um einem solchen Bedürfnis nach Verlangsamung zu entsprechen, haben sich in den neunziger Jahren einige reduktionistische ästhetische Strategien entwickelt: Der *native* Ökologismus, der Minimalismus und das *Transitive*. Das *Native* ist eine Ästhetik der sich auf die Reflexivität gründenden Vernunft, der Minimalismus wirkt auf die Spannung der formalen Reduktion ein, das heißt auf die Energieachse, während das *Transitive* auf der emotionalen Seite der Zeitlichkeit tätig ist. All diese Sprachen führen uns zu einer Kondition der "Ökologie des Geistes" zurück, in der die Reduktion auf unterschiedlichste Weise eingreift, um neue Begriffssysteme zu erfassen, mit denen das Bestehende wieder neu definiert wird.

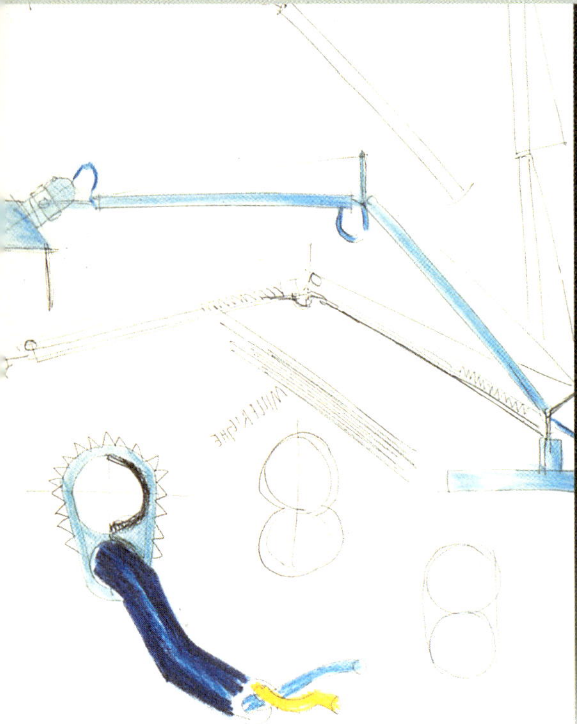

The Tolomeo desk lamp, designed by Michele De Lucchi and Giancarlo Fassina for Artemide in 1986, seen from different angles and in drawings
Die Schreibtischlampe Tolomeo, von Michele De Lucchi und Giancarlo Fassina für Artemide 1986 entworfen, von verschiedenen Blickpunkten aus aufgenommen, und einige Zeichnungen

Frame of the Meda Chair, designed by Alberto Meda for Vitra in 1996, and working drawings
Stuhlrahmen des Meda Chair, von Alberto Meda für Vitra 1996 entworfen, und einige Entwurfsskizzen

"Affective is not Affected"

In some languages the distinction between the *affective* and affection is very clear: what is affective has to do with the world of sentiment and contacts our sensitivity more than our intellect; what is affectionate, on the other hand, has to do with the explicit demonstration of emotion. In other languages, including English, this distinction is not particularly clear. In these cases the two terms run the risking of being combined in a rather ambiguous generalization. In fact, affectivity is an emotional potential, which must remain implicit in order to maintain its expressive efficacy. In affection, on the other hand, the explicit display of emotions can lead to "affected" results, or results that are—in figurative terms—"manneristic," in which the originality is based on mere stylistic variation of an imitated model. This is the linguistic perspective—alongside the temporal perspective of the *transitive*—for an understanding of the character of the *affective*: an emotional content that is never depleted.

In einigen Sprachen zeichnet sich die Unterscheidung zwischen Gefühlsvermögen und Gefühlsergüssen klar ab: Das Gefühlsvermögen bezieht sich auf die Welt der Gefühle und berührt mehr die Sensibilität als die Intelligenz, während Gefühlsergüsse ganz einfach die Kundgebung von Gefühlen darstellen. Aber es gibt Sprachen, wie zum Beispiel die englische, in der sich dieser Unterschied nicht so klar abhebt. In diesen Fällen droht den beiden Ausdrücken die Gefahr einer etwas zweideutigen Verallgemeinerung. Das Gefühlsvermögen besitzt nämlich eine emotive Energie, die unausgedrückt bleiben muß, um ihre eigene Ausdruckswirkung zu bewahren. Im Gegensatz dazu kann bei Gefühlsergüssen die Gefühlskundgebung zu gezierten, das heißt – figurativ ausgedrückt – zu "manieristischen" Ergebnissen führen, deren Originalität eine einfache stilistische Variation in Bezug auf das imitierte Modell ist. In diesem Sinne muß der *affective* Charakter erfaßt werden und nicht ausschließlich im Zeitschlüssel des *Transitiven*: Dieser Charakter stellt sich als emotiver, sich niemals erschöpfender Antrieb vor.

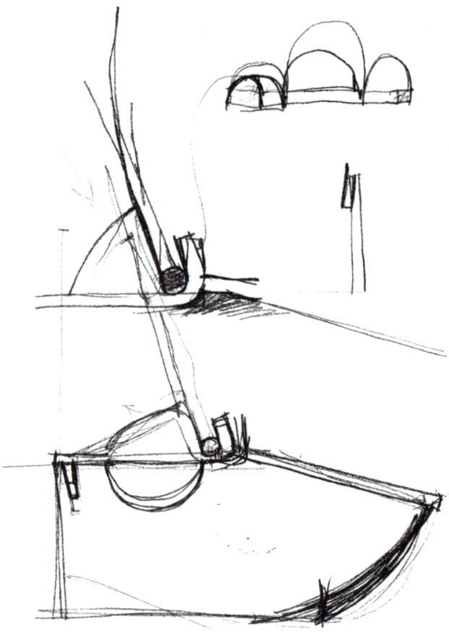

Living room seating from the Lazy Working Sofa series, designed by Philippe Starck for Cassina and produced in 1998, in the one- and three-seater versions
Wohnzimmersitzgruppe der Serie Lazy Working Sofa, von Philippe Starck für Cassina entworfen und 1998 in den Versionen mit einem und drei Sitzplätzen hergestellt

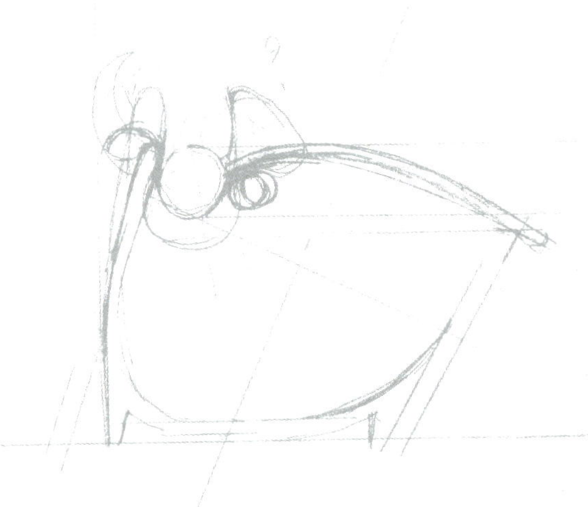

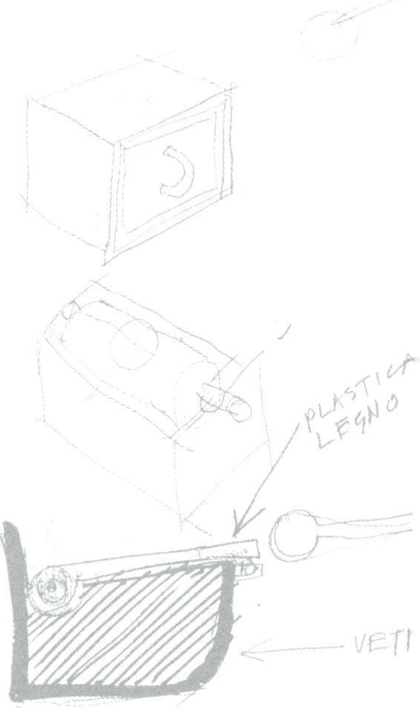

Container for kitchen salt and more, designed by Enzo Mari for Alessi in 1999 in plastic, in different colors, with design sketches
Behälter für Salz und anderes, von Enzo Mari für Alessi 1999 in verschiedenfarbiger Plastik entworfen, mit einigen Entwurfskizzen

"Narrative Ploys"

The *Transitive Design* aesthetic is no longer projected toward novelty at all costs, because it can make use of a familiar past that is freely reinterpreted, case by case, through the use of *links*. I.e. through the use of autonomous, recognizable figurative metaphors that, when connected with each other, generate the narrative dimension. The *transitive* product, in fact, is capable of immediately communicating an entire story or history, which appears more intriguing to us today than the pursuit of strictly innovative languages. This narrative ability comes from the total, simultaneous accessibility offered by *links* to the entire background of knowledge and experience of the history of design, where nothing appears to be lost and where all the achievements and realizations of modernity are equally available for use.

Die Ästhetik des *Transitiven Designs* ist nicht mehr diejenige, die um jeden Preis die Neuheit schützt, da sie aus einer schon bekannten Vergangenheit schöpfen kann und diese ganz frei jedes Mal durch den Einsatz der *Links* neu interpretiert. Durch den Gebrauch von autonomen, gut erkennbaren und miteinander verbundenen figurativen Metaphern entsteht nämlich die Dimension der Erzählung. Dem *transitiven* Produkt gelingt es tatsächlich, unmittelbar eine ganze Geschichte zu übertragen, was uns heute anziehender als die Suche nach streng innovativen Sprachen erscheint. Diese Erzählgabe entsteht aus der totalen Zugänglichkeit und dem gleichzeitigen Angebot der *Links* für das gesamte Gepäck an den der Geschichte des Designs eigenen Kenntnissen und Erfahrungen. Hier erscheint nichts verloren zu sein und hier sind alle Eroberungen und Verwirklichungen der Modernität auch gleich bereit und verfügbar.

Charles Eames Strasse

Going to Los Angeles for the Herman Miller Company, and paying a visit to Ray Eames was, for me, a cherished opportunity. The appointment was at the studio in Venice, a large industrial structure transformed into a very orderly warehouse with, at the center, giant models of IBM electronic circuits lined up with three-dimensional castings of furnishings and other objects that were harder to identify.

Accompanied by an assistant, Ray Eames welcomed me with a discreet graciousness and warmth that corresponded to her image. Six years had passed since the death of Charles, but that day Ray seemed to still be in mourning. I immediately realized that her discomfort was caused by anxiety regarding the fate of that "deposit" of personal memories contained in that place, which had been awaiting a suitable solution from some time. I clearly recall that during the course of our brief encounter, she spoke of nearly nothing else, as if I—having been introduced to her by the Herman Miller Company—could have some kind of influence in the matter. In fact, the proper participants for the solution of the problem of the Eames Legacy were Herman Miller, the Smithsonian Institute in Washington and, in Europe, Rolf Fehlbaum of Vitra.

But Herman Miller was, at this point, already a public company, with a new management generation, and the old guard that had brought about the firm's success, also thanks to the lengthy collaboration with the Eameses, was on its way out. As for the Smithsonian, in spite of the fact that it is an official structure, well-suited for the conservation of the most important American contribution to the history of design, I believe that its failure to acquire the Eames Archive also depended on the fact that the recent past, seen as "recent experience," remains live, emotional, for many years, and is therefore difficult to put into historical context. In the temporal narrows of *transitive* times, between a still vital past and a near future, the creative affectivity of personal histories often turns out to be more effective than rigid ideal visions that are incapable of transforming memory into a shared experience. The story did not reach a definitive conclusion, in fact, until 1988 when Rolf Fehlbaum—a great "collector" of ideas, events and works, variously recombined within his very personal transitive temporal sense—managed to send the entire Eames Archive into the heart of the "old Europe," at the Vitra headquarters in Weil am Rhein, a German city bordering on Basel, to the prophetic address of no. 1 Charles Eames Strasse.

Group photo with George Nelson, Edward Wormley, Eero Saarinen, Harry Bertoia, Charles Eames and Jens Risom seated in chairs of their own design, 1960

Gruppenbild mit George Nelson, Edward Wormley, Eero Saarinen, Harry Bertoia, Charles Eames und Jens Risom, die auf den von ihnen selbst entworfenen Stühlen sitzen, 1960

Exterior view of the Vitra Design Museum in Weil am Rhein, a German town bordering on Basel
Außenansicht des Vitra Design Museum in Weil am Rhein, einem deutschen Städtchen an der Grenze zu Basel

Charles Eames Strasse

Während eines Aufenthalts in Los Angeles bei der Herman Miller konnte ich einfach nicht darauf verzichten, Ray Eames einen Höflichkeitsbesuch abzustatten. Die Verabredung fand im Studio von Venice statt, einer weitläufigen Halle, die in ein äußerst ordentliches Magazin mit Modellen von enorm vergrößerten elektronischen IBM-Schaltkreisen zusammen mit dreidimensionalen Abgüssen von Einrichtungsgegenständen und anderen viel schwerer zu interpretierenden Objekten umgewandelt worden ist. Zusammen mit einem Assistenten empfing mit Ray Eames mit einer unaufdringlichen und warmen Anmut, die ganz seinem Image entsprach: Mehr als sechs Jahre waren schon seit dem Tode von Charles vergangen, aber Ray erschien immer noch untröstlich. Mir wurde aber sofort klar, daß ihre leichte Trauer durch die Angst vor dem Schicksal, das jenem "Lager" an persönlichen Erinnerungen bevorstehen w¨urde, hervorgerufen war, Erinnerungen, die sich hinter ihr befanden und die seit geraumer Zeit auf eine passende Einordnung warteten. Ganz deutlich erinnere ich mich daran, daß sie im Laufe dieses kurzen Treffens von fast nichts anderem sprach, als ob ich – ich wurde ihm über die Herman Miller Inc. vorgestellt – irgendeinen Einfluß auf das Geschehen haben könnte. Die richtigen Gesprächspartner für die Lösung des Problems der Eames Legacy waren tatsächlich die Herman Miller Inc., das Smithsonian Institute von Washington und von Europa aus Rolf Fehlbaum der Vitra. Aber die Miller war schon eine *Public Company* mit vollem Generationsaustausch, denn die alte Garde, die dieses Unternehmen auch durch die lange Partnerschaft mit den Eames zu Erfolg verholfen hatte, zog sich langsam zurück. Das Smithsonian eignete sich aufgrund seiner offiziellen Struktur, die Zeugnisse des bedeutendsten amerikanischen Beitrags zur Geschichte des Designs zu bewahren, aber ich glaube, daß sein Ausschluß aus dem Erwerb des Eames-Archivs auch von der Tatsache abhing, daß die jüngste Vergangenheit, nämlich das "nahe Erlebnis" lang lebendige und emotionale Materie bleibt und daher nicht so leicht zum Gegenstand der Historisierung werden kann. In den Zeitengpässen der *transitiven* Perioden zwischen einer noch lebendigen Vergangenheit und einer nahen Zukunft erweist sich das kreative Gefühlsvermögen bei persönlichen Geschichten eben sehr oft erfolgreicher als die starren idealen Visionen, denn diese sind nicht imstande, die Erinnerung in gemeinsame Erfahrungen umzuwandeln. Die Geschichte schließt dann endgültig erst im Jahr 1988, als es Rolf Fehlbaum – großer "Sammler" von Ideen, Geschehen und verschiedenen, neu zusammengestellten Werken in seiner äußerst persönlichen *transitiven* Zeitlichkeit – gelang, das gesamte Eames-Archiv in das Herz des "alten Europas", an den Sitz der Vitra in Weil am Rhein zu schicken, einem deutschen Städtchen an der Grenze zu Basel und zwar an die schicksalsgebundene Adresse: Charles Eames Strasse 1.

Aluminium Day

Light Alloys scenario, CDM, 1991
Szenario *Light Alloys*, CDM, 1991

Although as fate would have it I was born in a bauxite mine—safe from allied bombing thanks to the presence of equipment and cottages belonging to the British—the charm of the material lightness of aluminium has never enticed me. In fact, I must admit that I have always felt a vague dislike for the functional versatility of its extrusions, which always appeared to me as unconcluded segments, a hackneyed form of technological utilitarianism. This aversion is shared by many: for example, in the film *Everyone Says I Love You* Woody Allen, at the gates of Hell, sees one man being tortured more severely than the others, and asks what heinous crime he committed in life to deserve such a punishment. His Virgil whispers: "He is the engineer who invented aluminium window frames..."

Nevertheless, I believe that the problem of the identity of aluminium is the result, paradoxically, precisely of its wide range of workmanship possibilities and its capacity to live up to so many different expectations, meaning that it fulfills too many generic functions. The resulting morphology of the various components is too heterogeneous, making the final assembled product one of considerable formal complexity, but also one of figurative incompleteness. Therefore in the near future attention to the developments and industrial applications of this versatile material will have to focus not only on metallurgy, or the further evolution of specialized alloys, but also on the qualistic nature of the transformations of the products themselves, and the aesthetic result of their nude, unadorned identity.

A light, ductile, sturdy material, aluminium has nevertheless been able to satisfy, above all thanks to its anodized version, the increasingly recurrent desire to abandon the weight and shine of the ferrous metals, becoming a valued, familiar material: the sign of a transformation that at a certain point was to become unstoppable. So the time may have come to celebrate—with a sort of "Aluminium Day"—not only this metals great success in recent years, but also its gradual but constant fulfillment of many of the greatest technical and aesthetic hopes of the better part of this century.

Audi A2 with complete aluminium structure, presented at IAA in Frankfurt in 1999
Audi A2 mit Karosserie ganz aus Aluminium, auf der Frankfurter Internationalen Automobil-Ausstellung im Jahre 1999 vorgestellt

Aluminium Day

Der durch die Leichte des Aluminium-Materials entstehende Zauber hat mich eigentlich immer ungerührt gelassen, obwohl mich das Schicksal in einem Bauxitbergwerk zur Welt kommen ließ, das nur wegen der in der Nähe liegenden englischen Anlagen und Cottages von den Bombardierungen der Alliierten verschont worden ist. Außerdem muß ich noch zugeben, daß ich eine unbestimmte Antipathie gegen die funktionelle Vielseitigkeit seiner Ausdrucksformen verspürte, die ich immer schon als oftmals unvollendete Segmente einer vorgeblich klaren Form des technologischen Utilitarismus angesehen hatte. Diese Antipathie wird von vielen Seiten geteilt, denn auf die Frage von Woody Allen, als er an den Pforten der Hölle einen mehr als alle anderen gepeinigten Mann sieht, welch schreckliche Sünde denn dieser begangen habe, um eine solche Strafe erleiden zu müssen, da flüstert ihm sein Virgil auch im Film *Everyone Says I Love You* zu: "Das ist der Ingenieur, der die Aluminiumfenster und -türen erfunden hat..." Trotzdem glaube ich aber, daß das Identitätsproblem des Aluminiums paradoxerweise gerade aus seinen vielfältigen Verarbeitungsmöglichkeiten und auch aus der Eigenschaft kommt, die verschiedensten Erwartungen zu erfüllen und somit zahllose allgemeine Aufgaben zu erledigen. Die daraus entstehende zu heterogene Morfologie der verschiedenen Komponenten bestimmt zwar einerseits eine beachtliche formale Komplexität des zusammengestellten Endprodukts, aber sie läßt es andererseits auch auf figurativer Ebene unvollendet. Darum darf sich in der nächsten Zukunft die Aufmerksamkeit bei der Entwicklung und bei der industriellen Anwendung dieses vielseitigen Metalls nicht so sehr auf die Metallurgie konzentrieren, also auf die Entwicklung von weiteren Sonderlegierungen, sondern vielmehr auf die qualistischen Merkmale der Produkte selbst und auf das ästhetische Ergebnis deren bloßer Identität.

Als geschmeidiges, leichtes und widerstandsfähiges Material ist Aluminium dank seiner anodischen Version dem immer stärker werdenden Wunsch nachgekommen, Gewicht und Glanz der stärkeren Metalle abzulegen, um ein ansprechenderer und wertvollerer Stoff zu werden: Das ist das Zeichen einer Wandlung, die ab einem gewissen Punkt nicht mehr aufzuhalten war. Vielleicht ist jetzt der Zeitpunkt gekommen, mit einer Art "Aluminium Day" nicht nur seine unglaubliche Bestätigung der letzten Jahre, sondern auch seinen wachsenden, dauerhaften Erfolg zu feiern, mit dem er während der zweiten Hälfte dieses Jahrhunderts viele große technische und ästhetische Erwartungen erfüllt hat.

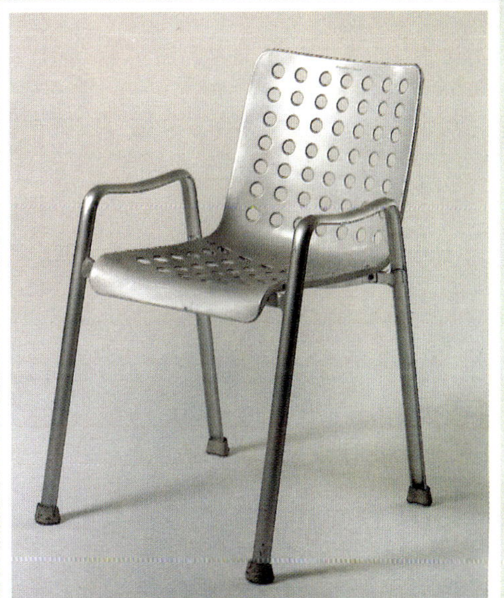

Stackable Landi aluminium chair, designed by Hans Coray in 1939, commissioned by Hans Fischli for the spaces of the Swiss National Exposition
Stapelbarer Stuhl aus Aluminium Landi, von Hans Coray 1939 entworfen, im Auftrag von Hans Fischli für die Ausstellungsräume der Schweizer Nationalmesse

LIFT
TAR

Simultaneous Glances

In the language of the virtual the *viewport* represents the view of the whole of the "screens" of a computer program in which one has worked. In more specific terms, the *viewport* is also the large back-projection screen in a control room for the simultaneous, collective viewing of the work of the operators of the various consoles, replacing the large synoptic tables that, in a diagrammatic manner, offered a visualization of the functioning of a plant or a territorial network. Therefore, with respect to the traditional technique of the "scenario"—in perspective, real, but still static—the more dynamic technique of the viewport takes us into the dimension of total control and appropriation of information, facts, things. A condition that is very close to that of the collector, or the need to gather and have available a simultaneous vision, all the better if it is densely crowded, of "emotional treasures."

In der virtuellen Sprache stellt der *Viewport* das Gesamtleben aller "Bildschirmbilder" eines Computerprogramms dar, an denen man nach und nach gearbeitet hat. Genauer gesagt ist der *Viewport* auch die große Leinwand mit Rückblenden, die in einem *Control Room* die gleichzeitige und kollektive Vision der Arbeit an den verschiedenen Schalttafeln zeigt. Dabei werden die großen Übersichtstafeln ersetzt, die auf Diagrammebene den Funktionsablauf einer Anlage oder eines territorialen Netzes sichtbar machen. Im Unterschied zu dem traditionellen "Szenario" – in der Perspektive und in der Wirklichkeit, aber noch statisch – führt uns der dynamische *Viewport* zur Dimension der totalen Kontrolle und des innersten Besitzes der Information, der Tatsachen und der Dinge. Diese Kondition steht der der Sammelleidenschaft sehr nahe, das heißt jenem Bedürfnis, selbst "emotionale Schätze" zu sammeln und in einer gleichzeitigen, besser noch in einer wirren und dichten Vision über sie zu verfügen.

Laboratory house in New York, designed by Lot/Ek and Giuseppe Lignano, 1997. View of the bedroom area, accessed by turning the metal panels that function both as walls and door, and detail of the kitchen area with the panels closed

Arbeits- und Wohnhaus in New York, von Lot/Ek und Giuseppe Lignano 1997 entworfen. Blick auf die Schlafzone, in die man durch drehbare Metallplatten gelangt, die zugleich Wand und Tür sind und ein Ausschnitt der Kochzone bei geschlossenen Platten

The Salvini jewelry store in Milan. Design by Pierluigi Cerri (Gregotti Associati) with Valeria Girardi

Das Juweliergeschäft Salvini in Mailand. Entwurf von Pierluigi Cerri (Gregotti Associati) mit Valeria Girardi

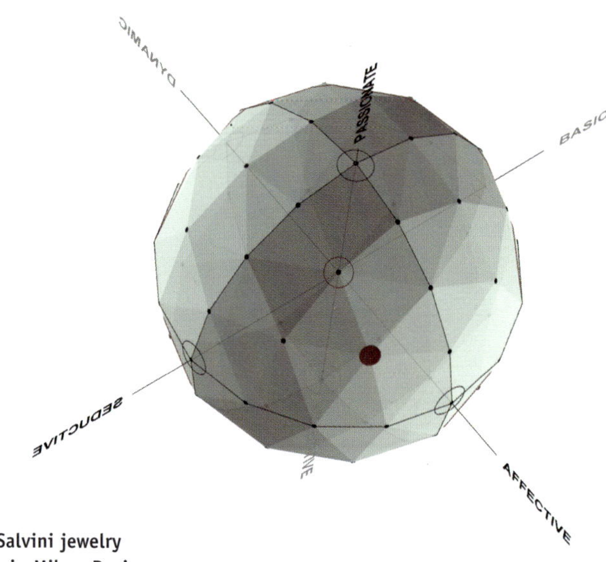

Trini Diagram. General positioning of the *Linking Boomerang* family: decidedly *Affective* and slightly *Passionate-Seductive* (A-PS)

Trini Diagram. Gesamteinstellung der Familie *Linking Boomerang*: entschieden *Affective* und leicht *Passionate-Seductive* (A-PS)

Tubo chair, designed by James Irvine for BRF, 1997

Stuhl *Tubo*, von James Irvine für BRF entworfen, 1997

Air Liner Number 4, "flying wing" aircraft, designed by Norman Bel Geddes, 1929-32

Air Liner Number 4, "Fliegender-Flügel"-Flugzeug, von Norman Bel Geddes entworfen, 1929-1932

Linking Boomerang

Syntax Viewport of the *light side of density* of "evolved artifacts," based on dynamic stylized shapes

The formal consistency expressed by *Transitive Design* has a light side, which corresponds to the American iconographic optimism of the Fifties. This was a decade that was able to appreciate the full benefits of a nascent culture of lightness and asymmetry, the legacy of the second half of the Forties. In fact the first figurative expressions of formal lightness, which then developed into syntactic signs such as that of the *boomerang* and of the *palette shapes*, could be traced back to the imagery of the late Thirties when Norman Bel Geddes designed transatlantic airplanes with the form of a symmetrical "flying wing." It was only a short step from these more solid forms to the omnipresence of the boomerang, as can be seen in the shells of the first one-piece chairs, which, in a perspective view, have an evident boomerang form.

Syntax Viewport der *leichten Seite der Festigkeit* der "entwickelten Erzeugnisse", die von dem Styling der dynamischen Form wieder aufgenommen worden sind

Die durch das *Transitive* ausgedrückte Formbeschaffenheit besitzt auch eine leichte Seite: Diese entspricht dem amerikanischen ikonografischen Optimismus der fünfziger Jahre. Gerade dieses Jahrzehnt hatte voll aus der entstehenden Kultur der Leichtigkeit und der Asymmetrie geschöpft, die der zweiten Hälfte der vierziger Jahre eigen war. In Wirklichkeit aber konnte man schon die ersten figurativen Ausdrucksformen der formalen Leichtigkeit, die sich dann zu den syntaktischen Zeichen wie die des *Boomerang* und der *Palette Shapes* entwickelt haben, in der Ikonografie der ausgehenden dreißiger Jahre auffangen, als Norman Bel Geddes Überseeflugzeuge in der Form eines symmetrischen "Fliegenden-Flügels" zeichnete. Von diesen festen Formen war es nur ein kleiner Schritt zur Allgegenwärtigkeit des *Boomerang*, wie die ersten aus einem Guß bestehenden Sitzstrukturen zeigen, die im Profil die Form eines *Boomerang* aufweisen.

1
4
5
6
9
10

1. *Mobil* coatrack in transparent colored methacrylate, designed by Karen Chekerdjian for Edra, 1999

2. *Blow* fan with blades in transparent plastic, in different colors, designed by Fredi Giardini for Luceplan, 1996

3. The *Flying Hooks* coatrack by Droog Design, characterized by filiform metal supports, 1998

4. The *iMac* computer, designed by Jonathan Ive and IDg design team for Apple, in the green version, 1998

5. *Saula Marina* divan in wood covered with variable-density foam, designed by Javier Mariscal for Moroso, 1995

6. The *Passepartout* furniture structure with opening in the form of a chaise longue, created by Dante Donegani and Giovanni Lauda as one tessera with which to compose the mosaic of the new domestic landscape. Produced by Edra in 1998

7. Eyeglasses by Chanel, 1999

8. *Walkman* Sony, 1998

9. *Tubo* chair with matte painted tubular metal structure and fabric cover, designed by James Irvine for BRF, 1997

10. Matte-finish *Cellula* ceramic plate set, designed by Caterina Fadda for New Designers in Business, 1999

11. The latest model of the legendary Piaggio *Vespa*, 1999

12. *The 21 Hotel Grand Suite 15* armchair with steel structure, covered in flame-proof foam, designed by Javier Mariscal for Moroso, 1997

1. Kleideraufhänger *Mobil* aus farbigem durchsichtigem Metacrylat, von Karen Chekerdjian für Edra entworfen, 1999

2. Ventilator *Blow*, mit Schaufeln aus verschiedenfarbiger durchsichtiger Plastik, von Fredi Giardini für Luceplan entworfen, 1996

3. Kleideraufhänger *Flying Hooks* von Droog Design, durch die fadenförmigen Metallstützen gekennzeichnet, 1998

4. Der Computer *iMac*, von Jonathan Ive und IDg Design Team für Apple entworfen, hier in der grünen Version, 1998

5. Diwan *Saula Marina*, Holz mit Überzug aus in verschiedener Dichte verschäumten Material, von Javier Mariscal für Moroso entworfen, 1995

6. Einrichtungsstruktur *Passepartout* mit Aushöhlung in Form der Chaiselongue, von Dante Donegani und Giovanni Lauda wie ein Versatzstück entworfen, mit dem man das Mosaik der neuen Hauslandschaft zusammenfügen kann. Hergestellt von Edra im Jahr 1998

7. Brillen von Chanel, 1999

8. *Walkman* Sony, 1998

9. Stuhl *Tubo*, mit matt lackierter Metallrohrstruktur und Stoffüberzug, von James Irvine für BRF entworfen, 1997

10. Tellerset *Cellula* in Keramik und mattglänzender Ausführung, von Caterina Fadda für New Designer in Business entworfen, 1999

11. Das letzte Modell der legendären *Vespa* Piaggio, 1999

12. Armsessel *The 21 Hotel Grand Suite 15*, mit Stahlstruktur und Überzug aus feuerhemmenden verschäumten Material, von Javier Mariscal für Moroso entworfen, 1997

The iMac computer, designed by Jonathan Ive and IDg design team for Apple, 1998
Computer iMac, von Jonathan Ive und IDg Design Team für Apple entworfen, 1998

Blow fan, designed by Fredi Giardini for Luceplan, 1996
Ventilator Blow von Fredi Giardini für Luceplan entworfen, 1996

"Form as Color Quality"

Products for office automation have always had colors conceived in mass-oriented terms, for impersonal purchasing and collective use. This vision has led to the limbo of the "gray hues," or the neutral tones, which has dominated in this sector until the design of new personal computers began to show signs of intolerance for this qualistic restriction. Few people would have wagered that the colors could change, and they certainly didn't imagine that the plastic material itself would be dematerialized in seductive transparency. Perhaps the first technological product with a translucent colorful image was the Light series by Bticino, in 1995. The trend has evolved to the point of determining a surreptitious function of forms, including *transitive* forms, changing them into mere supports: in this way, the form has become a quality of the color.

Die chromatische Identität der Produkte der *Office Automation* wurden immer auf Massenebene gedacht, das heißt für einen unpersönlichen Erwerb und einer gemeinschaftlichen Verwendung. Diese Vision hat zu einem allgemeinen Limbus der "Grautöne", nämlich der neutralen Farben geführt, die dann den Bereich beherrscht haben, bis sich mit dem Design der neuen Personalcomputer die ersten Zeichen der Ablehnung gegenüber eines solchen qualistischen Sachzwangs hervortaten. Damals hatten wenige daran geglaubt, daß sich die Farben verändern würden und noch weniger daran, daß sich die Plastik selbst in eine verführerische, diaphane Durchsichtigkeit wandeln würde. Wahrscheinlich ist das erste technologische Produkt mit dem bunten und durchscheinenden Aussehen im Jahr 1995 die Serie Light von Bticino gewesen. Der Prozeß hat sich zu einer solchen Stufe entwickelt, daß dabei die Formen selbst, und zwar auch die *transitiven,* zweitrangig und somit zu einfachen Stützen geworden sind: Auf diese Weise ist die Form eine Eigenschaft der Farbe geworden.

Cellula plate set, designed by Caterina Fadda for New Designers in Business, 1999

Tellerset Cellula, von Caterina Fadda für New Designers in Business entworfen, 1999

Coatrack Mobil, designed by Karen Chekerdjian for Edra, 1999

Kleideraufhänger Mobil, von Karen Chekerdjian für Edra entworfen, 1999

"Palette Shapes"

Passepartout seat, designed by Dante Donegani and Giovanni Lauda for Edra, 1998
Sessel Passepartout, von Dante Donegani und Giovanni Lauda für Edra entworfen, 1998

A popular symbol in European art, the sinuous profile of the *palette* was first introduced as a syntactic sign by artists like Pablo Picasso and Juan Miró, and American artists like Alexander Calder, to indicate a new expressive freedom in contrast with the rigid conformism of the first half of the century. The *palette shape* returns, with the *boomerang*, in the *transitive* languages to express the dynamism of contemporary objects achieved through advanced technologies. *Transitive Design* is expressed in evolved artifacts, or icons and archetypes of a cultural nature—rather than in organicistic naturalism—and it is characterized by an *affective* temperament revealed by reference to familiar artificial forms that are reassuring due to their proven semantic reliability.

Als beliebtes Sinnbild in der europäischen Kunst wurde das geschwungene Profil der *Palette* als syntaktisches Zeichen zuerst von europäischen Künstlern wie Pablo Picasso und Juan Miró und von amerikanischen Künstlern wie Alexander Calder eingeführt. Es weist eine Ausdrucksfreiheit auf, die im Gegensatz zu dem starren Konformismus in der ersten Hälfte des Jahrhunderts steht. Die *Palette Shape* kehrt, zusammen mit dem *Boomerang*, in den Sprachen des *Transitiven* wieder, um die durch die hohe Technologie eroberte gedämpfte Dynamik des zeitgenössischen Gegenstands auszudrücken. Das *Transitive Design* ist daher der Ausdruck entwickelter Gegenstände, nämlich von Ikonen und Archetypen kultureller Natur, eher als eines organizistischen Naturalismus. Es ist durch eine *affective* Natur bestimmt, die sich auf bekannte künstliche Formen bezieht, die in ihrer erprobten semantischen Zuverlässigkeit beruhigend wirken.

The Flying Hooks coatrack by Droog Design,1998
Kleiderständer Flying Hooks von Droog Design, 1998

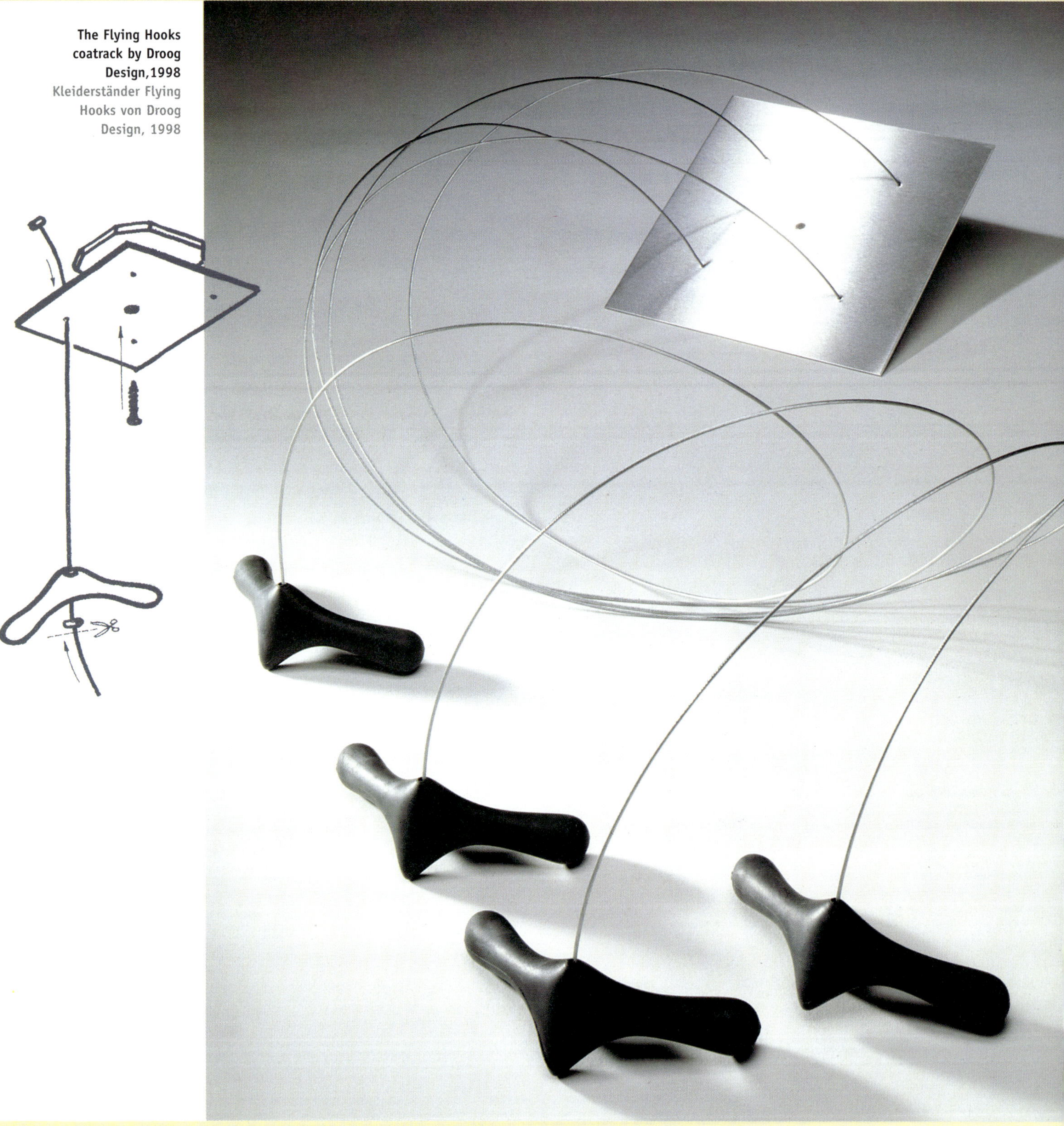

Eyeglasses by Chanel, 1999
Brillen von Chanel, 1999

"Floating in Space"

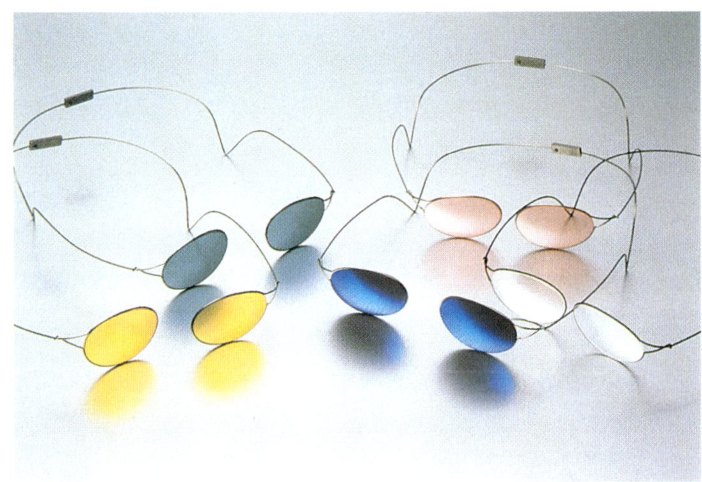

The aesthetic of lightness takes on a new connotation today through the formal characteristics of bodies floating in a state of zero gravity. The large volumes and solid forms of orbiting vehicles are also the distinctive traits of the Space Shuttle; and what could be more *transitive* that the *affective* form of this inflatable airplane? This new identity of lightness, however, is represented by a mixture of significant volumes—the functional modules—and supple, nearly immaterial structures, that indicate concern for the payloads. This new figurative image leads to objects of great iconic density, but apparently free of the laws of gravity, eclectic icons of the 2000s, in equilibrium between a still dynamic recent past and a future of slowed impulses.

Heute hat die Ästhetik der Leichtigkeit durch die formalen Merkmale der in der Schwerelosigkeit schwebender Körper eine neue Gestalt angenommen. Die Großzügigkeit des Volumens und die Formfestigkeit der Raumfahrzeuge, die außerhalb der Erdatmosphäre unseren Planeten umkreisen, zeigen sich auch in den Unterscheidungsmerkmalen des Shuttles. Gibt es eigentlich etwas *Transitiveres* als die *affective* Form dieses aufblasbaren Spielflugzeugs? Diese neue Identität der Leichtigkeit, jedoch, wird durch eine Mischung aus ausladender Ausmaßen – die funktionalen Module – und von sichtlich sehr leichten und fast materienlosen Strukturen dargestellt, die die Besorgnis über die abzutragenden Lasten aufweisen. Aus dieser neuen figurativen Vorstellungswelt entstehen ikonisch äußerst dichte Objekte, die aber scheinbar von den Gesetzen der Schwerkraft befreit worden sind. Es handelt sich um eklektische Ikonen des Jahres Zweitausend, die sich im Gleichgewicht zwischen einer nahen, noch dynamischen Vergangenheit und einer in den Vorstößen verlangsamten Zukunft befinden.

Rondo bags in colored plastic by Authentics
Tasche Rondo aus farbiger Plastik von Authentics

Garbo and Garbino refuse containers, designed by Karim Rashid for Umbra, 1996
Abfallbehälter Garbo und Garbino, von Karim Rashid für Umbra entworfen, 1996

Alumescent Depth

For those who work in the field of materials, "alum" is a neologism that has recently become indispensable; it comes from the chemical alum, which forms both the physical and the etymological basis for alumina and aluminium. In its new usage, the term indicates the property of a material penetrated by light that is then diffused in a random way, through a "scattering" effect. Therefore *alum* indicates the "reflexive" nature of the material, rather than the reflecting nature of mirror-like surfaces; a reflexive nature based on the "introspective" behavior of the light which, captured by the object, reveals its profound materic nature. Once it has been recovered and resemanticized, the opalescence typical of the first objects in semi-transparent, milky plastic of the middle of the century maintains, from the past, the affective, slightly seductive quality that make it one of the *transitive* scenarios par excellence.

Huan was the city of heavy industry in the China of Mao Zedong, and it was also the city where he undertook his historic swim across the murky Yellow River; in any case, a setting that is about as far from "alum" as you can get. In 1978 Mao had been dead for two years, and the "Gang of Four" had recently been liquidated. For one year or so, after over three decades, it was possible to visit China once again, an opportunity swiftly seized by the dynamic local representatives of Montedison, and by me. The purpose of the trip was to introduce plastics and the technologies for their transformation in China, but it was also a chance for an encounter, once again, between westerners and the Chinese of Huan. This trade fair junket focused on a series of gigantic plants that manufactured basins, brushes, kitchen utensils, packing, but also spike heels and hair rollers. The line of visitors outside was so long that it had to be organized in a winding pattern; inside, the object that attracted the most attention was, surprisingly, a normal plastic cup, produced and distributed at a furious pace. The visitors, gathered in blue-clad groups punctuated by white cups eagerly passed from hand to hand, seemed to be both fascinated and perturbed by the new resilient tactile sensation, the polymeric consistency. But the qualistic aspect that seemed to strike them most was the diffusive nature of that material, thin as an eggshell but apparently incorruptible, like porcelain, and with a similar translucent, whitish glow.

The cups were held up to the light, and many comments and comparisons were made, to who knows what; only later did I realize that perhaps the Chinese were not making comparisons, but simply appreciating, as fine connoisseurs, the beauty of the alum of a common plastic cup.

Blu Gel wall-plate from the Light series, designed by Zecca & Zecca for Bticino. CMF design by Castelli Design Milano, 1995

Schalterrahmen Blu Gel aus der Serie Light, von Zecca & Zecca für Bticino entworfen. CMF Design von Castelli Design Milano, 1995

Alumescent Depth

Wer sich mit Materialien beschäftigt, für den ist "Alum" ein Neologismus, ohne den man schon seit geraumer Zeit nicht mehr auskommt: Das Wort stammt von "Alaun", das nicht nur die chemischen, sondern auch die etymologischen Wurzeln von Alumina (Aluminiumoxyd) und Aluminium ist. Es bezeichnet die verbreitete Eigenschaft eines vom Licht durchdrungenen Material, dessen Licht ganz zufällig mit einem *Scattering-Effect* ausgestrahlt wird. Daher bedeutet *Alum* eben die "reflexive" Natur der Materie mehr als die den Spiegelmaterien eigene Natur. Und gerade diese Natur leitet sich von jenem "introspektiven" Verhalten des Lichts ab, da es vom Objekt eingefangen die tiefe materielle Natur erkennen läßt. Wenn dann die Opaleszenz, die ja für die ersten Gegenstände aus halbdurchsichtiger und milchiger Plastik in der Jahrhundertmitte typisch war, in einem neuen semantischen Kontext eingefügt wird, so behält sie den gefühlsgebundenen und leicht verführerischen Charakter der Vergangenheit bei, so daß sie zu einem *transitiven* Szenario schlechthin wird.

Huan war die Stadt der chinesischen Schwerindustrie zur Zeit von Mao Tse-Tung und sie ist zugleich auch die Stadt, die er schwimmend mit der historischen Überquerung des lehmigen Gelben Flußes erreicht hatte: Das liegt so weit es nur geht vom *Alum* entfernt. Im Jahr 1978 war Mao schon zwei Jahre tot und die "Viererbande" war eben aufgelöst worden. Nach mehr als drei Jahrzehnten war es seit einem Jahr wieder möglich, nach China zu fahren und diese Gelegenheit haben sich die dynamischen lokalen Vertreter der Montedison wie auch ich selbst nicht entgehen lassen. Die Reise entstand aus dem Bedürfnis, Plastik und dessen Verwendungstechnologie in das Land einzuführen, stellte aber auch die Gelegenheit dar, den Chinesen von Huan wieder die westlichen Gesichter zu zeigen. Der "Jahrmarkt" drehte sich um eine Reihe von Riesenanlagen, die Schüsseln, Bürsten, Küchengeräte, Verpackungsmaterial, aber auch Bleistiftabsätze und Lockenwickler hervorbrachten. Auf dem Außengelände war die Besucherschlange so lang, daß sie sich in immer engeren Kurven zusammenschob, während sich im Innern überraschenderweise ein ganz gewöhnlicher Plastikbecher als der erfolgreichste, alle Aufmerksamkeit auf sich ziehende Gegenstand herausstellte und dieser wurde in einem immer schneller werdenden Rhythmus produziert und verteilt. Die Besucher drängten sich blau und traubenförmig zusammen, übersät von weißen, gierig betasteten Plastibechern, und sie wirkten zugleich verzaubert und verstört durch die bisher unbekannte Erfahrung des kerbzähen Tastgefühls und der polymeren Beschaffenheit. Aber der qualistische Aspekt, der ja am anziehendsten schien, war die verbreitende Natur dieses Materials, das viel feiner als eine Eierschale war, aber widerstandsfähiger als Porzellan zu sein schien, von dem es aber auch den durchsichtigen weißen Glanz besaß.

Die Plastikbecher wurden im Gegenlicht untersucht, kommentiert und mit allen möglichen Dingen verglichen. Erst später wurde ich mir darüber bewußt, daß die Chinesen keine Vergleiche gezogen haben, sondern wie wahre Kenner einfach die Großartigkeit des *Alum* eines gewöhnlichen Plastikbechers bewunderten.

49A WILD AT HEART

Selected Languages

One stimulating aspect of *Transitive Design* is the leading role played by materials which, in conditions of equal formal language, fully manifest their increased performance and aesthetic potential, achieved over a relatively short span of time. We are talking, in fact, about materials that belong to the modern era, nearly always already available in the reference period of the selected language—in our case, that of the Forties and the Fifties. This aspect is particularly surprising when considered in the context of interior design which, as opposed to the univocal context of product design, brings out the variety and the potential offered by new sizing standards for materials, their finishes and possible types of workmanship, emphasizing in a spectacular manner the difference between a hypothetical environment of the past and its present-day version. Thus, as form takes on the value of a cultural constant, materials become the new emotional variable of the *transitive.*

Ein anregender Aspekt des *Transitiven Designs* findet sich im Protagonismus der Materialien, die eine gleichwertigen Formsprache aufweisen und trotzdem ihre gesteigerte Performance- und ästhetische Leistungsfähigkeit voll und ganz kundtun und zwar in einem im wesentlichen ziemlich begrenzten Zeitraum. Wir sprechen jetzt über die Materialien, die zur Modernität gehören, die im Zeitbezug der gewählten Sprache verfügbar sind und zwar in unserem Fall hinsichtlich der vierziger und fünfziger Jahre. Dieser Aspekt wirkt besonders überraschend, wenn man sich mit dem innenarchitektonischen Design beschäftigt, das im Gegensatz zu dem viel eindeutigeren Design des Produkts die Vielfalt und die Verfügbarkeit hervorhebt, die von den neuen dimensionalen Standards der Materialien und deren mögliche Verarbeitung und Ausfertigung angeboten wird. Diese markieren nämlich auf aufsehenerregende Weise den Unterschied zwischen dem hypothetischen Raum der Vergangenheit und dessen heutiger Version. Während die Form den Wert einer kulturellen Konstante annimmt, werden die Materialien zu den neuen Gefühlsvariablen des *Transitiven.*

Views of the Wild at Heart florist's shop on Ledbury Road in London's Notting Hill district. Design by the Future System group, 1998. An aluminium walkway cuts across the window with light blue *palette-shape* decoration

Ansichten des Blumenladens Wild at Heart in Ledbury Road in London, im Stadtviertel Notting Hill. Entwurf der Gruppe Future System, 1998. Ein Steg aus Aluminium teilt das Schaufenster mit dem himmelblauen *Palette Shape*-Dekor

Antiques
NORMAN

The entire design of the Wild at Heart florist's shop is a reminder of a spaceship interior

Der gesamte Entwurf des Blumenladens Wild at Heart erinnert an den Innenraum eines Raumschiffs

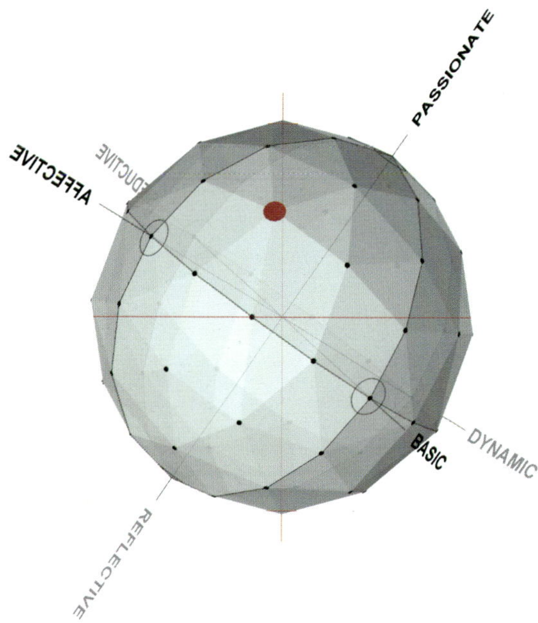

Davanti alla TV, courtesy *Interni*, photo by Studio Azzurro
Davanti alla TV, courtesy *Interni*, Foto von Studio Azzurro

Trini Diagram. General positioning of the *Unfitted Bodies* family: decidedly *Affective* and slightly *Passionate-Basic* (A-PB)

Trini Diagram. Gesamteinstellung der Familie *Unfitted Bodies*: entschieden *Affective* und leicht *Passionate-Basic* (A-PB)

La La La Bakelite radio, designed by Philippe Starck for Thomson
Radio La La La aus Bakelit, von Philippe Starck für Thomson entworfen

Mami pan, designed by Stefano Giovannoni for Alessi, 1999
Kochtopf Mami, von Stefano Giovannoni für Alessi entworfen, 1999

Unfitted Bodies

Connotation Viewport of the *aesthetic autonomy* of "characterized presences" with respect to the standards of the existing world

One of the prevalent somatic traits of *transitive* products can be defined as the state of being *unfitted.* This implies a dual nature that makes them resistant to any attempt at structural or sizing integration, while giving them a striking materic consistency. They are nearly always characterized by an aesthetic and functional autonomy, even in cases in which they are already integrated in coordinated systems. Products that are *unfitted*, because their components are designed in an "object-oriented" manner, using that design that calls for clear aesthetic autonomy among the single parts of an object, such as instrument panels, knobs, lids, etc., which are all made into distinct, formally eloquent features.

Connotation Viewport der *ästhetischen Autonomie* "individueller Präsenzen", die den Standards des Bestehenden entgegen gehalten werden

Eines der somatisch hervorstechendsten Merkmale der *transitiven* Produkte kann als *unfitted* bezeichnet werden. Damit wird eine doppelte Natur erfaßt, die diese Produkte sowohl jedem Versuch der strukturalen und dimensionalen Integration gegenüber widerstandsfähig macht, als auch mit einer beachtlichen Stoffbeschaffenheit ausstattet. Diese Gegenstände sind fast immer von einer ästhetischen und funktionalen Autonomie gekennzeichnet und zwar auch dort, wo sie schon seit langem völlig in einem Gesamtkoordinatensystem eingeordnet sind. Diese Produkte wirken *unfitted*, da sie in ihren Bestandteilen mit der Formel "object-oriented" entworfen worden sind. Dabei handelt es sich um eine Designsprache, in der eine klare ästhetische Autonomie der einzelnen Teile eines Gegenstandes vorgesehen ist, wie zum Beispiel Armaturen, Drehgriffe, abnehmbare Schutzdeckel, und so weiter, die sich deutlich und auf formaler Ebene vielsagend abheben.

1
2
6
5
7
10
11

4

8

9

12

13

1. *Lolita* chair with structure in steel tubing and chassis in opaque colored polypropylene, designed by Lucci and Orlandini for Lamm,1999

2. Aprilia *Scarabeo* moped, designed by Centro Stile Aprilia, 1993

3. *Bobo* armchair, designed by Gerard Van Den Berg for Label

4. *Tasche* bag in semitransparent ecological plastic, designed by Alessandro Mendini and Maria Cristina Hamel for Koziol, 1998

5. The *New Beetle*, with which Volkswagen has attempted to recover the appeal of the legendary Bug. Project developed by the VW Design Center in Simi Valley, 1998

6. *M.A.S.* table in aluminium, designed by Marco Agnoli for Ycami, 1998

7. Wall-plate from the *Creo* line, designed by Martin Szekely by Kreo for Legrand. CMF design by Castelli Design Milano, 1999

8. Armchair, designed by Ettore Sottsass and Marco Zanini for Cassina, 1994

9. *Android* shoe model from the 1999 Fornarina collection

10. *Impronta 2700* backpack in polyester with polyethylene film, designed by Makio Hasuike for MH Design, 1987

11. The *Rotor 2000* public outdoor telephone, designed by George J. Sowden, Hiroshi Ono and Davy Kho of Studio Sowden Design Associates for I.P.M. Naples, 1998. Proposed in a range of finishes, shown here in the version with yellow chassis

12. Armchair from the *Giacomino* upholstered furniture line, designed by Afra and Tobia Scarpa for Meritalia, 1998

13. Teakettle created in the Philips by Alessi project, 1994

1. Stuhl *Lolita* mit Stahlrohrstruktur und Aufbau aus mattglänzendem farbigem Polypropilän, von Lucci und Orlandini für Lamm entworfen, 1999

2. Moped *Scarabeo* Aprilia, vom Centro Stile Aprilia entworfen, 1993

3. Sessel *Bobo*, von Gerard Van Den Berg für Label entworfen

4. Halbdurchsichtige Ökoplastiktasche Modell *Tasche*, von Alessandro Mendini und Maria Cristina Hamel für Koziol entworfen, 1998

5. Der *New Beetle*, mit dem Volkswagen den Appeal des historischen Käfers wieder hervorrufen wollte. Vom VW Design Center in Simi Valley ausgearbeiteter Entwurf, 1998

6. Tischchen *M.A.S.* aus Aluminium, von Marco Agnoli für Ycami entworfen, 1998

7. Schalterrahmen der Serie *Creo*, von Martin Szekely by Kreo für Legrand entworfen. CMF Design von Castelli Design Milano, 1999

8. Sessel, von Ettore Sottsass und Marco Zanini für Cassina entworfen, 1994

9. Schuhmodell *Android* aus der Kollektion 1999 von Fornarina

10. Rucksack *Impronta 2700* aus Polyester mit Polyäthilenfilm, von Makio Hasuike für MH Design entworfen, 1987

11. Öffentliches Telefon *Rotor 2000*, von George J. Sowden, Hiroshi Ono und Davy Kho vom Studio Sowden Design Associates für I.P.M., Neapel entworfen, 1998. In verschiedener Ausfertigung angeboten, hier in der Verson mit gelbem Aufbau

12. Sessel aus der Serie der Polstermöbel *Giacomino*, von Afra und Tobia Scarpa für Meritalia, 1998

13. Wasserkessel, im Rahmen des Projekts Philips by Alessi hergestellt, 1994

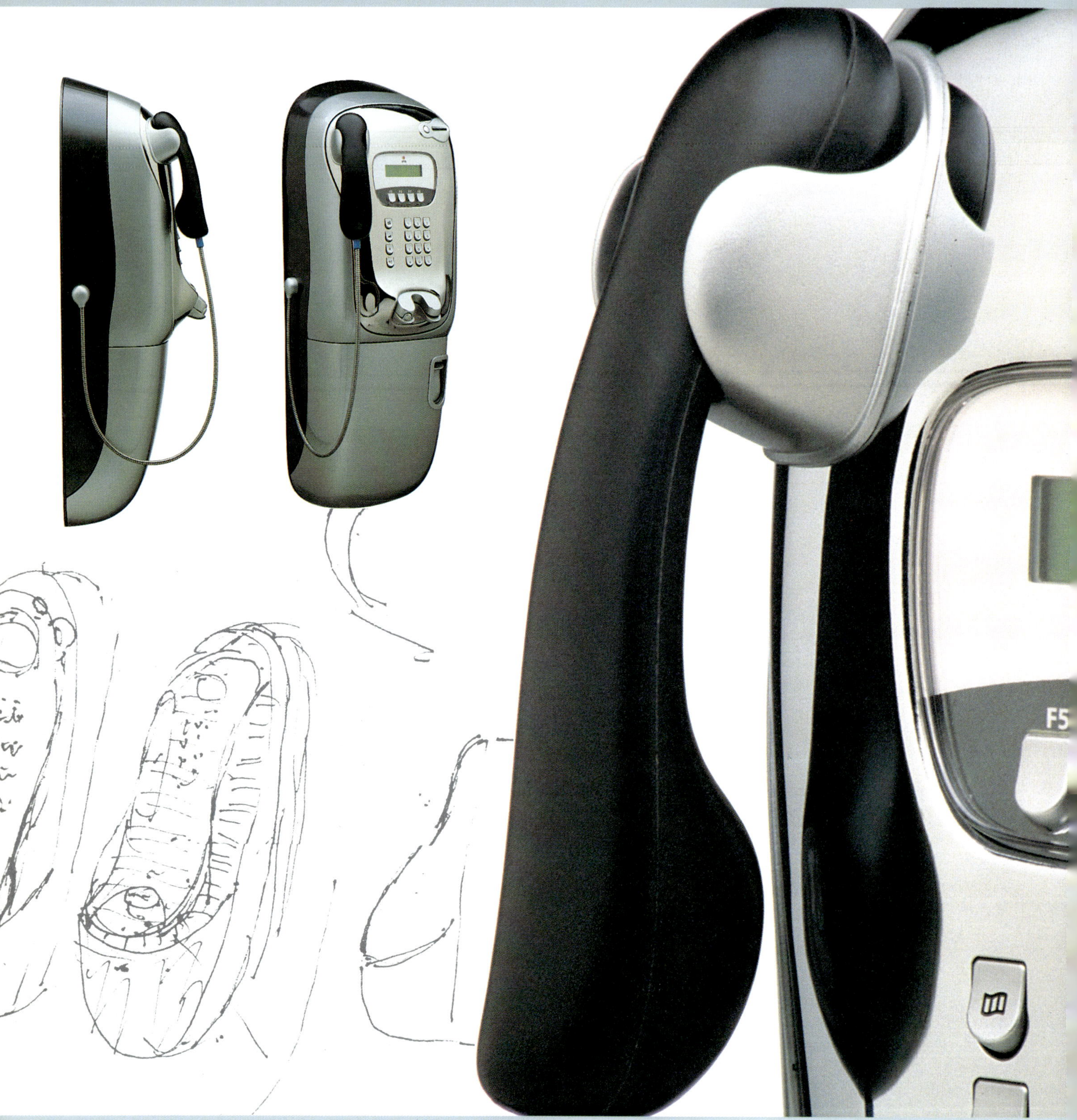
F5

Rotor 2000 outdoor public telephone, designed by Studio Sowden for I.P.M., 1998
Öffentliches Telefon Rotor 2000, von Studio Sowden für I.P.M. entworfen, 1998

Two Aprilia Scarabeo mopeds, 125 and 150 cc., designed by Centro Stile Aprilia
Zwei Aprilia Scarabeo Mopeds, 125 und 150 Kz., vom Centro Stile Aprilia entworfen

"Chitinous Shells"

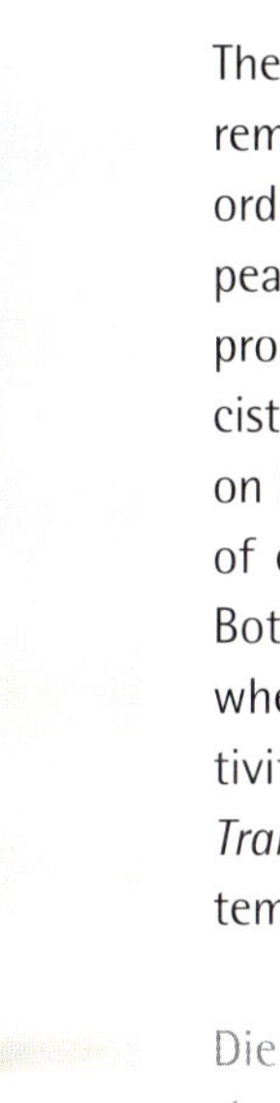

The sophisticated structural shells of the most advanced engineering remind us of the exoskeletons of insects and, with them, the extraordinary substance of which they are made, chitin, which also appears to be the substance of some of the most successful *transitive* products, whose forms are comparable to those of the latest organicist trend in design. But with respect to truly organic forms, based on images of plants or animals, the *transitive* forms are expressions of evolved artifacts, or icons and archetypes of a cultural nature. Both these languages express the attributes of the "soft touch," but whereas in the case of organic design we are faced with an affectivity related to the relationship with the world of natural forms, in *Transitive Design* the *affective* element is based on the reminders of temporal *links* inside the culture of design and its history.

Die verfeinerten Stützhüllen des weit fortgeschrittenen Engineering erinnern uns an die Hautskelette der Insekten und dabei an die einzigartige darin enthaltene Substanz, nämlich das Chitin, aus dem auch einige der erfolgreichsten *transitiven* Produkte zu bestehen scheinen, die auf formaler Ebene mit der aktuellen organizistischen Tendenz im Design gleichzustellen sind. Aber im Gegensatz zu den organischen Formen, die eine pflanzliche oder tierische Bilderwelt wachrufen, stellen die *transitiven* Formen den Ausdruck von entwickelten Erzeugnissen dar und zwar Ikonen oder Archetypen einer kulturellen Natur. Beide Sprachen drücken die Kennzeichnen des *Soft Touch* aus, aber wenn wir uns im Fall des organischen Designs vor einer an die Beziehung der natürlichen Formen gebundenen Gefühlswelt befinden, so wird im *Transitiven Design* das gefühlsbetonte Element von dem Verweis auf die Zeit-*Links* innerhalb der Kultur und der Geschichte des Designs angeboten.

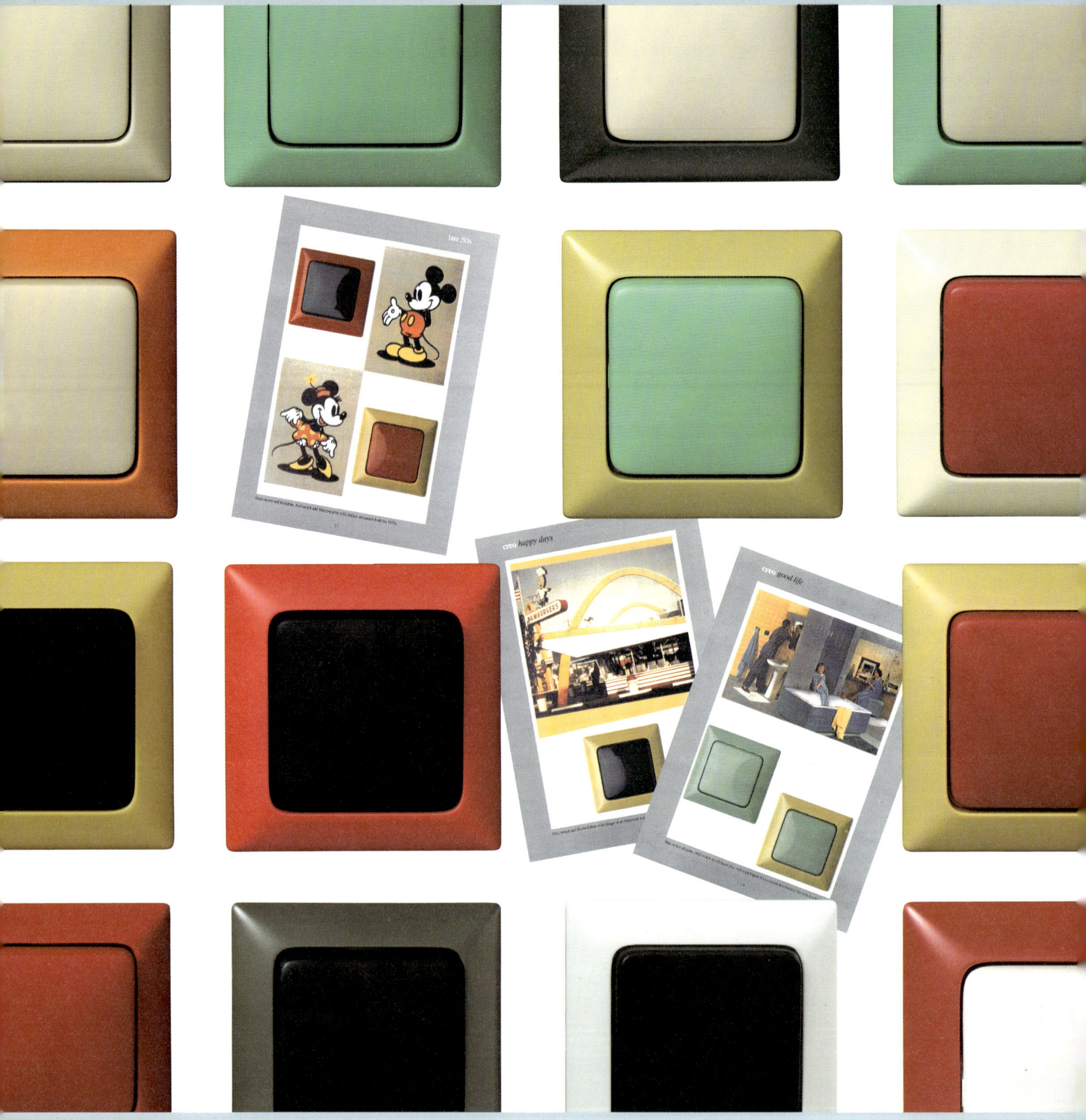
late 50s
creo happy days
HAMBURGERS
creo good life

Creo wall-plate, designed by Martin Szekely by Kreo for Legrand (CMF design by Castelli Design Milano, 1999), and some pages of the *Cahier des projets* CMF Athena for Legrand. Courtesy Walt Disney

Schalterrahmen Creo, von Martin Szekely by Kreo für Legrand entworfen (CMF Design von Castelli Design Milano, 1999), und einige Seiten des *Cahier des projets* CMF Athena für Legrand. Courtesy Walt Disney

"Good Examples"

Freed of the muscle-bound language of excessive technological focus, *transitive* objects take on the qualistic attributes of the "soft touch." They respond to the need for a profound change in the relationship between the user and the product, and to do so the object, especially in the case of high-technology products, is charged with emotional characteristics that make it "friendly," reconciling the desire for familiarity with the impulse for novelty. A signal of a new form of humanism based on participation, *Transitive Design* focuses on themes like leisure time and recreation, but experiences with a more reflexive, less passionate attitude, leading to a new emotional rapport, a more "enchanted" approach to the object.

Die *transitiven* Gegenstände nehmen die qualistischen Merkmale des *Soft Touch* an, wenn sie von der Muskelsprache einer zu sehr zur Schau gestellten Technologie befreit werden. Dabei entsprechen sie dem Bedürfnis, auf tiefgreifende Weise die Beziehung zwischen Kunden und Produkt zu verändern. Um darauf zu antworten, werden dem Gegenstand – und zwar vor allem den hoch technologischen Produkten – emotionale Requisiten verliehen, die sie freundlich erscheinen lassen und die Vertrautheit mit der Neuheit versöhnen. Als Zeichen einer neuen Form des sich auf die Mitwirkung stützenden Humanismus greift das *Transitive Design* auf Themen wie Freizeit und Spiel zurück, die aber mit einer eher nachdenklichen als leidenschaftlichen Einstellung wargenommen werden, die dann wiederum zu einer anderen Gefühlsbeziehung und zur "verzauberten" Annäherung an den Gegenstand führt.

Android shoe model from the Fornarina 1999 collection
Schuhmodell Android aus der Kollektion 1999 von Fornarina

Dear Plastic

Of all the transparent materials, amber is the one that most appears to be naturally enriched by the sense of time. With respect to the seductive crystalline transparency perfected for centuries through increasingly sophisticated artifacts, amber appears as a new materic icon of affectivity.

At the beginning of the Nineties, plastic found itself in an evolutionary phase aimed at the recovery of its most profound expressive values which, in the second half of the decade, were to revolutionize its qualistic image. In this context I saw amber as a sort of preview of the translucent characteristic of *alum*, which was shortly to become dominant. Amber, however, needed to be recovered no longer in its condition as a precious material, but for its nature as a "container of memory," revealed in the surprising presence of captured objects and in its more or less strong color, due to the action of time on the resin. In transitive terms amber, bearing witness to a geological past, loses its primitive magical-esoteric connotations to assume the simple function of an affective archetype of the early plastics of the Thirties and Forties. Therefore amber is not transitive in itself; it depends on the use one makes of it, namely as a temporal link for the *native*, or form material in its original state, the ecocompatible and diaphanous expression of the adaptation of material to biological rhythms. The great ecological myth of the Nineties, the *native* character of biodegradable plastic was, in fact, defined not only by the absence of color (no added pigments) but also by the translucent, light-diffusing yellowy opaqueness typical of degradable starch-base additives. The identity of the new material also turned out to be reassuring due to its ephemeral life and subsequent "clean" demise. The biocompatibility of the most sophisticated surgical and prosthesis components had also given amber-like materials a super-technological identity that was previously indispensable. As always, *transitive* characteristics enable products with a high technological content to make a meaningful leap in terms of identity, and this is particularly true for amber which, in this way, avoiding the pitfalls of being limited to its traditional, nostalgic connotation. In fact I have always met with a certain difficulty in proposing amber-like plastic in industrial settings, especially for products with the most objective native connotations, or the greatest ecological orientation. On the other hand, it has been easier to make it be accepted in the *transitive* version, as an emotional ingredient utilized to attenuate the harshness of advanced technological functions, which a bit too skewed toward the future.

***Nude Plastic* scenario, CDM, 1992**
Szenario *Nude Plastic*, CDM, 1992

Structura wall-plate in the Ambra version, designed by Martin Szekely by Kreo for Legrand. CMF design by Castelli Design Milano, 1999
Schalterrahmen Structura in der Version Ambra, von Martin Szekely by Kreo für Legrand. CMF Design von Castelli Design Milano, 1999

Dear Plastic

Von allen durchsichtigen Stoffen ist Bernstein derjenige, der von der Zeit am meisten auf natürliche Weise geprägt zu sein scheint. Dadurch bietet er sich, im Vergleich zur verführerischen kristallklaren, durch Jahrhunderte hindurch perfektionierte Durchsichtigkeit von immer verfeinerten Produkten, als neue Materienikone der Affektivitüt an.

Zu Beginn der neunziger Jahre erlebt Plastik eine Entwicklungsphase, die es verstanden hat, seine tiefsten Eigenschaften zum Ausdruck zu bringen, die dann in der zweiten Hälfte des Jahrzehnts das qualistische Bild revolutioniert hätten. In diesem Zusammenhang erscheint mir Bernstein wie eine Art Vorankündigung der Durchsichtigkeit des *Alum*, das dann nach kurzer Zeit den Sektor beherrschen würde. Daher dürfte Bernstein nicht so sehr als kostbares Stoff neu angesehen werden, sondern vielmehr als "Behälter der Erinnerung". Diese Eigenschaft tritt sowohl wegen der außergewöhnlichen Einsprenglinge, als auch aufgrund der unterschiedlichen Farbintensität – die davon abhängt, wie sehr die Zeit das Harz verändert hat – zum Vorschein. Auf *transitiver* Ebene verliert Bernstein, Zeugnis einer geologischen Vergangenheit, die ursprünglichen magisch-esoterischen Merkmale, um ganz einfach die Funktion eines gefühlsmäßigen Archetyps der antiken Plastik der dreißiger und vierziger Jahre anzunehmen. In sich ist Bernstein nicht *transitiv*, aber er wird es durch seine Verwendung als Zeit-*Link* des *Native*, das heißt der Materie in ihrem Urzustand, biokompatibler und durchscheinender Ausdruck in der Anpassung des Stoffes an den biologischen Rhythmus. Als großer ökologischer Mythos der neunziger Jahres wurde der *native* Charakter der biologisch abbaubaren Plastik nicht nur durch das Fehlen der Farbe (kein Farbzusatz) definiert, sondern auch durch die gelbliche, lichtdurchlässige und verbreitende Glanzlosigkeit, die typisch für die abbaubaren stärkehaltigen Füllmaterialien war. Die Identität des neuen Materials erscheint aufgrund seiner flüchtigen Existenz und des darausfolgenden "sauberen Verschwindens" noch beruhigender. Die Biokompatibilität der feinsten chirurgischen und Prothesenbestandteile der Stoffe hatte ihm außer einem bernsteinartigen Aussehen auch noch eine supertechnologische, bisher undenkbare Identität verliehen. Wie immer bringen die *transitiven* Merkmale die Produkte mit einem guten technologischen Inhalt dazu, den Schritt zu einer bedeutungsvollen Identität zu tun und dies gilt insbesondere für Bernstein, der auf diese Weise nicht in Gefahr gerät, in die traditionelle nostalgische Ecke abgedrängt zu werden. Meinerseits habe ich nämlich immer gewisse Schwierigkeiten gehabt, bernsteinartige Plastik auf industrieller Ebene vorzuschlagen, wenn diese dann für Produkte mit objektiven *nativen* Merkmalen verwendet wird, das heißt auf rein ökologischer Ebene. Dabei scheint es viel leichter zu sein, sie in ihrer *transitiven* Natur zu erfassen und zwar eben als emotionaler Bestandteil, um die Härte von hoch technologischen, zu sehr in die Zukunft ausgerichteten Funktionen zu mildern.

Glam touch

The major aesthetic innovation of the *transitive* language is its distancing from the attributes of seduction and dynamism, in a move toward characteristics of a more *affective* nature. Nevertheless, if a particular design context requires the attractive qualities of glamour, the result is a rather affected, regressive image, especially for the products and spheres of advanced technology, which have traditionally been connected—apart from the aspects of seduction and exclusiveness—to the measured aggressive character typical of the *dynamic* look. But because this latter attribute is diametrically opposed to the affective transitive sensibility, it becomes necessary to investigate further, in a rational process of reflection. The aim of this in-depth investigation is to attenuate the implicit emotional lightness of the *transitive*, which in many cases seems to have little to do with the sphere of technological reliability.

Die große ästhetische Neuheit der *transitiven* Sprache besteht darin daß sie die verführerischen und dynamischen Merkmale aufgibt, um die mit einer äußerst *affective* Natur ausgestatteten Eigenschaften wieder hervorzuheben. Wenn aber in diesem Fall ein besonderer Kontext die Anziehungskraft von *Glamour* verlangt, dann versucht dieser, ein leicht geziertes und rückständiges Erscheinungsbild anzunehmen und zwar vor allem, was die technologisch hoch entwickelten Produkte und Bereiche betrifft. Diese sind nämlich auf traditioneller Ebene – neben den verführerischen und exklusiven Aspekten – an die für den *dynamischen* Charakter typische gemäßigte Aggressivität gebunden. Da aber das letztgenannte Merkmal genau gegensätzlich zu der gefühlsbetonten *transitiven* Sensibilität erscheint, wird es zweckmäßig, auch durch eine rationale und überlegende Vertiefung zu gehen. Diese Vertiefung hat den Zweck, die inbegriffene emotionale Leichtigkeit des *Transitiven* zu mildern, die nämlich manchmal nicht zum Bereich der technologischen Zuverlässigkeit zu gehören scheint.

Interior of a Dessault Falcon 900B private airplane, designed by Marc Newson

Innenansicht eines Privatflugzeugs, Modell Dessault Falcon 900B, von Marc Newson entworfen

New York interior designed by Diane Lewis, 1996
Innenansicht einer Wohnung in New York nach einem Entwurf von Diane Lewis, 1996

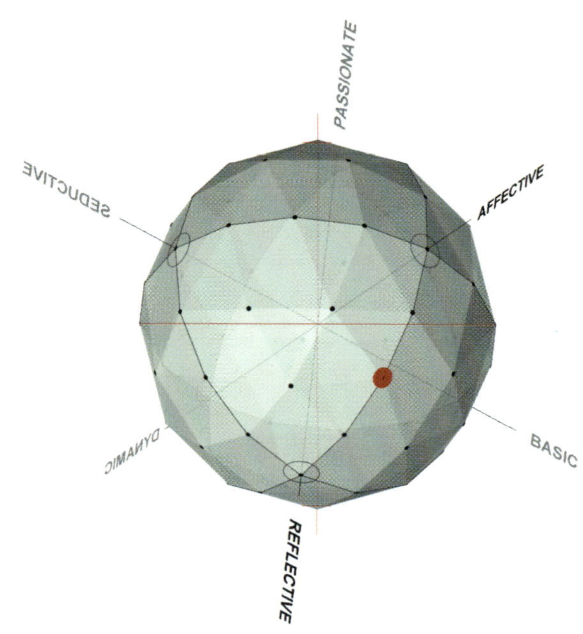

Trini Diagram. General positioning of the *Density Frames* family: *Affective-Reflective* (A-R)

Trini Diagram. Gesamteinstellung der Familie *Density Frames*: *Affective-Reflective* (A-R)

Wire Frame chair and stool, designed by Shin and Tomoko Azumi, 1998
Stuhl und Hocker Wire Frame von Shin und Tomoko Azumi entworfen, 1998

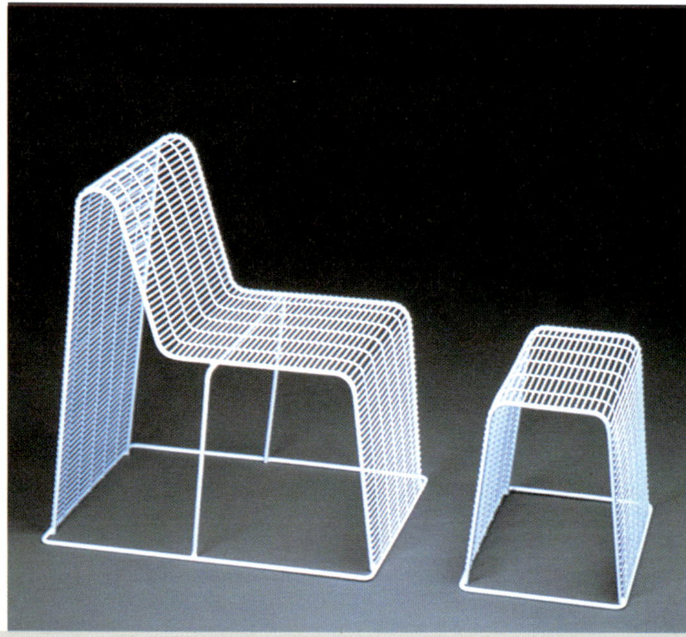

Passaggi porcelain lamp, designed by Andrea Branzi for Design Gallery Milano, 1998
Porzellanlampe Passaggi, von Andrea Branzi für Design Gallery Milano entworfen, 1998

Density Frames

Denotation Viewport of the *materic consistency* of "high-gravity objects" with a polysensorial language

The frequent references of the *transitive* to a protoindustrial aesthetic confirm the renewed continuity between contemporary products and the pregnantly significant forms of the early modern period. The continuation of the original design matrix is confirmed by the dense, consistent forms of this *fin de siècle*, that prompt us to interpret the inherent nature of *transitive* products through a polysensorial experience of the material, whose high-gravity character coincides with the emotional and cultural reliability of the object. These are forms with a highly balanced aesthetic that appears powerful not so much because it is full of meanings, but because it is capable of expressing the coherence of that visionary "short-term" pragmatism that is triggered by the uncertainty of our expectations for the future.

Denotation Viewport der *Stoffbeschaffenheit* bei den "festen Gegenständen" mit vielsensiorialer Sprache

Die häufigen Verweise des *Transitiven* auf eine protoindustrielle Ästhetik bestätigen die erneuerte Kontinuität zwischen den zeitgenössischen Produkten und den charakteristischen Formen der ersten Modernität. Die Beibehaltung der ursprünglichen Entwurfmatrize wird dann von den dichten und festen Formen am Ende dieses Jahrhunderts bestätigt, die dazu auffordern, die Innerlichkeit der *transitiven* Produkte durch eine vielsensoriale Erfahrung der Materie zu interpretieren, deren hohes spezifisches Gewicht mit der nicht nur emotionalen, sondern auch kulturellen Zuverlässigkeit des Gegenstandes zusammenfällt. Dabei handelt es sich um Formen der äußerst ausgewogenen Ästhetik, die uns als mächtig erscheint und zwar nicht weil sie reich an Bedeutung ist, sondern weil sie sich vielmehr als fähig erweist, die Kohärenz jenes visionären "kurzfristigen" Pragmatismus auszudrücken, der durch die unsicheren Erwartungen auf die Zukunft hervorgebracht wird.

1
2
3
4
6
7
9
11
10

1. *Aldabra* hanging lamp, designed by Gae Aulenti and Piero Castiglioni for Fontana Arte, 1993

2. *Zemi* hanging speaker in black oxide enamelled ceramic, designed by Elisabeth Frolet for Nac Sound

3. *George* hanging lamp, with diffusion element in smooth glass, designed by Tobias Grau, 1999

4. *Acquamiki* hanging lamp in blown glass, designed by Michele De Lucchi for Produzione Privata, 1999

5. *Tenara* wall-plate in the *International Style* version, designed by Martin Szekely by Kreo for Legrand. CMF design by Castelli Design Milano, 1999

6. The *Audi TT Coupé*. Design developed by the Simi Valley Design Center, 1995

7. *Mauna Kea* table with structure in painted steel, plastic top, aluminium perimeter ring, designed by Vico Magistretti for Kartell, 1996

8. *Hi Pad* chair by Jasper Morrison for Cappellini, 1999. The monocoque has partial upholstery on the seat and back, with visual uniformity thanks to the fabric covering

9. *Hi Square* sofa with wooden structure and polyurethane-down filler, seen here with the grisaille upholstery cover. Design by Massimo Morozzi for Edra, 1995

10. Washstand from the bath fixtures series, designed by Javier Mariscal for the *Ceramic Network 1999* initiative organized by CRAFT (Centre de Recherche sur les Arts du Feu et de la Terre)of Limoges

11. *Jim* upholstered monocoque chair, designed by Gijs Papavoine for Montis, 1999

12. Two *Asym* chairs from the Decola Vita Furniture Collection, placed side by side. Design by Karim Rashid for Idée, 1998

13. *Emeco Chair 1006* in aluminium, created in 1944 for the U.S. Navy by Alcoa and Emeco. Produced by Emeco—ICF Group, 1999

1. Leuchter *Aldabra,* von Gae Aulenti und Piero Castiglioni für Fontana Arte entworfen, 1993

2. Hängelautsprecher *Zemi* in oxydschwarzer Emailkeramik, von Elisabeth Frolet für Nac Sound entworfen

3. Hängelampe *George* mit Streuungselement aus Glanzglas, von Tobias Grau entworfen, 1999

4. Hängelampe *Acquamiki* aus geblasenem Glas, von Michele De Lucchi für Produzione Privata entworfen, 1999

5. Schalterrahmen *Tenara* in der Version *International Style*, von Martin Szekely by Kreo für Legrand entworfen. CMF Design von Castelli Design Milano, 1999

6. Der *Audi TT Coupé,* ein vom Design Center in Semi Valley ausgearbeiteter Entwurf, 1995

7. Tisch *Mauna Kea* mit lackierter Stahlstruktur und Platte aus Plastik mit Aluminiumringeinfassung. Design von Vico Magistretti für Kartell, 1996

8. Stuhl *Hi Pad* von Jasper Morrison für Cappellini, 1999. Die aus einem Stück bestehende Stuhlsstruktur besitzt eine Teilpolsterung, die durch den Stoffüberzug einheitlich erscheint

9. Diwan *Hi Square* mit Polsterung aus Polyuretan und Federn, hier mit einem Grisaille-Überzug. Design von Massimo Morozzi für Edra, 1995

10. Waschbecken von Javier Mariscal für die Veranstaltung *Ceramic Network 1999* entworfen, die von CRAFT (Centre de Recherche sur les Arts du Feu et de la Terre), Limoges,organisiert wurde

11. Gepolsterter Stuhl *Jim*, von Gijs Papavoine für Montis entworfen, 1999

12. Zwei Stühle *Asym* nebeneinander aus der Decola Vita Furniture Collection. Design von Karim Rashid für Idée, 1998

13. Stuhl *Emeco Chair 1006* aus Aluminium. Von Alcoa und Emeco 1944 für die U.S.Navy realisiert. Hergestellt von Emeco – ICF Group, 1999

Views and details of the Audi TT Coupé
Ansichten und Details des Audi TT Coupé

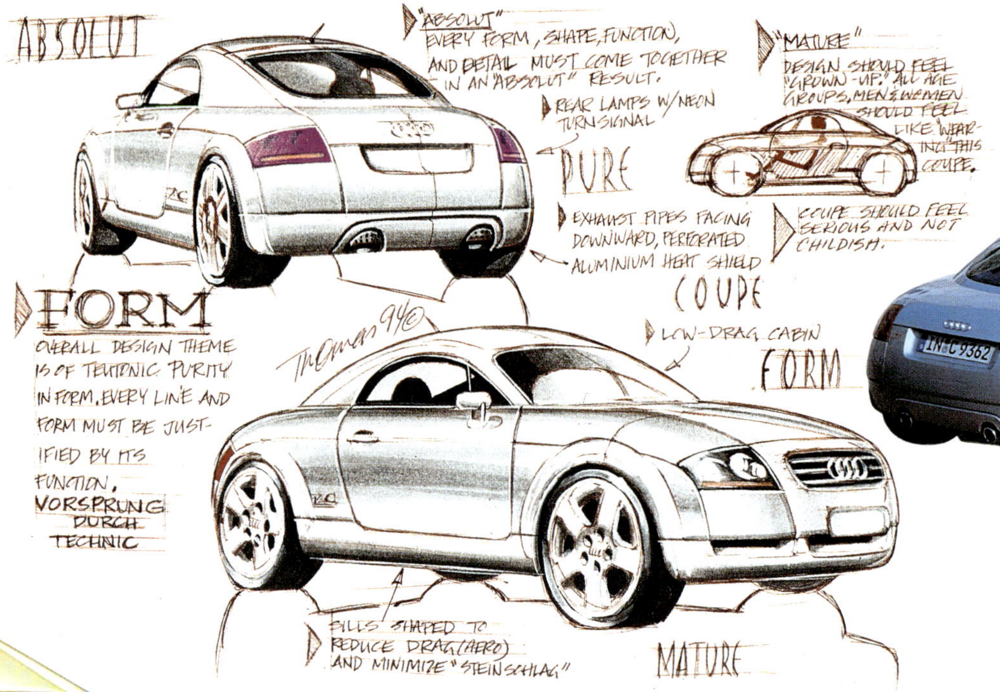

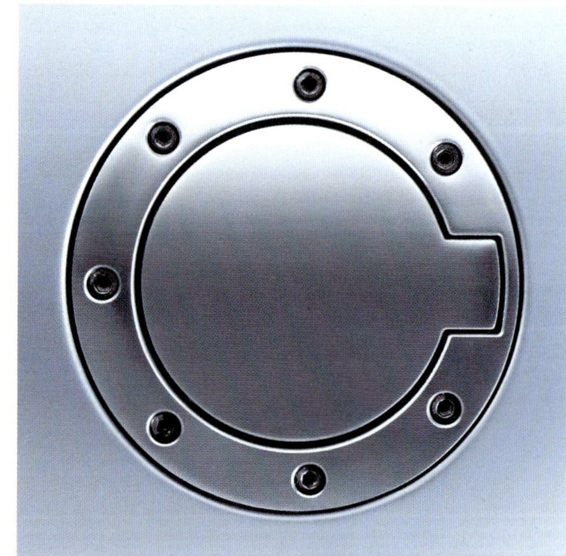

"Reversal of Trend"

The entire history of automotive design is composed, generally, of short-lived buzzwords to which everyone conforms. However, there are undoubtedly also basic evolutionary tendencies, such as the myth of the extension of the glazed surfaces around the entire interior compartment, for example, a trend that has been subject, however, to the limitations of technological feasibility. In design these limits are actually stimuli to continue forward, in spite of them, although often the resulting solutions must make use of all the tricks of the trade. This persistent orientation toward technical display is based on an obligation implicit in the projective language of design, which can lead to an emotional vacuum. *Transitive Design* attempts to free us from these excesses by means of clear trend inversions, abandoning the posture of eternal technological challenge and allowing us to enjoy, for example, the experience of a protective car interior, with small windows, like the cockpit of a vintage airplane.

Die gesamte Geschichte des automotiven Designs besteht im Allgemeinen aus kurzlebigen Parolen, nach denen sich alle ausrichten. Aber es gibt dabei auch Grundtendenzen in der Entwicklung, die außer Frage stehen, wie zum Beispiel der Mythos der sich über die gesamte Karosserie ausdehnende Oberfläche aus Glas. Dieser Tendenz bietet aber die technologische Machbarkeit Einhalt. Im Design sind diese Beschränkungen aber Anstöße zum Vorwärtsdrängen, auch wenn dabei sehr oft Lösungen gefunden werden, bei denen alle Mittel auf diesem Gebiet eingesetzt werden. Diese hartnäckige technische Betonung kommt aus einer Verpflichtung innerhalb der projektiven Sprache des Designs, die eine emotionale Entleerung des Entwurfs verursachen kann. Aus den mit diesen Zwängen verbundenen Ängste versucht sich das *Transitive* mit einer klaren Tendenzumkehr zu befreien. Dabei wird die Verhaltensweise einer ständigen technologischen Herausforderung abgelegt und man läßt uns die Erfahrung eines Schutzgehäuses und der geringsten Verglasung erleben wie eben die Cockpits der Flugzeuge von damals.

Asym chairs and R30 Chairs from the Decola Vita Furniture Collection, designed by Karim Rashid for Idée, 1998

Stühle Asym und R30 Chair aus der Decola Vita Furniture Collection, von Karim Rashid für Idée entworfen, 1998

Acquamiki lamp (1999) and Acquatinta lamp (1996), designed by Michele De Lucchi for Produzione Privata, and some drawings of other lamps

Lampe Acquamiki (1999) und Lampe Acquatinta (1996), von Michele De Lucchi für Produzione Privata entworfen, und einige Zeichnungen anderer Lampen

"Vacuous Bodies"

The *transitive* aesthetic often makes use of the concept of density rather than lightness, but this density is more a question of perception than of actual weight. The objective measure of density, expressed in the relationship between the masses of bodies of equal volume but composed of different substances, is the result of an awareness of the specific characteristics of the material with which an object is made. But when the material that gives volume to the object is air, the weight of the object is represented only by the space occupied by the wireframe of its structure. Veritable ampulla-objects, certain *transitive* products mark space with their presence, through the allusion to mass that is imprinted on our senses in spite of the fact that, physically, it doesn't exist. Therefore in a certain sense these are dematerialized products, in which the density is utterly virtual; but they also contain the memory of their weight.

Die *transitive* Ästhetik greift eigentlich häufiger auf den Begriff der Dichte als auf den der Leichtigkeit zurück, aber es handelt sich dabei um eine mehr wahrgenommene als meßbare Dichte. Was eben das objektive Maß der Dichte ausmacht, die sich durch die Beziehung zwischen Körpermassen gleichen Volumens aber aus verschiedenen Substanzen bestehend ausdrückt, ist die Kenntnis über die spezifischen Charakteristiken des Stoffes, aus dem ein Gegenstand besteht. Aber wenn die Körper verleihende Materie die Luft ist, dann wird das Gewicht des Gegenstandes einzig und allein vom Ausmaß des ihn begrenzenden *Wireframe*, nämlich des besetzten Volumens dargestellt. Als wahre Ampullen-Objekte umfassen einige *transitive* Produkte mit ihrer Präsenz den Raum und zwar durch die Vorspiegelung von Masse, die sich unseren Sinnen entgegenstellt, ohne dabei physisch anwesend zu sein. In einem gewissen Sinne handelt es sich dabei um entmaterialisierte Produkte, deren Dichte nur Schein ist, aber die in sich die Erinnerung an ihr Gewicht tragen.

Protoplastics

Of all the events of the World's Fair of 1939, perhaps the least famous but most influential, at least where the fluctuating length of hemlines is concerned, was the introduction of nylon on the American market. An event even Norman Bel Geddes could not have foreseen, when he ironized, in an article in the *Ladies' Home Journal* in 1931, on the clichés of the evolution of women's fashions. Nevertheless in New York, in the Dupont pavilion, the "market destiny" of nylon was already well illustrated by a gigantic seven-meter leg: polyamide 66 was to become the first synthetic substitute for natural silk in women's hosiery. The commercial success of nylon was unprecedented, with frenetic orders reaching levels of four million pairs of stockings sold in a single day.

This is but one example of the evolutionary destiny of materials, and the chronicle of a long series of sustitutions that have taken place in the turbulent wake of technological progress. Among the cases of "protoplastics", or of plastic materials that were later abandoned, the most relevant is that of Bakelite, one of the first completely synthetic substances that originally was created to replace shellac. The latter, a natural resin used to protect wood, but also possessing surprising dielectric qualities, immediately became insufficient to meet the growing demand for efficient insulators in the years of the spread of electricity. A material born in 1909 with a patent by the American Leo Baekeland, Bakelite had a palpable materic density that could not be separated from the identity of shellac, or from the original aesthetic matrix, which was the result of the resinous secretions insects of the species *Laccifer lacca* leave on certain trees in southeast Asia. This is a good illustration of how a plastic material in "retirement," freed from the need to function as a handle for an iron, or as a lightswitch, can meet with a new reason for continued existence based precisely on its intrinsic beauty: only today is the deep glimmer of Bakelite appreciated as if it were a true, precious lacquer, the first 3D lacquer, capable of existing without another material as its base.

Protoplastic scenario, CDM, 1993
Protoplastic Szenario, CDM, 1993

Television housing in bakelite-ized MDF, Ecoidentity Project. Castelli Design Milano for Hitachi Design Center, 1994
Fernsehgehäuse in Bakelit-MDF, Projekt Ecoidentity. Castelli Design Milano for Hitachi Design Center, 1994

Protoplastics

Von allen Ereignissen auf der World's Fair von 1939 war sicher das am wenigsten bekannte, dafür aber für die fluktuierenden Damenrocklängen aber erfolgreichste Ereignis, die Einführung von Nylon auf den amerikanischen Markt. Nicht einmal Norman Bel Geddes hätte sich das vorstellen können, als er auf den Seiten einer Nummer des *Ladies' Home Journal* von 1931 über die absehbaren Entwicklungen der Damenmode ironisierte. In New York war aber im Pavillon der Dupont trotzdem das "Schicksal von Nylon auf dem Markt" schon vom Display eines sieben Meter langen Riesenbeins vorgezeichnet: Polyamid 66 war der erste synthetische Ersatz von Naturseide bei den Damenstrümpfen. Für Nylon war es ein noch nie dagewesener Verkaufserfolg mit frenetischen Bestellungen, wobei an einem einzigen Tag vier Millionen Paar Strümpfe abgesetzt worden sind. Das ist nur ein Beispiel des evolutiven Schicksals von Materialien und die Chronik einer langen Reihe der Ablösungen, die im stürmischen Kielwasser des technologischen Fortschritts vorgenommen worden sind.

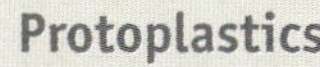

Wall-plate Living in Bakelite, designed by Zecca & Zecca for Bticino. CMF design by Castelli Design Milano, 1995
Schalterrahmen Living in Bakelit, von Zecca & Zecca für Bticino entworfen. CMF Design von Castelli Design Milano, 1995

Unter den Fällen von "Protoplastik", nämlich von den in der Folgezeit aufgegebenen Plastikmaterialien, hebt sich als bedeutendster der Fall von Bakelit heraus, eine der ersten völlig synthetischen Substanzen, das seinerseits an die Stelle von Schellack trat. Dieses Naturharz wurde als Schutzlack für Holz verwendet, besaß aber auch unerwartete dielektrische Eigenschaften und war daher nicht geeignet, der steigenden Nachfrage von wirksamen Isolierstoffen in den Jahren der großen Elektrifizierung nachzukommen. Das 1909 im Patent des Amerikaners Leo Baekeland vorgestellte Bakelit besitzt trotz allem eine große Stoffdichte, die nicht von der Identität des Schellack zu trennen ist, und von der ursprünglichen ästhetischen Matrize, die aus der harzigen Ausscheidung besteht, die die Insekten der Spezie *Laccifer lacca* auf bestimmten Bäumen in Südostasien zurücklassen. Daher ist es eben passiert, daß Protoplastik, d.h. ein Plastikstoff, der inzwischen "in den Ruhestand" versetzt und vom Bedürfnis befreit worden war, als Bügeleisengriff oder als Lichtschalter eingesetzt zu werden, den Grund wiederfinden kann, wegen seiner inneren Schönheit weiter zu bestehen: wie das Bakelit, das man wegen seines tiefgründigen Lichts erst heute als einen wahren und kostbaren Lack, als den ersten 3D-Lack, ansicht, der einzige, der ohne irgendeine Grundierung auskommt.

BIGLIETTI BUS E TRENI
Bus & train tickets
BAR
BANCA-CAMBIO
Bank-Exchange
GIORNALI E TABACCHI
Newspapers & Tobacco
SALA
ALBINONI
FARMACIA
Chemist
FIERA MILANO
MILAN FAIR
INFORMAZIONI
Information
NORD
North

2000 Paradigms

To be able to give an original form to a cultural paradigm of our time offers a new kind of power, because it permits the control, in an exclusive way, of the related aesthetic and behavioral languages. Whether we are talking about a fashion trademark or an architectural typology, in the next few years it will be indispensable to identify and occupy the few spaces still left open by the major existing paradigms. In the area of places of transport there are few exemplary models, and this is particularly true in the case of airports, even the newest ones. The airport has been reduced to a shabby imitation of the dynamic-seductive legend of the technology of flight, in which everything is shiny, trim, reflecting. Sottsass e Associati, on the other hand, have come up with a model for the Malpensa 2000 airport of Milan that, thanks to its *transitive* nature based on an effective use of *links* to the Italian tradition, takes on a new paradigmatic form: airports from now on will never be the same. Rather than relying on traditional compositional points of reference, the "large opaque internal space" of Malpensa 2000 has been designed around the qualistics of materials, rendered explicit in the behavior of light and sound which, captured and restored by the material, probe and reveal its deepest nature. The result is a place free of anxieties, a non-aggressive space, also free of the excesses of emotional reverberation that the *density frame* of the spaces is capable of absorbing. When asked about the images of the *transitive* timeframe, Ettore Sottsass elegantly eludes the excessive specificity of the theme—too many near futures and recent pasts—and, deftly opening a catalog right to the page showing some of his recent sculptures based on primitive calligraphic forms, he remarks: "From the past, the only form that really interests me is the prehistoric one, that state of density I rediscover in what is archaic..."

Interior of the Malpensa 2000 airport of Milan. Design by Ettore Sottsass, Marco Zanini, Mike Ryan of Sottsass e Associati, 1998

Innenansicht des internationalen Flughafens Malpensa 2000 in Mailand. Entwurf von Ettore Sottsass, Marco Zanini, Mike Ryan von Sottsass e Associati, 1998

PARCHEGGIO SUD -1,-2,-3,-4 piani
Car park South -1,-2,-3,-4 floors
CHECK-IN 2 piano/2nd floor
ARRIVI piano terra
Arrivals ground floor
PARCHEGGIO SUD -1,-2,-3,-4 piani
Car park South -1,-2,-3,-4 floors
+1
Piano/Floor
TELECOM
ITALIA

2000 Paradigms

Wenn es gelingt, einem kulturellen Paradigma unserer Zeit eine originelle Gestalt zu verleihen, dann wird eine neue Form der Macht angeboten, denn diese ermöglicht, auf exklusive Weise die damit verbundenen ästhetischen und Verhaltenssprachen zu verwalten und zu kontrollieren. Unwichtig, ob es sich dabei um ein Markenzeichen der Mode oder um eine architektonische Typologie handelt, es wird in den nächsten Jahren einfach unentbehrlich sein, die wenigen von den bestehenden großen Paradigmen frei gelassenen Plätzen festzustellen und zu besetzen. Im Rahmen des Transportwesens gibt es wenige beispielhafte Modelle und das gilt insbesondere auch für die neuesten Flughäfen, die schon zu abgedroschenen Darstellungen des dynamisch-verführerischen Mythos der Flugtechnologie herabgesunken sind, wo alles glänzt, hin und her schwenkt und widerspiegelt. Sottsass e Associati haben aber für den Flughafen von Malpensa 2000 ein Modell ausgearbeitet, das mittels seiner *transitiven*, durch einen wirksamen Einsatz der *Links* zu der italienischen Umwelttraditionen definierten Natur eine neue paradigmatische Form angenommen hat, wobei die Flughäfen nie wieder so sein werden, wie wir sie bisher gekannt haben. Statt sich auf die traditionellen kompositiven Bezugspunkte zu beziehen, entwickelt sich "der große glanzlose Innenraum" von Malpensa 2000 rund um die Qualistik der Materialien, die durch das Verhalten von Licht und Ton klar umrissen, von der Materie eingefangen und wieder abgegeben wird, um ganz tief in die innerste Natur einzudringen und diese aufzuzeigen. Das Resultat ist ein Ort ohne Hektik, nicht aggressiv und auch frei von den Auswüchsen des emotionalen Nachhalls, die der Densitiy Frame jener Räume aufsaugen kann. Die Frage über das Imaginäre der *transitiven* Zeitlichkeit hat Ettore Sottsass äußerst elegant von der übertriebenen Genauigkeit des Thema befreit – zu viele nächste zukünftige Zeiten und auch zu viele nahe Vergangenheiten – und er hat gelassen einen Katalog an der Stelle aufgeschlagen, auf der einige seiner jüngsten, sich an primitive Schriftformen anlehnende Skulpturen dargestellt sind und dabei behauptet: "Von der Vergangenheit interessiert mich als einzige Form nur die Vorgeschichte; dieser dichte Zustand, den ich in der Altertümlichkeit wieder finde ...".

Two more views of the Malpensa 2000 airport

Zwei weitere Ansichten des Flughafens Malpensa 2000

APPENDIX

Trini Diagram™

The Trini Diagram™ is a new tool for the positioning of the "emotional identity" of images, things and persons, for sectors such as those of communication, design, the social sciences and the study of the workplace. This tool can be used to create a sort of "descriptive world" of characteristics that are easy to memorize and communicate through conventional language. To define the positioning three pairs of opposing characteristics are defined, based on in-depth research on their linguistic, ethnic and qualistic significance in different languages: *Passionate/Reflective, Affective/Dynamic, Seductive/Basic.* The two main poles, *Passionate* and *Reflective*, respectively refer to the emotional and rational hemispheres of an octahedron that is the geosphere of the Trini Diagram™, while the other four character parameters are uniformly distributed along its equator. The zones created by these paired characteristics permit precise definition of the identity of areas such as iconography (ex. image banks), products (ex. automobiles, furnishings, clothing etc.) and persons (ex. star system, decision support system etc.). By memorizing the relative position of just six characteristics, it becomes possible to verbally define as many as sixty-six different positionings on the geometric solid of the geosphere, sufficient for the description and communication of the emotional attributes of the context under consideration.

The Trini Diagram™ finally makes it possible, using two or a maximum of three standard terms of notation, to identify a precise emotional attribute in a given area of an entire application sector, such as the world of design, for example. Until today this type of notation was left up to subjective description, which usually required the use of a very high number of key words, which had to be reinterpreted case by case. This was because of the lack of a model of reference which, like the Trini Diagram™, could be applied for widespread use. In recent years the Trini Diagram™ has been successfully utilized by CDM and—after a brief period of training—by certain selected partners, as a topological database and for a series of research projects in the field of design and communication. The Trini Diagram™ is now ready to be introduced as an *interface engine* for generalized use, but it is also in a phase of development as a possible *search engine* for the cataloguing and reference access of images in the Internet (**www.trinidiagram.com**).

Two examples of the six possible positionings on the geosphere of the Trini Diagram™. Above, view of the *Passionate-Basic Dynamic* section; below, view of the *Reflective- Dynamic-Seductive* section
Zwei Beispiele der sechs möglichen Einstellung in der Geosphäre des Trini Diagram™. Oben, Ansicht des Sektors *Passionate-Basic-Dynamic;* unten, des Sektors *Reflective-Dynamic-Seductive*

Toli Corporation, Japan, 1998. Qualistic positioning based on the first version of the Trini Diagram™
Toli Corporation, Japan, 1998. Beschreibung der qualistischen Einstellung, die sich auf die erste Version des Trini Diagram™ stützt

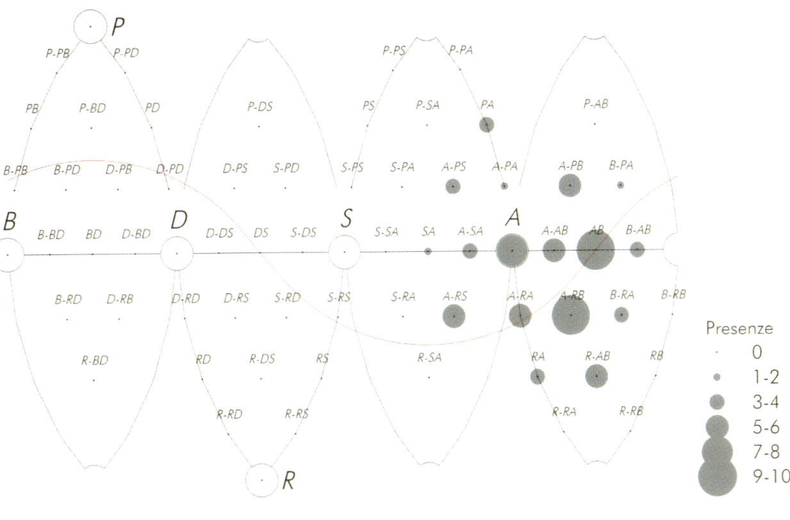

Two-dimensional version (planisphere) of the 3D diagram utilized to map the distribution of presences of a grouping of positionings. In the diagram: mapping of the presences of the *transitive*, showing a particular concentration in the *Affective* and *Reflective-Basic* sector
Zweidimensionale Version (Planisphäre) des 3D-Diagramms, das eingesetzt worden ist, um die Verteilung der Präsenzen in Gesamteinstellungen festzulegen. Im Diagramm: Karte der Präsenzen vom *Transitiven*, die eine besondere Konzentration im Sektor *Affective* und *Reflective-Basic* aufweist

Trini Diagram™

Das Trini Diagram™ ist ein neuer *Tool*, der die Einstellung der "emotionalen Identität" von Bildern, Dingen, Personen angibt und für Bereiche wie den der Kommunikation, des Designs, der Sozialwissenschaft und der Arbeit bestimmt ist. Dieses Instrument trägt dabei zu, eine Art "beschreibende Welt" mit leicht memorierbaren und kommunizierbaren Merkmalen durch eine konventionelle Sprache zu schaffen. Um diese Einstellung zu definieren sind drei Paare mit gegensätzlichen, zu zweit auftretenden Merkmalen festgelegt worden, die sich aus einer umfassenden Untersuchung über die linguistischen, ethnischen und qualistischen Bedeutungen ergeben haben, die verschiedenen Sprachen gemein sind: *Passionate/Reflective*, *Affective/Dynamic*, *Seductive/Basic*. Die zwei bedeutendsten Pole, *Passionate* und *Reflective*, kennzeichnen jeweils die emotionalen und rationalen Halbkugeln auf der Oberfläche eines Oktaeders, der die Geosphäre des Trini Diagram™ darstellt, während die anderen vier Merkmale gleichmäßig längs des Äquators verteilt sind. Die von diesen Merkmalen erfassten Gebiete ermöglichen es, genau die Identität von Kategorien wie die der Ikonografie (zum Beispiel Bilderbanken), von Produkten (zum Beispiel Auto, Einrichtung, Kleidung usw.) und von Personen (zum Beispiel Star System, Focus Group usw.) zu definieren. Wenn also die relative Anordnung von nur sechs Merkmalen memoriert worden ist, können wörtlich gut sechsundsechzig verschiedene Einstellungen auf dem festen Grund der Geosphäre definiert werden, die ausreichen, die emotionalen Eigenschaften des betrachteten Kontextes zu beschreiben und weiterzugeben. Das Trini Diagram™ macht schließlich die Identifizierung einer präzisen emotionalen Eigenschaft in einem bestimmten Gebiet des gesamten Anwendungssektor möglich, wie zum Beispiel der Welt des Designs, indem zwei oder höchstens drei Standardausdrücke der Anmerkung benutzt werden. Bis heute hat man diese Art von Anmerkung der subjektiven Beschreibung überlassen, die normalerweise den Gebrauch einer großen Anzahl von Schlüsselwörtern verlangt, die nach und nach zu interpretieren waren. Das erklärte sich auch aufgrund eines fehlenden Bezugsmodells, das eben wie das Trini Diagram™ von weiten Kreisen hätte eingesetzt werden können. In den letzten Jahren ist das Trini Diagram™ von CDM erfolgreich angewandt und nach einer kurzen Trainingsphase auch von einigen ausgewählten Partnern als topologische Datenbank und für einer Serie von Forschungsprojekten im Bereich des Designs und der Kommunikation verwendet worden. Das Trini Diagram ™ ist jetzt bereit, nicht nur als Interface-Motor (*interface engine)* der allgemein gebräuchlichen Einstellung, sondern auch in Entwicklungsphasen als möglicher Forschungsmotor (*search engine*) für die Katalogisierung und das Auffinden von Bildern im Web eingeführt zu werden (**www.trinidiagram.com**).

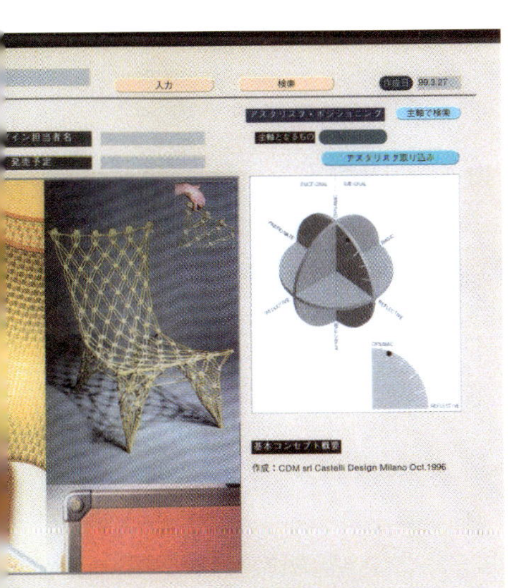

TRANSITIVE DESIGN

Si ama il passato perché è il presente
così come è sopravvissuto
nella memoria umana

Marguerite Yourcenar

CONTESTO TRANSITIVE

Sezioni del tempo

La fine di un secolo che coincide con la conclusione di un intero millennio è un evento importante, ma per noi meno impegnativo del semplice passaggio da una decade all'altra. Da quando abbiamo iniziato a contare gli anni per decenni – cioè dai ruggenti anni venti in poi – la nostra storia recente è stata registrata e raccontata per piccole tranche temporali. Ogni avvenimento locale o globale, ogni boom economico o crisi monetaria, comprese le rivoluzioni e le guerre, le conquiste e le disfatte, è ormai ben separato e racchiuso nelle tasche del nuovo portafoglio decadico della storia. Tutto questo ci tocca profondamente poiché avvertiamo distintamente, nei continui passaggi di questa ridotta scansione del tempo, il rischio di una possibile riclassificazione, nel bene e nel male, del nostro destino. Al di là della grande occasione celebrativa per il passaggio di una soglia epocale unica ed eccitante, ci troviamo così immersi nell'esperienza quotidiana di un "tempo contingente", cioè in una dimensione che più che con la storia ha a che fare con l'attualità, vissuta in forma solo un po' più dilatata. Ci si trova quindi in una condizione dove il tempo si estende verso un futuro molto vicino, mentre per il passato recente ci si limita allo scambio generazionale delle esperienze. Per quanto riguarda invece il passato più remoto, tutto è affidato alle sempre più numerose occasioni di pura rivisitazione emozionale offerte dai grandi media. Questa visione simultanea di passato, presente e futuro può arrivare così fino ai suoi estremi, per sintetizzarsi in singolari dichiarazioni come quella radiofonica del blues-jockey Edoardo "Catfish" Fassio: "Il 1999 non è un anno, è un'era"[1], sintesi che rivela una visione provocatoria della realtà e capace di condensare, in un singolo anno isolato, un'intera fase nella vita degli individui.

L'esistenza di queste strettoie temporali si riflette inesorabilmente anche sulla nostra capacità di progettare in relazione al tempo, innescando una trasformazione radicale nella cultura di progetto finora esistente. Si può dunque sostenere che la percezione del tempo, quando si supera una grande soglia, avviene in modo dilatato, con slanci rallentati che fanno entrare con prudenza nelle viscosità della nuova dimensione del "tempo contingente". Anche se il vettore temporale si muove inesorabilmente verso il domani, si può altresì sostenere che i linguaggi formali del passato e del futuro sono oggi per certi versi più vicini al presente e disponibili in modo equivalente.

L'ultimo decennio è stato segnato da ricorrenti tentativi di recupero del passato, nella speranza di riconfermare le proprie radici culturali, religiose ed etniche. Una volontà di radicamento che, purtroppo, solo nei casi migliori è rimasto laico e affettivo, gettando un ponte capace di collegare, con atteggiamento eclettico e disinvolto, quanto finora era stato tenuto distante. In questo processo di avvicinamento temporale un contributo irrinunciabile è stato fornito dai nuovi media informatici, diventati i volani di quella macchina del tempo che gli immaginari fantascientifici avevano vagheggiato per interi decenni. Paradossalmente, il mezzo informatico si è infatti coniugato con gli aspetti dell'emozionalità, già banditi da ogni disciplina che avesse ambizioni di scientificità. Il computer, sfuggito alla logica ferrea della griglia digitale, è diventato uno strumento per potenziare la memoria emozionale, trasformandosi in un contenitore ideale per il surplus di affettività inespressa di un'intera generazione.

Terzo millennio

Anche se si può osservare che gli anni della transizione di millennio sono segnati dall'incombere della nuova era, è prevedibile che questa enfasi sfumerà in proporzione all'allontanarsi dalla grande soglia. Fino a qualche anno fa, con l'approssimarsi dell'importante passaggio temporale, la tensione delle trasformazioni tra passato e futuro era molto più forte. Oggi l'aria che si respira nelle realtà a cavallo di queste trasformazioni dimostra che le due tendenze che finora sbilanciavano il riferimento temporale del progetto, di volta in volta verso il passato o verso il futuro, si stanno mitigando. Attraversando il "fatidico momento" vengono infatti a moderarsi sia gli scenari immaginifici contrassegnati da proiezioni apocalittiche – o da un realismo troppo ottimistico – sia le forme più nostalgiche che, recuperando modelli del passato, operano in funzione rassicurante rispetto ai timori innescati dalle aspettative del futuro.

Negli ultimi anni non sembrava esserci termine più inflazionato di "terzo millennio". In effetti, nel nuovo millennio ci troviamo immersi già da qualche anno, consapevoli che la condizione attuale si travaserà comunque anche nell'immediato della prossima decade, con tutto il bagaglio di certezze e innovazioni ma anche di grandi dubbi e resistenze che l'accompagna. Da almeno un anno tutti i network del pianeta interrogano quotidianamente storici, filosofi, economisti e uomini di fede sulle aspettative del grande cambiamento. La risposta più diffusa è però confortante: nessuno, a esclusione di pochi media e di qualche aruspice dell'ultima ora, pensa che con lo scoccare del Due-

TRANSITIVE DESIGN

On aime le passé parce que c'est le présent tel qu'il a survécu dans la mémoire humaine

Marguerite Yourcenar

CONTEXTE TRANSITIF

Cadre temporel

La fin d'un siècle qui coïncide avec celle de tout un millénaire constitue un événement important qui nous engage toutefois bien moins que le simple passage d'une décennie à l'autre. Depuis que nous avons commencé à compter les années par dix – c'est-à-dire à partir des folles années 1920 – notre histoire récente a été enregistrée et racontée par petites tranches temporelles. Tous les événements – qu'ils soient locaux ou globaux – chaque boom économique ou crise monétaire, y compris les révolutions et les guerres, les conquêtes et les défaites, sont désormais nettement séparés et bien à l'abri dans les compartiments du nouveau portefeuille décadaire de l'histoire. Tout ceci nous touche profondément parce que, lors des passages continuels de ce petit cycle temporel, nous percevons distinctement le risque d'une éventuelle redéfinition, en bien ou en mal, de notre destin.
Au-delà de la grande célébration qui aura lieu lorsque nous franchirons le seuil d'une époque nouvelle et excitante, nous sommes complètement plongés dans l'expérience quotidienne d'un « temps contingent », c'est-à-dire dans une dimension qui relève davantage d'une actualité n'est vécue de manière juste un peu plus dilatée que de l'histoire. Nous sommes donc dans une situation où le temps se projette vers un avenir très proche, alors qu'en ce qui concerne le passé récent, les générations se bornent à échanger leurs expériences. Quant à l'évocation d'un passé plus éloigné, elle est confiée aux grands médias qui nous offrent des occasions toujours plus nombreuses de revisiter ce même passé de façon purement émotionnelle. Cette vision simultanée du passé, du présent et du futur est poussée jusque dans ses derniers retranchements, et on peut la synthétiser à l'instar du blues-jockey Edoardo "Catfish" Fassio qui affirmait dans une singulière déclaration radiophonique : « 1999 n'est pas une année, c'est une ère »[1]. Cette phrase révèle une vision provocatrice de la réalité, une vision capable de condenser en une seule année toute une phase de la vie des individus.
L'existence de ces goulets d'étranglement temporels se reflète également sur notre capacité de création relative au temps, et ceci déclenche une transformation radicale dans la culture du projet telle qu'elle a existé jusqu'à aujourd'hui. On peut donc soutenir que la perception du temps, lorsqu'on franchit un seuil important, advient de manière dilatée par le biais d'élans ralentis qui nous permettent d'entrer prudemment dans les viscosités de la nouvelle dimension du « temps contingent ». Même si le vecteur temporel évolue inexorablement vers le lendemain, on peut toutefois affirmer que les langages formels du passé et du futur sont aujourd'hui, par certains aspects, plus proches du présent et pareillement disponibles.
La dernière décennie a été marquée par des tentatives récurrentes visant à une récupération du passé dans l'espoir de réaffirmer nos racines culturelles, religieuses, ethniques. Une volonté d'enracinement qui, hélas, n'est restée que dans le meilleur des cas laïque, affective, jetant un pont susceptible de relier – de façon éclectique et désinvolte – ce qui jusqu'ici avait été tenu à distance. À l'intérieur de ce processus de rapprochement temporel, un apport fondamental a été fourni par les médias informatiques qui sont devenus les rouages de cette machine du temps que la science-fiction avait imaginée pendant des décennies. Paradoxalement, l'instrument informatique s'est en effet conjugué à des aspects émotionnels autrefois bannis de toute discipline dotée d'une ambition scientifique. Une fois débarrassé de l'inflexible logique de la grille digitale, l'ordinateur est devenu un moyen d'augmenter la mémoire et s'est transformé en un contenant idéal pour le surplus d'affectivité inexprimée de toute une génération.

Troisième millénaire

Même si l'on constate que les années de transition d'un millénaire sont marquées par l'arrivée de la nouvelle ère, cette emphase s'évanouira selon toute probabilité à mesure qu'on s'éloignera du grand tournant. Il y a encore quelques années, avec l'approche de l'important passage temporel, la tension des transformations entre le passé et le futur était beaucoup plus forte. Aujourd'hui, on a la nette sensation que dans les réalités situées à cheval sur ces transformations, les deux tendances qui déséquilibraient jusqu'ici la référence temporelle du projet, tour à tour en direction du passé ou du futur, sont en train de s'apaiser. En traversant le « moment fatidique », on constate une modération non seulement des scénarios imaginaires caractérisés par des projections apocalyptiques – ou par un réalisme par trop optimiste –, mais aussi des formes les plus nostalgiques qui, en se réappropriant les modèles du passé, atténuent les peurs déclenchées par les attentes vis-à-vis du futur.
Au cours de ces dernières années, il ne semble pas y avoir eu d'expression plus éculée que « troisième millénaire ». De fait, nous sommes déjà plongés dans ce troisième millénaire depuis quelques années, et nous savons que la situation actuelle – avec tout son cortège de certitudes et d'innovations, mais aussi de résistances et de doutes profonds – se poursuivra également durant tout le début de la prochaine décennie. Depuis au moins un an, tous les networks de la planète interrogent quotidiennement historiens, philosophes, économistes et hommes de foi sur les attentes inhérentes au grand changement. La réponse la plus courante est cependant réconfortante : à l'exception de quelques *médias* ou devins de la dernière heure, personne ne pense à des changements substantiels avec l'avènement de l'an 2000. On s'accorde en revanche pour penser que dans certains secteurs, comme par exemple la technologie, le nouveau millénaire a déjà commencé et qu'avec ses transformations nos habitudes quotidiennes ont déjà été profondément modifiées.

mila si verificheranno sostanziali cambiamenti. Si concorda invece sul fatto che in alcuni campi, come ad esempio in quello della tecnologia, il nuovo millennio sia già cominciato e che con le sue trasformazioni le nostre abitudini quotidiane siano ormai già state profondamente modificate.
Anche nel mondo della progettazione architettonica sono verosimilmente tutti concordi nel fissare al 1988 la fine del XX secolo. In quell'anno infatti, al Museum of Modern Art di New York, il Decostruttivismo spazzava via il Postmoderno, insieme a tutti i suoi prefissi e declinazioni. In merito a quella data, Bruno Zevi afferma in un redazionale: "Dal 1988 il rilancio del Movimento Moderno non è fenomeno del Novecento, ma del Duemila. Ci libera dall'ipoteca manierista, cioè da un anticlassicismo che ha sempre bisogno di rigenerare il classicismo per poterlo insultare e distruggere. Non si identifica con la deroga, con la trasgressività, per il semplice motivo che la regola e i regolamenti non esistono più. Il linguaggio architettonico si è emancipato dagli ordini, dalla tipologia, dall'assonanza e dalla simmetria, dall'impianto prospettico e dal guscio scatolare. Si fonda sullo spazio paesaggistico, urbanistico ed edilizio. Da dieci anni siamo nel XXI secolo, nel terzo millennio"[2]. Questa libertà nel sincronizzare *ad hoc* gli orologi della storia, a ricercare cioè un *time-lapse* oggettivo, indipendentemente dalla natura materiale o culturale degli eventi che ne marcano il tempo, è un'attitudine tipica di un'epoca di transizione: anche la cronologia ha le sue nuove esigenze.

Caduta delle ideologie

Nel 1991 Krzysztof Pomian, storico e filosofo del Centre National de la Récherche Sciéntifique di Parigi, rilasciava la seguente dichiarazione: "Il secolo XIX è anche il secolo della storia, e questo perché è rivolto verso l'avvenire [...]. Ma abbiamo vissuto una crisi dell'avvenire, e il nostro atteggiamento collettivo riguardo a quest'ultimo ne è emerso profondamente modificato. I movimenti rivoluzionari, da tempo in crisi

per mancanza d'ispirazione, sono falliti in tutti i paesi sviluppati, dove ormai l'idea di una rottura tra futuro e presente entusiasma soltanto i gruppuscoli. Ciò che interessa alla maggioranza, al contrario, è il mantenimento – fra futuro, presente e passato – di una continuità indebolita da decenni di modernizzazione il cui ritmo e la cui profondità sono stati tali da produrre effetti davvero rivoluzionari proprio là dove il potere è rimasto in mano ai riformatori e ai conservatori..."[3]
Nasce la tentazione di pensare che sia un bene che le avanguardie tradizionali si siano estinte. Tutto quello che ne legittimava il senso è ormai svanito: non esistono più le grandi ideologie ma esistono invece "visioni di fatti reali in dimensioni e spazi inafferrabili"; esiste Internet, una realtà trasversale e di massa che muove risorse umane e sistemi economici, e che antropologicamente rappresenta una trasformazione più radicale di qualsiasi rivoluzione o epurazione ideologica finora perpetrata; anche l'idea di nazione sta crollando, sostituita da quella di mercato globale le cui nuove regole sono dettate dalla voce della comunicazione trans-linguistica. Il clima che si respira è quello della rarefazione, le tensioni non accendono mai provocazioni esplicite, né provocano rotture irreparabili. Ciò comporta tuttavia la presenza di un dinamismo più sottile, che continua a muovere idee, progetti e prodotti ricchi di significato e nuovo senso.
Non si deve essere tratti in inganno dal pensare che nulla si muova in attesa del futuro: l'estetica di questo momento, in equilibrio tra passato e futuro, tra nuove potenzialità tecnologiche ed eclettismi formali, rivela uno dei linguaggi più complessi, maturi ed evoluti di questo secolo. Se si analizzano gli ambiti delle proiezioni e dei trend, così come quelli dei programmi di progettazione e produzione per il futuro, ci si accorge che gli aspetti esasperati e radicali non interessano più, mentre acquistano significato attributi espressivi più moderati, quasi riflessivi. La tecnologia c'è e rimarrà ben visibile, ma non servirà a mostrare i muscoli, e l'estetica non sarà più quella proiettiva della novità a tutti i costi, ma potrà attingere addirittura a un passato prossimo ben noto, reinterpretandolo liberamente di volta in volta. Nella cultura progettuale e nella produzione artistica non è dunque più il consueto manifesto a fare da grande referente programmatico, ma lo sono spesso gli stessi media utilizzati: siano essi i potenti hardware informatici sempre più specializzati o le sorprendenti regole decostruttive applicate alla composizione architettonica tradizionale, capaci di smontare sistematicamente il gioco puro dell'ortogonalità.

Avanguardia e Projectum

Oggi, nella fase di transizione che stiamo attraversando, ci si interroga sul senso dell'avvenire, su come sappiamo configurarne la proiettività e, forse, su come ci siamo finalmente liberati dall'ansia di rappresentare il futuro per approdare a una laica interpretazione del presente. La riflessione che il filosofo tedesco Martin Heidegger faceva nei primi decenni di questo secolo sul progetto come *projectum,* come "gettamento per", è stata troppo spesso interpretata come una questione unicamente temporale, una sorta di progetto per il futuro, omettendo quella fase di ritorno al presente che, con il "dis-allontanamento", lo stesso filosofo si augurava. Di questa idea di futuro come meta unica del progetto si è permeata la cultura di questo secolo, con l'intera produzione di idee, invenzioni, architetture e oggetti; su questo stimolo sono nate le cosiddette avanguardie che, per definizione, "guardano avanti". Qualcuno potrebbe pensare che con questa attenzione verso il presente si corra il rischio di esautorare il *projectum* stesso, ma così non è. Il progetto del presente consapevole è più verosimile e utile anche per il progetto del futuro possibile.
Nel corso di questi ultimi anni tuttavia, la prossimità al Duemila ha messo in moto un fenomeno culturale di grande interesse, che nasce dal fatto che riusciamo ad anticipare, con sufficiente verosimiglianza, come sarà questo futuro vicino e a compararlo con quelle che erano le proiezioni che il passato recente aveva ipotecato. Tra la metà del secolo e l'oggi sembra infatti essersi costruito un ponte che collega il momento della creazione del mito e la sua verifica. Ecco allora che, con il sopraggiungere del Duemila, il senso di evento mitico si è secolarizzato in favore di una visione meno proiettiva: gli oggetti della contemporaneità, protesi verso tempi contigui, appaiono poco sbilanciati in avanti e poco rivolti all'indietro.
In questo senso è fuor di dubbio che l'avanguardia ha oggi meno senso, il quantum di *avant* non esprime più una situazione di urgenza e chi si assume il compito di progettare è colui che oggi è in grado di osservare e decriptare, intervenendo poi con grande attenzione sulla realtà del presente. "Come saremo" e "cosa faremo" sono interrogativi che non stimolano gli immaginari progettuali più di quanto lo facciano il "chi siamo" e "dove siamo" (e dunque cosa portiamo nel bagaglio del nostro viaggio nelle ristrettezze temporali della dimensione "odierna"). È dunque verosimile che questo atteggiamento sancisca la fine delle avanguardie storiche, pur non svilendo in alcun modo il progetto.
In relazione all'idea stessa di "transizione" esistono diverse possibili interpretazioni. Da un pezzo di Ezio Manzini, del Politecnico di Milano, dal titolo *Lo sviluppo dei prodotti sostenibili,* si ha una precoce lettura sul tema della transizione che è utile riportare: "Se tra passato e futuro avrà luogo una profonda discontinuità, il presente si configura come fase di transizione: una fase in cui il 'vecchio ordine delle cose', in declino, convive con il 'nuovo' in ascesa. I tempi,

Dans le monde des créations architecturales, tout le monde s'accorde pour fixer à 1988 la fin du xxe siècle. Cette annéelà, au Museum of Modern Art de New York, le post-modernisme – avec toutes ses déclinaisons et ses préfixes – cédait le pas au déconstructivisme. À propos de cette date, le critique d'architecture Bruno Zevi affirme dans un éditorial : « Depuis 1988, la relance du mouvement moderne n'est pas un phénomène du xxe siècle mais du troisième millénaire. Il nous libère de l'hypothèque maniériste, c'est-à-dire d'un anticlassicisme qui a toujours besoin de régénérer le classicisme pour pouvoir l'insulter, le détruire. Il ne s'identifie pas à la dérogation, à la transgression, du simple fait que la règle et les règlements n'existent plus. Le langage architectural s'est affranchi des ordres, de la typologie, de l'assonance, de la symétrie, du plan perspectif, de la structure modulaire. Il se fonde sur l'espace du paysage, de la ville, des bâtiments. Nous sommes depuis dix ans au xxie siècle, dans le troisième millénaire »[2]. Cette liberté consistant à synchroniser *ad hoc* les horloges de l'histoire, à rechercher un *time-lapse* objectif, indépendamment de la nature matérielle ou culturelle des événements qui en scandent le temps, est une attitude typique d'une époque de transition : même la chronologie répond à de nouvelles exigences.

La chute des idéologies

En 1991, Krzysztof Pomian, historien et philosophe au CNRS de Paris, déclarait : « Le xixe siècle est également celui de l'histoire, et ceci parce qu'il est tourné vers l'avenir [...]. Mais nous avons vécu une crise de l'avenir, et notre attitude collective en ce qui le concerne en a été profondément modifiée. Les mouvements révolutionnaires, depuis longtemps en crise à cause de leur manque d'inspiration, ont échoué dans les pays développés où, désormais, l'idée d'une rupture entre le futur et le présent n'enthousiasme que des groupuscules. Ce qui intéresse la majorité, au contraire, c'est le maintien – entre le futur, le présent et le passé – d'une continuité affaiblie par des décennies de modernisation dont le rythme et la profondeur ont été tels qu'ils ont produit des effets véritablement révolutionnaires justement là où le pouvoir est resté aux mains des réformateurs et des conservateurs... »[3].

On est tenté de penser qu'il est bon que les avant-gardes traditionnelles aient disparu. Tout ce qui en légitimait le sens s'est maintenant évanoui : les grandes idéologies n'existent plus tandis qu'existent des « visions de faits réels dans des dimensions et des espaces insaisissables » ; Internet existe ; c'est une réalité transversale, une réalité de masse qui fait évoluer les ressources humaines et les systèmes économiques et qui, anthropologiquement, représente une transformation plus radicale que n'importe quelle révolution ou épuration idéologique jamais opérée jusqu'à aujourd'hui. Même l'idée de nation est en train de disparaître, remplacée par celle de marché global dont les nouvelles règles sont dictées par la voix de la communication trans-linguistique. L'atmosphère est raréfiée ; les tensions n'entraînent ni provocations explicites ni ruptures irréparables. Ceci implique néanmoins la présence d'un dynamisme subtil qui continue de faire bouger des idées, des projets ainsi que des produits riches d'une signification et d'un sens nouveaux.

On ne doit pas croire que rien ne bouge dans l'attente du futur : l'esthétique de ce moment – en équilibre entre le passé et l'avenir, entre de nouvelles potentialités technologiques et des éclectismes formels – révèle l'un des langages les plus complexes, mûrs et évolués de ce siècle. Si on analyse les milieux où se forgent projections et tendances, ainsi que ceux où s'élaborent les programmes de conception de projets et de production pour l'avenir, on s'aperçoit que les aspects exaspérés et radicaux n'intéressent plus, tandis que des attributs expressifs plus modérés, presque réfléchis, acquièrent une signification. La technologie est là et demeurera bien visible, mais elle ne servira pas à parader ; l'esthétique ne visera plus la nouveauté à tout prix et elle pourra même puiser dans un passé prochain bien connu en le réinterprétant librement au cas par cas. Dans la culture créative et la production artistique, ce n'est donc plus l'habituel manifeste qui constitue la grande référence programmatique mais ce sont bien souvent les moyens utilisés, qu'il s'agisse du puissant matériel informatique toujours plus spécialisé ou des surprenantes règles déconstructivistes appliquées à la composition architectonique traditionnelle, des règles capables de démonter systématiquement le pur jeu de l'orthogonalité.

Avant-garde et Projectum

Aujourd'hui, dans la phase de transition que nous sommes en train de traverser, on s'interroge sur le sens de l'avenir, sur la manière d'en configurer l'aspect projectif et, peut-être, sur la façon dont nous nous sommes libérés de l'angoisse de représenter le futur pour parvenir à une interprétation laïque du présent. La réflexion menée, durant les premières décennies de ce siècle, par le philosophe allemand Martin Heidegger sur le projet en tant que *projectum*, que « jet pour », a été trop souvent interprétée comme une problématique uniquement temporelle, une sorte de projet pour le futur, en omettant cette phase de retour au présent souhaitée par le penseur à travers un « dés-éloignement ». À travers toute la production d'idées, d'inventions, d'architectures et d'objets, la culture de ce siècle s'est imprégnée de l'idée d'un futur comme unique objectif du projet et il en a découlé la naissance

de ce que l'on a coutume d'appeler les avant-gardes qui, par définition « regardent devant ». D'aucuns pourraient penser qu'avec cette attention envers le présent, on court le risque de révoquer le *projectum* lui-même, mais il n'en est rien. Le projet du présent conscient est plus vraisemblable et utile même pour le projet du futur éventuel.

Au cours de ces dernières années, toutefois, l'approche de l'an 2000 a provoqué un phénomène culturel d'un grand intérêt dérivant du fait que nous sommes parvenus à anticiper – avec une vraisemblance suffisante – le futur proche, et à le comparer avec les projections que le passé récent avait hypothéquées. Entre le milieu du siècle et aujourd'hui, il semble qu'on ait construit un pont reliant le moment de la création du mythe avec celui de sa vérification. Et alors qu'avec l'arrivée de l'an 2000 le sentiment d'événement mythique s'est sécularisé pour céder la place à une vision moins projective, les objets contemporains, tendus vers des temps contigus, semblent n'être guère tournés ni vers l'avant ni vers l'arrière.

En ce sens, il ne fait aucun doute que l'avant-garde a aujourd'hui moins de signification ; le quantum d'*avant* n'exprime plus une situation d'urgence et les créateurs sont ceux qui, aujourd'hui, parviennent à observer et à décrypter, en intervenant ensuite sur la réalité du présent avec la plus grande attention.

« Comment serons-nous ? » et « Que ferons-nous ? » sont des questions qui ne stimulent pas plus les imaginaires créatifs que les interrogations « qui sommes-nous ? » et « où sommes-nous » (et donc qu'emportons-nous dans notre bagage lors de notre voyage dans les étroitesses

i modi e gli esiti di tale transizione dipendono da una molteplicità di fattori. E, tra di essi, dalla nostra capacità di comprendere i fenomeni in corso e agire di conseguenza"[4].

Tuttavia, guardando ancora più attentamente all'intenso lavoro di elaborazione e supporto teorico che ha sempre caratterizzato la storia del design italiano con un *corpus* di contributi critici tanto puntuali quanto efficaci, non sembrerebbe così urgente doversi adattare all'emergente condizione transitiva. Andrea Branzi, nel suo libro *Introduzione al design italiano. Una modernità incompleta* osserva infatti: "Sentiamo spesso definire quest'epoca come un periodo di transizione; è importante però aggiungere che questa transizione è diventata una condizione permanente, una stagione storica stabile, uno statuto certo del nostro presente e del nostro futuro. Essa non è collocata tra due sistemi di certezze, del vecchio e decaduto, e quello nuovo che tra breve si formerà: il termine transizione indica oggi una stabile condizione di ricerca non di nuovi valori, ma di possibilità operative da attuarsi in assenza definitiva di valori".[5]

Dunque, sulla condizione stessa del *transitive* – come gestione della discontinuità o come accettazione consapevole – sembra esserci ormai sufficiente chiarezza. Quello che invece appare meno chiaro è ciò che dalla transizione dobbiamo aspettarci: quali saranno cioè le strategie estetiche e le manifestazioni oggettive di nuove certezze che caratterizzeranno questa "stagione storica".

PENSIERO TRANSITIVE

L'industria riscopre la memoria affettiva

Il fenomeno che sembra emergere ormai in modo diffuso nei domini della cultura materiale contemporanea, e che avrà un ruolo centrale nei primi anni del prossimo decennio, si può definire con il termine di *Transitive Design*. Con questo termine, preso a prestito dal verbo latino *transire* – andare oltre, passare aldilà – si designano tutti quei prodotti industriali che collegano il passato e il futuro senza alcuna intenzione nostalgica né ambizione proiettiva, ma sotto il segno della continuità nel mutamento. I prodotti *transitive* possono essere così metaforicamente assimilati a veri e propri "traghetti temporali", cioè prodotti progettati per partire dalla sponda sicura dei linguaggi estetici del passato recente e destinati ad approdare a quelli sicuramente più incerti del futuro prossimo. Per il *transitive* il rapporto con il passato è quindi basato sulla memoria di eventi, oggetti, sensazioni che appartengono a storie abbastanza lontane, tali da essere ricordate con affetto, ma non con affettuosità né con la viva nostalgia delle rivisitazioni di maniera. Per questa ragione la relazione che si instaura con la memoria che attinge al vissuto vicino è disinvolta, emancipata, distaccata da qualsiasi istanza di emulazione, e comunque rispettosa delle proprie radici di origine.

Il carattere *transitive* di questi nuovi prodotti consente di conciliare due tensioni contraddittorie del presente: il desiderio di proiezione da un lato e l'ansia del domani dall'altro. Sia il bisogno di esorcizzare le incertezze a venire, sia l'esigenza di garantirsi punti certi di continuità con il passato, richiedono la presenza di un grande fattore rassicurante che è da individuare proprio nella strategia estetica della transitività, fondata su di un vero e proprio *understatement* temporale. Tale strategia ha l'effetto di mitigare l'ansia della rappresentazione dei continui processi di innovazione normalmente tesi a proiettare, non solo metaforicamente, il prodotto verso le mete sempre più avanzate del futuro tecnologico. Questo diverso atteggiamento progettuale inaugura inoltre l'apertura di una fase sicuramente non passeggera nella storia del design, e comunque potenzialmente capace di caratterizzare l'intera decade degli anni zero.

Dapprima presentata in piccole serie speciali o in timide edizioni limitate, la nuova genia del prodotto industriale *transitive* si è via via rafforzata grazie ad alcune clamorose affermazioni di mercato, particolarmente nel caso di prodotti a più alto contenuto tecnologico. Sono nati così nuovi "tipi somatici" di oggetti, quasi sempre caratterizzati da una singolare autonomia estetica e funzionale, anche laddove risultavano da tempo già ben integrati in altri "insiemi" coordinati. Ciò spiega perché i prodotti del *Transitive Design* siano emersi in modo episodico da cataloghi già ben consolidati e siano stati quasi sempre introdotti in ordine sparso. Uno dei caratteri somatici prevalenti, che potremmo definire *unfitted*, deriva dalla duplice natura di questi prodotti, che risultano sia resistenti ad ogni tentativo di integrazione strutturale o anche solo dimensionale, sia dotati di una corposa consistenza materica. Frigoriferi parcheggiati casualmente a fianco delle rigide griglie di cucine componibili da cui sono definitivamente usciti, vasche che perdono la forma dell'"incasso" tradizionale per vagare liberamente nello spazio della stanza da bagno: sono esempi di proposte autonome e "separate", disegnate cioè a partire da archetipi formali dimenticati e oggi recuperati con l'intenzione di ricondurci alla primigenia intensità iconica delle loro origini. Prodotti che risultano *unfitted* anche in sé stessi, poiché disegnati utilizzando la formula *object-oriented* dei loro componenti, cioè quella di un linguaggio del design che prevede una netta autonomia estetica delle singole parti di un oggetto, come le manopole dei comandi, i coperchi amovibili, le aperture funzionali ecc., che rimangono così "finite", distinte ed eloquenti.

L'intenzione di questo libro non è tuttavia quella di stilare un improbabile manifesto sul *transitive*. Questo testo vuole essere una raccolta di riflessioni su ciò che già esiste, su un fenomeno che è nato tra le pieghe di esperienze eterogenee e che si sta sviluppando negli scenari contemporanei del mondo della produzione e del design. Il *Transitive Design* non è frutto di una teoria di un circolo ristretto di persone, di una dichiarazione collettiva o di una scuola di pensiero, ma di un'istanza emozionale diffusa che introduce – per la prima volta nella storia – le regole della soggettività e della memoria affettiva nel mondo finora gelido dell'industria. In questi termini, il *transitive* introduce una grande novità, che consiste nell'emancipazione dell'industria nei confronti del requisito affettivo che gli oggetti possono assumere. Quell'affettività criticamente bandita dal purismo dei modernisti, pragmaticamente ignorata dalla standardizzazione del dopoguerra, sistematicamente deformata dalla contestazione radicale e, infine, dissestata telluricamente dai decostruttivismi, diventa istanza fondamentale sia della fase di transizione che si attraversa, sia della virtualità destrutturante che oggi induce a un attaccamento più affettivo e più fisico agli oggetti quotidiani.

Quando dalla genesi del progetto industriale moderno furono bandite decorazioni ed emozioni soggettive, l'intenzione era quella di associare lo sviluppo industriale a una "oggettività nuova e totale"; in effetti, la realtà storica richiedeva questa rinuncia radicale. Tuttavia il design si è emancipato e, a un secolo di distanza, chi parla di adatta-

temporelles de la dimension « actuelle »). Il est donc vraisemblable que cette attitude manifeste la fin des avant-gardes historiques même si elle n'épuise aucunement le projet.
Relativement à l'idée même de « transition », il existe différentes interprétations possibles ; un texte de Ezio Manzini (du Politecnico de Milan) intitulé *Le développement des produits soutenables*, présente une réflexion précoce sur le thème de la transition qu'il est utile de rapporter ici : « Si une profonde discontinuité entre le passé et le futur devait se vérifier, le présent se configure alors comme une phase de transition : une phase où le "vieil ordre des choses" en déclin cohabite avec le "nouvel ordre" ascendant. Les temps, les modes et les résultats de cette transition dépendent d'une multiplicité de facteurs. Et, parmi ces facteurs, de notre capacité à comprendre les phénomènes en cours et à agir en conséquence »[4].
Toutefois, quand on envisage encore plus attentivement l'intense travail d'élaboration et de théorisation caractérisant l'histoire du design italien (comme en témoigne un corpus de contributions critiques aussi ponctuelles qu'efficaces), il ne semble guère urgent de s'adapter à la condition transitionnelle qui est en train de se dessiner. Dans son livre *Introduction au design italien. Une modernité incomplète* Andrea Branzi observe en effet : « On définit souvent notre époque comme une période de transition ; il est toutefois important d'ajouter que cette transition est devenue une condition permanente, une phase historique stable, un statut certain de notre présent et de notre futur. Celle-ci n'est pas située entre deux systèmes de certitudes, d'un côté le vieux et l'obsolète, de l'autre le neuf qui se formera d'ici peu : le terme "transition" indique aujourd'hui une condition stable de recherche, non pas de nouvelles valeurs, mais de possibilités opérationnelles à mettre en place en l'absence définitive de valeurs »[5].

Ainsi, sur la condition même du *transitive* – comme gestion de la discontinuité ou comme acceptation consciente –, les choses semblent être suffisamment claires. Ce qui l'est en revanche moins, c'est ce que nous devons attendre de la transition : quelles seront les stratégies esthétiques et les manifestations objectives des nouvelles certitudes qui caractériseront cette « phase historique ».

PENSÉE TRANSITIVE

L'industrie découvre la mémoire affective

Le phénomène qui semble désormais affleurer de manière diffuse dans les différents domaines de la culture matérielle contemporaine, et qui aura un rôle central dans les premières années de la prochaine décennie, pourrait être défini par le terme *Transitive Design*. Avec ce mot, dérivé du verbe latin *transire* – aller outre, passer au delà –, on désigne tous ces produits industriels qui font la jonction entre le passé et le futur sans intention nostalgique ni ambition projective, mais sous le signe de la continuité dans le changement. Ainsi, les produits *transitive* peuvent être métaphoriquement assimilés à de véritables « navettes temporelles », c'est-à-dire des projets conçus pour quitter le rivage rassurant des langages esthétiques du passé récent pour aborder les langages évidemment plus incertains du futur proche. Pour le *transitive*, le rapport au passé est basé sur la mémoire des événements, des objets, des sensations qui appartiennent à des histoires plutôt éloignées, tant et si bien qu'on s'en rappelle avec affection, mais toutefois sans cette vive nostalgie qui caractérise les réinterprétations de manière. Voilà pourquoi la relation qui s'instaure avec une mémoire qui puise dans le vécu récent est désinvolte, émancipée, affranchie de toute modalité d'émulation, mais de toute façon respecteuse de ses racines d'origine.
Le caractère *transitive* de ces nouveaux produits permet de concilier deux tensions opposées du présent : d'une part, le désir de projection, de l'autre la peur du lendemain. Le besoin d'exorciser les incertitudes à venir et l'exigence de points d'ancrage garantissant une continuité avec le passé requièrent la présence d'un facteur rassurant qu'il faut justement chercher dans la stratégie esthétique transitionnelle fondée sur un véritable *understatement* temporel. Cette stratégie a pour effet d'atténuer l'angoisse de la représentation des processus d'innovation continuels qui, normalement, visent à projeter le produit – et pas uniquement au plan métaphorique – vers des objectifs toujours plus avancés de l'avenir technologique. Cette nouvelle approche créative inaugure en outre le début d'une phase certainement non passagère de l'histoire du design, une phase potentiellement capable de caractériser en tout cas toute la première décennie des années 2000.
Les produits du *Transitive Design* ont généralement été introduits de manière désordonnée ou sont ressortis de manière épisodique de catalogues déjà consolidés. D'abord présentée en série limitée ou par le biais de timides éditions spéciales, cette nouvelle typologie de produits industriels s'est ensuite imposée grâce à d'importantes affirmations sur le marché, surtout pour ce qui est des produits caractérisés par un fort contenu technologique. C'est ainsi que sont nés de nouveaux "types somatiques", presque toujours caractérisés par une autonomie esthétique et fonctionnelle singulière, même là où ils étaient depuis longtemps déjà bien intégrés et uniformisés à d'autres groupes de produits. Des types somatiques que nous pourrions définir comme *unfitted*, étant donnée leur double nature d'objets résistant à toute forme avancée d'intégration dans des systèmes coordonnés d'une part, et dotés d'une pro-

fonde consistence liée à la matière d'autre part. Des produits donc « séparés », conçus à partir d'archétypes formels tombés dans l'oubli – et récupérés avec l'intention de nous ramener à la densité iconique primitive de leurs origines –, et assemblés suivant la formule « object oriented », c'est-à-dire, avec une nette autonomie esthétique de chaque partie qui les compose et qui apparaît ainsi « finie », distincte et éloquente.
L'intention de ce livre n'est pas de rédiger un éventuel manifeste du *transitive*. Ce texte veut rassembler les réflexions sur ce qui existe déjà, sur un phénomène qui est né dans les plis d'expériences hétérogènes et qui est en train de se développer dans le contexte actuel du monde de la production et du design. Le *Transitive Design* n'est pas le fruit d'une théorie professée par un nombre restreint de personnes, d'une déclaration collective ou d'une école de pensée, mais il dérive d'une instance émotionnelle diffuse qui introduit – pour la première fois dans l'histoire – les règles de la subjectivité et de la mémoire affective dans le monde jusqu'ici glacial de l'industrie. En ce sens, le *Transitive Design* apporte une grande nouveauté car il marque l'affranchissement de l'industrie par rapport au caractère affectif qui peut être contenu dans les objets. Cette affectivité bannie par la critique puriste des modernistes et pragmatiquement ignorée par la standardisation de l'après-guerre, systématiquement déformée par la contestation radicale et, enfin, déséquilibrée jusque dans ses fondements par les différents déconstructi-

mento del prodotto industriale alla soggettività non incorre né nel rischio di sembrare di voler tornare all'artigianato *tout court*, né di volersi relegare nel limbo indifferente delle speculazioni gestaltiche.

Poiché il *Transitive Design* tende a configurarsi come un fenomeno rilevante ma che per sua natura non sembra dover incidere sulle performance del nostro futuro, potremmo allora pensare che è in corso una nuova forma di umanesimo, più volte vagheggiata, tra l'altro, durante gli anni ottanta. In effetti, il *transitive* appare strutturalmente privo di quelle ricadute oggettive a cui eravamo storicamente abituati in presenza di nuovi atteggiamenti progettuali o di linguaggi emergenti. Una nuova forma di umanesimo quindi, in cui l'uomo ritorna protagonista; in cui le reti sociali, economiche e politiche intrecciano la struttura del presente con gli individui stessi, che si esprimono così in una dimensione di partecipazione profonda, priva delle immancabili intimidazioni della storia. Una condizione in atto, alla quale anche nuove categorie di oggetti vogliono aderire affermando la loro presenza, e dove i prodotti che si realizzano hanno già inscritta, nel proprio codice genetico, la memoria di quegli anni in cui il *design* passò dal pensiero moderno alla condizione di modernità, di quegli anni quaranta da troppo tempo dati per persi.

La decade perduta

L'esaltazione per il passaggio di millennio non è un evento recente, anzi si può dire che già dagli anni quaranta si guardasse all'anno Duemila con un fortissimo investimento proiettivo. Gli anni quaranta sono un decennio alquanto disertato e taciuto dalla critica, presumibilmente perché qualsiasi giudizio positivo avrebbe corso il rischio di essere tacciato di revisionismo storico. Le ragioni per cui il riferimento del *transitive* agli anni quaranta non è semplicemente nostalgico derivano dalla storia di quegli anni. È infatti un decennio che ha visto una povertà diffusa, con regimi totalitari e conflitti latenti poi sfociati in una guerra generalizzata e conclusosi con un lungo dopoguerra. Agli anni quaranta non si guarda quindi con entusiasmo, né con nostalgia, né tantomeno con attitudine revisionista, ma con rispetto verso una memoria talmente radicata nella nostra esperienza personale, prima che progettuale, da risultare quasi archetipa. Questa nuova propensione non si può quindi considerare una rivisitazione leggera del passato, come è già avvenuto con gli anni cinquanta, quanto piuttosto un atteggiamento progettuale maturo capace di trasportare nel presente alcuni segni e valori del passato.

È alla metà degli anni quaranta che appartiene l'evento più stravolgente di questo secolo in termini di rapporto tra tecnologia e futuro: lo sgancio delle prime bombe atomiche su Hiroshima e Nagasaki. Con quelle esplosioni l'idea che lo sviluppo tecnologico avrebbe portato solo e sempre a un crescente benessere del genere umano si frantumava ma, a costo di risultare un po' cinici nel dichiararlo, possiamo affermare che, in maniera direttamente proporzionale al disastro umanitario, lo scoppio della bomba atomica abbia sviluppato una sensazione di incrementata e illimitata potenza della tecnologia in quell'immaginario, non solo occidentale, che reagirà con un'accelerazione senza precedenti nella ricerca tecnologica e nell'industrializzazione. Un modo terribile di entrare nella vera dimensione del futuro...

Tuttavia, a quel tempo, il Duemila incarnava il mito della crescita illimitata ed esponenziale a cui tutti avrebbero lavorato. Se da un lato si guardava a quel fatidico momento con aspettative di rivincita rispetto al baratro in cui l'umanità era precipitata, dall'altro si trattava comunque di un futuro talmente lontano da non creare eccessivi timori. Forse è questa la ragione per la quale gli anni cinquanta sono stati oggetto di frequenti innamoramenti e di *remake*, spesso unicamente consumistici e modaioli, mentre gli anni quaranta, con la loro ineludibile gravità, sono diventati solo oggi oggetto di un *repechage* iconico di natura prevalentemente riflessiva. Degli anni quaranta non si recupera quindi l'estetica fine a se stessa, ma il senso di fisicità e di ricerca dell'affidabilità che costituiscono un aspetto del patrimonio emozionale del *Transitive Design*.

Oggetto di rimozione, le migliori e più fortunate espressioni di quel decennio sono state inoltre contese, alla memoria collettiva, dalle decadi che l'hanno sia preceduto che seguito. Agli anni trenta sono andate le anticipazioni visionarie sugli effetti della tecnologia, in particolare per quello che riguarda l'innovazione logistica che ha caratterizzato la produzione bellica degli anni quaranta, in cui Charles Eames applica la nuova tecnologia del compensato curvato ai supporti ortopedici per i traumatizzati, mentre Bob Propst, ufficiale di logistica nel Pacifico, apprende sul campo le regole gestionali che avrebbero reso possibile, oltre al design, anche il *facility management* degli open space americani. Agli anni cinquanta sono invece andati tutti i vantaggi della ricaduta tecnologica, che nel frattempo aveva perso lo status riflessivo e sofferente tipico del periodo bellico. Ricaduta che così grande effetto avrebbe avuto, anche in termini estetici, sulle espressioni ridenti del raggiunto benessere economico. Gli anni quaranta furono dunque oggetto di un gigantesco *time-lapse* e, per quanto qui ci riguarda, non si sa bene né quando iniziarono né quando veramente finirono.

In tal senso si muove anche la corposa monografia dedicata da Anne Bony agli anni quaranta, che vengono fatti debuttare addirittura nel 1937, in coincidenza con l'Exposition Universelle des Arts et Techniques di Parigi. La datazione è giustificata dal fatto che per molto tempo le atrocità del secondo conflitto mondiale hanno occultato, alla memoria collettiva, la creatività di buona parte del decennio. Scrive l'autrice: "Le necessità della guerra sconvolsero o congelarono queste attitudini: l'immagine diventa propaganda, l'architettura 'blockhaus' e l'automobile carro armato. Ma grazie a grandi investimenti tecnologici, una nuova forma di creatività, direttamente generata dall'industria, assume allora tutta la sua ampiezza"[6].

Ed è proprio in virtù di questa cultura improntata all'efficienza tecnologica, più che alla strisciante autarchia delle celebrazioni di regime nell'Europa anteguerra, che Giampiero Bosoni, storico del design, indica invece nella World's Fair di New York del 1939 l'evento che apre gli anni quaranta e con essi la stagione di un intenso sguardo sul futuro da parte delle corporation americane. Un po' come era avvenuto per l'Esposizione Universale di Parigi del 1889 che aveva celebrato, nell'Europa *fin de siècle*, la nascita di una nuova fase dell'era industriale.

In *World's Fair*, un romanzo popolare di E. L. Doctorow, l'autore mostra il "mondo del domani" attraverso gli occhi di Edgar, un ragazzino di sette anni che all'uscita dal padiglione della General Motors riceve un badge con la scritta: "Ho visto il futuro!"[7]. Il *Futurama* di Norman Bel Geddes, nel padiglione della General Motors, prevedeva infatti un treno di poltrone scorrevoli che consentivano, a ognuno dei cinque milioni di visitatori che vi si recarono, di fare il giro di quel gigantesco diorama in soli sedici minuti. Il plastico del paesaggio, che copriva più di tremila metri quadri e prevedeva un milione di alberi, mezzo milione di edifici e cinquantamila vetture, poteva essere osservato da differenti altezze, a volo d'uccello. L'idea era quella di immaginare come sarebbero apparsi gli Stati Uniti, in termini urbani, negli anni sessanta. Il commento, ascoltato dalle poltrone sonorizzate, descriveva la scena di *Highways and Horizons* come un modello di urbanistica moderno ed efficiente, con ampie arterie a scorrimento veloce in grandi spazi immersi nell'aria salubre e nella luce del sole, dove sicurezza, comfort, velocità ed economia non apparivano più attributi incompatibili. Se lo stesso Bel Geddes, a proposito del *Futurama*, ricorreva agli effetti speciali della riduzione in scala, dichiarando: "Il miglior modo di rendere comprensibile la situazione è di visualizzarla, di teatralizzarla"[8], la Ford scelse invece, su progetto di Walter Dorwin Teague e Albert Kahn, una soluzione opposta e che oggi definiremmo di un realismo tipicamente *transitive*. In

vismes, devient un élément fondamental non seulement dans la phase de transition que nous sommes en train de traverser mais aussi dans la virtualité déstructurante qui mène à un attachement plus affectif et plus physique aux objets quotidiens.

Lorsque les décorations et les émotions subjectives furent bannies de la genèse du projet industriel, l'intention était d'associer le développement industriel à une « objectivité nouvelle et totale » : et en effet, la réalité historique exigeait ce renoncement radical. Cependant, le design s'est émancipé et, un siècle plus tard, ceux qui parlent d'adaptation du produit industriel à la subjectivité ne courent ni le risque d'avoir l'air de revenir à l'artisanat en tant que tel, ni celui de s'enfermer dans les limbes indifférents des spéculations gestaltiques._

Puisque le *Transitive Design* tend à se configurer comme un phénomène important mais, de par sa nature même, ne semble pas devoir influencer les *performances* de notre futur, nous pourrions alors penser qu'une nouvelle forme d'humanisme – d'ailleurs souvent envisagée dans les années 1980 – est en train de s'élaborer. De fait, le *Transitive Design* semble structurellement dépourvu de ces retombées objectives auxquelles nous étions historiquement habitués en présence de nouvelles approches créatives ou de langages naissants. Une nouvelle forme d'humanisme, donc, dont l'homme redevient le protagoniste ; un humanisme où les réseaux sociaux, économiques et politiques tissent la trame du présent avec des individus qui s'expriment ainsi avec un grand sentiment de participation, dépourvu cependant des inévitables intimidations de l'histoire. Une évolution en cours à laquelle même les nouvelles catégories d'objets veulent adhérer en affirmant leur présence et pour laquelle les produits qui se réalisent ont déjà inscrit dans leur code génétique la mémoire du temps où le design est passé de la pensée moderne à la condition de modernité ; de ces fameuses années 1940 depuis trop longtemps considérées comme perdues.

La décennie perdue

L'exaltation suscitée par le passage au nouveau millénaire n'est pas un événement récent. On peut même dire que dans les années 1940 on envisageait l'an 2000 avec un très fort investissement projectif. Les années 1940 forment une décennie dont la critique s'est particulièrement peu occupée peut-être parce que tout jugement positif aurait pu être taxé de révisionnisme historique. Les raisons pour lesquelles la référence du *Transitive Design* aux années 1940 n'est pas simplement nostalgique dérivent de l'histoire de cette période. Il s'agit en effet une décennie de pauvreté diffuse – marquée par des régimes totalitaires et des conflits latents débouchant sur une guerre généralisée – qui se conclura au terme d'un très long après-guerre. On n'envisage donc les années 1940 ni avec enthousiasme, ni avec nostalgie, ni même (et surtout) de manière révisionniste; on les considère au contraire avec le respect dû à une mémoire tellement enracinée dans notre expérience personnelle – avant que conceptuelle – qu'elle s'avère être presque archétypale. Ainsi, cette nouvelle propension ne peut pas être prise comme une relecture pleine de légèreté du passé – comme ce fut le cas pour les années 1950 –, mais plutôt comme une attitude créative mûre capable de transporter dans le présent quelques signes et valeurs du passé.

C'est au milieu des années 1940 qu'eut lieu l'événement le plus bouleversant de ce siècle en ce qui concerne le rapport entre la technologie et le futur : le largage des premières bombes atomiques sur Hiroshima et Nagasaki. Avec ces explosions, volait en éclat l'idée selon laquelle le développement technologique conduirait nécessairement à un bien-être croissant pour le genre humain ; mais au risque de sembler un peu cynique, nous pouvons affirmer que, de manière directement proportionnelle au désastre humanitaire, l'explosion de la bombe atomique a développé la sensation d'une puissance technologique illimitée dans l'imaginaire – et pas seulement dans l'imaginaire occidental –, qui réagira avec une accélération sans précédents dans la recherche technologique et l'industrialisation. Une manière terrible d'entrer dans la véritable dimension du futur...

Toutefois, à cette époque-là, l'an 2000 incarnait le mythe d'une croissance illimitée et exponentielle à laquelle tous allaient concourir. Si, d'une part, on envisageait ce moment fatidique comme l'attente d'une revanche sur le désastre qui avait frappé l'humanité, il s'agissait d'autre part d'un avenir si lointain qu'il ne provoquait pas de craintes excessives. Voilà peut-être pourquoi les années 1950 ont fait l'objet de fréquents retours de flamme et de *remakes*, souvent uniquement consuméristes et mondains, tandis que les années 1940, caractérisées par une indubitable gravité, n'ont fait l'objet qu'aujourd'hui d'un repêchage iconique de nature essentiellement intellectuelle. Ce n'est donc pas l'esthétique en soi qui est récupérée, mais le sentiment de matérialité et l'exigence de fiabilité qui constituent un aspect du patrimoine émotionnel du *Transitive Design*. Faisant l'objet d'un refoulement, les meilleures et les plus heureuses expressions de cette décennie ont été en outre disputées à la mémoire collective par les décennies qui l'ont précédée et suivie.

Les années 1930 sont celles des anticipations visionnaires liées aux effets de la technologie, en particulier à l'innovation logistique qui caractérise la production de guerre. Ce sont les années où Charles Eames appliquait la nouvelle technologie du bois compensé courbé aux supports orthopédiques pour les blessés, tandis que Bob Propst – officier spécialiste en logistique dans le Pacifique – apprenait sur le terrain les règles de gestion qui rendraient possible, au-delà du design, le *facility management* des grands espaces américains. Les années 1950 ont en revanche connu tous les avantages des retombées technologiques qui, entre-temps, avaient perdu le statut réflectif et tragique de la période de guerre. Des retombées qui allaient avoir, également dans le domaine esthétique, un grand effet sur les expressions joyeuses du bien-être économique désormais atteint. Les années 1940 firent donc l'objet d'un gigantesque *time-lapse* et, pour ce qui nous concerne, nous ne savons ni quand elles ont commencé ni quand elles se sont vraiment terminées.

C'est dans ce sens que va l'importante monographie consacrée par Anne Bony aux années 1940, selon laquelle la décennie aurait débuté dès 1937 avec l'Exposition Universelle des Arts et Techniques de Paris. Cette datation est justifiée par le fait que pendant longtemps, les atrocités de la Deuxième Guerre mondiale ont occulté, au niveau de la mémoire collective, la créativité d'une bonne partie de la décennie. Anne Bony écrit : « Les nécessités de la guerre vont bouleverser ou figer ces tendances : l'image sera propagande, l'architecture blockhaus, et l'automobile char. Mais grâce à de lourds investissements technologiques, une nouvelle forme de créativité, directement issue de l'industrie, prit alors toute son ampleur»[6]. Mais c'est justement en vertu de cette culture basée sur l'efficacité technologique, plutôt que sur l'autarcie rampante des célébrations organisées par les régimes européens d'avant-guerre, que Giampiero Bosoni – historien du design – considère la World's Fair de New York de 1939 comme l'événement qui inaugure les années 1940 et, avec elles, l'intérêt

pratica fu ingigantita a scala reale una pista giocattolo multi-piano per automobiline, completa di rampe a spirale che salivano e scendevano su quattro livelli. Su quella sorprendente "Strada dell'Avvenire", lunga mezzo miglio, i visitatori del padiglione Ford erano invitati a provare i nuovi modelli Mercury e Lyncoln-Zephyr presentati, a loro volta, come grandi giocattoli fantastici inseriti in quello che era un vero prototipo di uno dei futuri drive-in che, a partire dagli anni cinquanta, avrebbero segnato il paesaggio americano. La World's Fair di New York coinvolse, nel progetto e nella spettacolarizzazione di un "mondo del domani" molto vicino, tutti i più grandi designer dell'epoca, da Raymond Loewy che realizzò, tra le varie installazioni, il padiglione dell'*Astrorama*, a Henry Dreyfuss che presentò, a sua volta, il grande diorama *Democracity*.

L'interesse verso le idee e i linguaggi formali i cui "caratteri somatici" si rintracciano nella memoria del design di metà secolo non è certo quello della nostalgia per un periodo difficile nella storia dell'occidente, come sono stati gli anni quaranta. La simpatia per quegli anni, che rappresentano un periodo seminale, sebbene incerto, nella storia del design, è da ricercare nell'attitudine a guardare al futuro con quel pragmatismo visionario "a breve" che oggi tanto ci accomuna.

Norman Bel Geddes

Se la *World's Fair* di New York del 1939 fu un evento che, più che chiudere un decennio, aprì la seconda metà del secolo, Norman Bel Geddes fu la figura paradigmatica di quel cambiamento e del genio progettuale americano capace di anticipare, alle soglie degli anni quaranta, le immagini di un futuro che si è poi via via realizzato. Queste sue visioni assumono la forma di opera completa nel libro *Horizons*, diventando motivo di ispirazione per una intera generazione di designer e messaggio ottimistico e convincente per gli altri. Quello che rende Bel Geddes un progettista capace di operare su temi legati al futuro, e non semplicemente un ingegnere visionario, è chiaramente espresso in questo volume: tutti i progetti vengono rappresentati in modo circostanziato e descritti con tono realistico. Ma soprattutto essi non prospettano una fuga dalla difficile realtà del presente – la Grande Depressione – evadendo nei linguaggi della fantascienza. Al contrario, cercano di riferirsi a un futuro che sia il più vicino possibile alle aspirazioni del pragmatico sogno americano: il futuro come domani imminente.

Noi viviamo oggi con un'idea del futuro analoga a quella immaginata e promossa dalle intuizioni di personaggi come Bel Geddes: "Un futuro che conservava un numero di elementi del 1939 sufficiente a non farlo sconfinare nella fantasia"[9], come egli stesso spiegò riferendosi alle strategie temporali adottate nel *Futurama*. Futuro che, iniziando a concretarsi già nel corso degli anni quaranta, diventa modello delle forme possibili di un progresso giunto fino ai giorni nostri. In termini attuali, le previsioni sul futuro sono diventate così, oggi più che mai, proiezioni "a scadenza" sintonizzate sul registro dei piccoli cambiamenti temporali (*time tuning*), ma fortemente concentrate sulla continuità del presente.

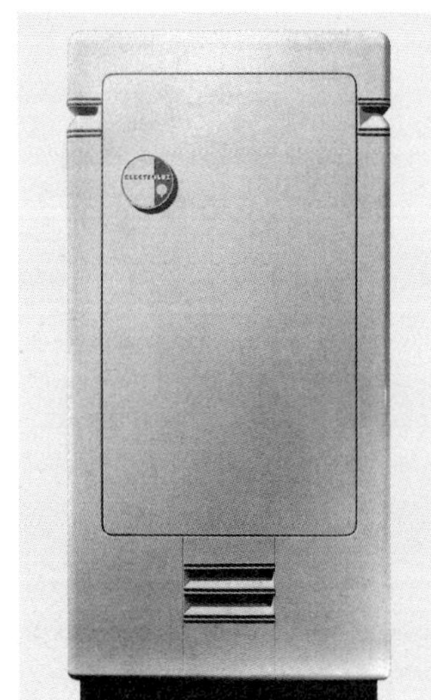

Loring A. Schuler, direttore del *Ladies" Home Journal*, nel 1930 invitò Bel Geddes, nella sua qualità di innovatore e creatore di idee audaci, a fare una serie di anticipazioni sugli sviluppi futuri della tecnologia. Bel Geddes formulò un'ottantina di previsioni che apparvero sotto il titolo: "Tra dieci anni". Due terzi di quelle proiezioni si sono effettivamente realizzate, anche se in un arco di tempo ben più lungo di quello inizialmente previsto. Tra queste, molte erano mediamente prevedibili, mentre alcune si sono concretate con una precisione che solo una fantasiosa macchina del tempo avrebbe potuto consentire. D'altra parte Bel Geddes, il pianificatore, riponeva grande fiducia anche nell'intuizione e, in qualche modo, nella spontaneità dell'atto progettuale.

In questo elenco troviamo asserzioni precise come quella secondo cui "le ricerche sul fondo marino e nello spazio interplanetario consentiranno una previsione assolutamente sicura delle condizioni meteorologiche", che però si accompagnano a dichiarazioni come: "Le piogge saranno controllate scientificamente". Oppure l'anticipazione: "La manipolazione della luce eliminerà completamente le scene teatrali", ma anche l'improbabile: "L'Organo del colore sarà definitivamente riconosciuto come mezzo di espressione". Per quanto riguarda i trasporti, "una rete di linee aeree avvolgerà il globo potenziando i nostri mezzi di trasporto attuali, ricoprendo regioni lontane ora quasi sconosciute all'uomo civile", ma anche "gli aerei saranno dotati di compartimenti letto e di sale da pranzo". Inoltre, "le fibre sintetiche saranno utilizzate insieme alla lana e al cotone nella produzione dell'abbigliamento", ma "l'acciaio per la costruzione sarà sostituito da un'altra lega di peso dimezzato ma di uguale resistenza". Non mancano, tra le previsioni di questa lunga e impegnativa lista, alcune dichiarazioni ironiche tra le quali questa sulla moda: "Gli abiti femminili si accorceranno; gli abiti femminili si allungheranno; gli abiti femminili si accorceranno; infine gli abiti femminili si allungheranno"[10].

Ciò che oggi più sorprende di Bel Geddes non sono i contenuti profetici delle sue previsioni, ma l'attualità formale e la densità plastica dei suoi lavori, perfettamente coerenti con le idee espresse. I suoi elettrodomestici, le auto, i treni, le navi e gli aeroplani ci appaiono completamente spogliati dal senso di quella passionalità segnica per il nascente prodotto *streamlined* – così diffusa tra i suoi colleghi – per apparire invece portatori di un espressionismo misurato (Erich Mendelsohn era un suo idolo) già frutto di una consapevolezza tecnica e progettuale unica nel panora-

naissant des *corporations* américaines vis-à-vis du futur. Un peu à l'instar de ce qui s'était passé lors de l'Exposition universelle de Paris en 1889 qui avait célébré, en cette Europe "fin de siècle", l'avènement d'une nouvelle phase de l'ère industrielle.

Dans *World's Fair*, un roman populaire de E.L. Doctorow, l'auteur décrit le « monde de demain » à travers le regard d'Edgar, un garçonnet de sept ans qui, à la sortie du pavillon de General Motors, reçoit un badge où l'on peut lire : « J'ai vu le futur »[7]. Le *Futurama* de Bel Geddes, dans le pavillon General Motors, abritait en effet un train constitué de fauteuils qui permettait à chacun des cinq millions de visiteurs qui s'y rendirent, de faire le tour du gigantesque diorama en seize minutes seulement. Le paysage de la maquette, qui occupait une surface de 3 000 m² et comprenait un million d'arbres, cinq cent mille bâtiments et cinquante mille automobiles, pouvait être observé depuis différentes hauteurs, à vol d'oiseau. L'idée était d'imaginer – en matière d'urbanisme – l'aspect des États-Unis dans les années 1960. Le commentaire, que les spectateurs entendaient dans leur siège sonorisé, décrivait la scène de "Highways and Horizons" comme un modèle d'urbanisme moderne et efficace, avec ses vastes voies rapides dans de grands espaces plongés dans une atmosphère limpide et ensoleillée où la sécurité, le confort, la vitesse et l'économie n'étaient plus des données incompatibles. Si en ce qui concerne le *Futurama*, Bel Geddes recourait aux effets de la réduction à petite échelle en déclarant : « La meilleure manière de rendre une situation compréhensible, c'est de la visualiser, de la théâtraliser »[8], Ford choisit au contraire – d'après un projet de Walter Dorwin Teague et Albert Kahn – une solution que nous pourrions qualifier d'un réalisme typiquement *transitive*. Le projet consistait pratiquement à grossir à l'échelle réelle un circuit automobile pour enfants à plusieurs étages, muni de rampes en spirale reliant chacun des quatre niveaux. Sur cette surprenante « Route de l'avenir » – qui avait ainsi atteint un demi mille de longueur – les visiteurs du pavillon Ford étaient invités à essayer les nouveaux modèles Mercury et Lyncoln-Zephyr, à leur tour présentés comme de grands jouets fantastiques placés à l'intérieur d'un véritable prototype des futurs *drive-in* qui, à partir des années 1950, allaient peupler le paysage américain. Lors de la World's Fair de New York, tous les plus grands designers de l'époque, depuis Raymond Loewy (qui réalisa entre autres le pavillon de l'*Astrorama*), à Henry Dreyfuss (qui présenta le grand diorama *Democracity*), participent au projet et à la spectacularisation d'un « monde de demain » très proche.

L'intérêt accordé aux idées et aux langages formels dont on peut trouver les « caractères somatiques » dans la mémoire du design du milieu du siècle, ne relève en rien d'une nostalgie pour une période difficile de l'histoire de l'Occident comme avaient pu l'être les années 1940. La sympathie pour ces années qui représentent une période séminale, bien qu'incertaine, dans l'histoire du design, repose dans l'aptitude à envisager le futur avec un pragmatisme visionnaire « à court terme » qui est devenue aujourd'hui notre grand dénominateur commun.

Norman Bel Geddes

Si la World's Fair de New York de 1939 fut un événement qui, plus encore que clore une décennie, inaugura la seconde moitié du siècle, Norman Bel Geddes fut non seulement la figure paradigmatique de ce changement mais aussi celle du génie de la conception américaine capable d'anticiper, au seuil des années 1940, les images d'un avenir qui s'est ensuite progressivement réalisé. Ses visions ont été rassemblées dans le livre *Horizons* et sont devenues un modèle d'inspiration pour toute une génération de designers, tout en fournissant aux autres un message optimiste et convaincant. Ce qui fait de Geddes un concepteur capable de travailler sur des thèmes liés au futur, et non pas simplement un ingénieur visionnaire, est clairement exprimé dans cette œuvre : tous les projets sont en effet représentés de manière détaillée et décrits de façon réaliste. Surtout, ces projets ne se proposent pas de fuir la dure réalité de l'époque – la grande Dépression – en ayant recours au langage de la science-fiction mais ils essayent au contraire d'évoquer un avenir aussi proche que possible des aspirations pragmatiques du rêve américain : l'avenir au sens d'un lendemain imminent.

Nous vivons aujourd'hui avec une idée de l'avenir analogue à celle qui fut imaginée et promue grâce aux intuitions de personnalités telles que Bel Geddes : « Un futur qui conservait suffisamment d'éléments de l'année 1939 pour ne pas dépasser les limites de la fantaisie »[9], comme il l'explique lui-même en faisant référence aux stratégies temporelles adoptées dans le *Futurama*. Un futur qui, en commençant à se concrétiser dès les années 1940, devient le modèle des formes possibles du progrès jusqu'à nos jours. Ainsi, aujourd'hui plus que jamais, les prévisions sur l'avenir sont devenues des projections « à échéance » syntonisées sur les petits changements temporels (*time tuning*), mais fortement concentrées sur la continuité du présent.

Loring A. Schuler, directeur de *Ladies' Home Journal*, invita Geddes en 1930, en sa qualité de novateur et de créateur audacieux, à élaborer une série d'anticipations sur les développements futurs de la technologie. Bel Geddes formula environ quatre-vingt prévisions qui parurent sous le titre : « Dans dix ans ». Les deux tiers de ces projections ont effectivement été réalisées, même si cela est

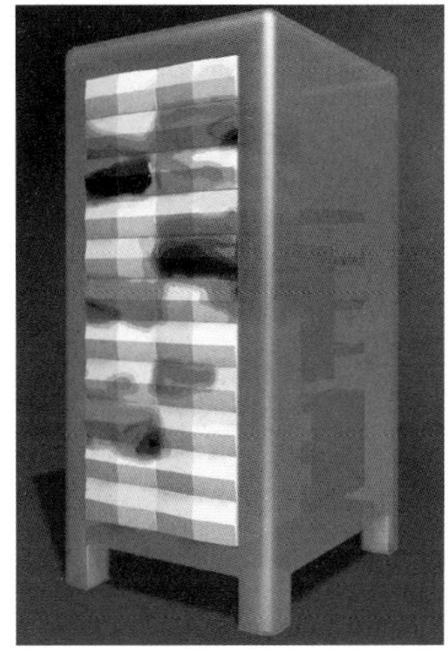

advenu dans un laps de temps bien plus long que prévu. Bon nombre de ces anticipations étaient plus ou moins prévisibles, tandis que certaines se sont concrétisées avec une précision que seule une machine à avancer dans le temps aurait pu permettre. D'autre part, Geddes, le planificateur, faisait aussi très confiance à l'intuition et, d'une certaine manière, à la spontanéité de la réalisation d'un projet.

Dans cette liste, on trouve également des affirmations précises telles que celle-ci : « Les recherches sur les fonds marins et dans l'espace interplanétaire permettront une prévision absolument certaine des conditions météorologiques », accompagnées cependant de déclarations telles que : « Les pluies seront contrôlées scientifiquement », voire l'anticipation suivant laquelle : « La manipulation de la lumière éliminera complètement les décors de théâtre ». Sans oublier des assertions improbables du type : « On reconnaîtra définitivement à l'organe de la couleur le titre de moyen d'expression ». Pour ce qui est des transports, « un réseau de lignes aériennes entourera le globe, augmentant ainsi nos moyens de transport actuels et permettant d'établir des liaisons avec des régions lointaines aujourd'hui quasiment inconnues de l'homme civilisé », mais « les avions seront dotés de chambres à coucher et de salles à manger ». En outre, « les fibres synthétiques seront utilisées en même temps que la

ma dell'*industrial design* dell'epoca. In effetti, per Norman Bel Geddes la velocità non diventerà mai mito bolidista. Egli si occupa - caso mai - della velocità solo in termini di efficienza della prestazione. È infatti capace di discettare con puntiglio su scarti di poche miglia orarie della velocità di scorrimento tra una corsia e l'altra di un'autostrada. I suoi aerei hanno prudentissime velocità da dirigibile, visto che egli pone - erroneamente - il comfort del viaggio navale come standard inalienabile del trasporto aereo transatlantico. Inoltre, nessun aspirapolvere o frigorifero da lui disegnato ha mai dato l'impressione di un oggetto pronto a decollare. In breve, il suo ideale di velocità non è quello di una dea alata, non ha mai corrisposto cioè al mito dinamico-passionale che sarebbe poi emerso in modo generalizzato di lì a poco. Ci troviamo quindi di fronte a forme emozionalmente ricche ma di un'estetica molto equilibrata che, vista in chiave contemporanea, definiremmo per l'appunto *transitive*. Questa estetica ci appare tutt'oggi potente non tanto perché dinamica, quanto perché capace di comunicare l'efficienza di un processo "riflessivo" che si sarebbe poi perso nelle decadi successive in favore di suggestioni del design più tipicamente "seduttive" e da cui, solo in quest'ultimo scorcio di secolo, ci stiamo forse liberando.

Transitive Stadt

Se il tempo ha oggi una valenza meno proiettiva, e quindi una tensione più ridotta, ciò è dovuto agli strumenti della tecnologia e della comunicazione che lo rendono più facilmente percorribile in un senso e nell'altro. Si riduce quindi lo sbilanciamento verso il futuro ma anche quello verso il passato, recuperando così la memoria come *link* per congiungere linguaggi finora separati, anche se non troppo distanti. Tuttavia esistono anche casi in cui si può desiderare la rimozione di una memoria che risveglia antiche tensioni non del tutto sopite, comportando sensazioni di disagio. Per meglio comprendere questo atteggiamento basterebbe pensare alla

reticenza con cui gli anziani ricordano gli anni quaranta, e anche alle problematiche che, ad esempio, i recenti interventi su Berlino hanno fatto riemergere e che offrono un'eccellente metafora al *transitive*.

La ricostruzione della capitale tedesca dopo la caduta del Muro, con la sua propensione al nuovo, che non poteva comunque cancellare indelebilmente i caratteri del passato, è infatti espressione evidente di questa cultura del *transitive*. I linguaggi architettonici utilizzati nella ricostruzione della capitale hanno proposto soluzioni destinate a configurare gli scenari del prossimo millennio, ma hanno tentato anche di innestarsi sulle tracce della memoria storica e collettiva della Germania recuperando l'essenza di linguaggi transitivi di interi quartieri di una città, nell'intenzione di lenire le inevitabili contraddizioni che sempre scaturiscono dalla compresenza di realtà storiche eterogenee.

A confermare questa visione *transitive* di Berlino, l'urbanista Bernardo Secchi giustifica il ricorso alla reinterpretazione dei materiali della città moderna nella consapevolezza di poter attingere a un deposito che è già l'esito di un lento processo di selezione cumulativa. Dopo una doverosa raccomandazione sul rischio di cadere in manierismi antiquari, o ancor peggio nostalgici, egli afferma che il rifarsi ai temi del passato recente della modernità è inoltre un modo per riaffermarne il carattere di progetto incompiuto, e aggiunge: "Berlino, per paradossale che ciò possa apparire, si trova oggi in una condizione privilegiata. La sua ricostruzione si completa a molti anni di distanza dagli eventi che hanno prodotto le distruzioni, quando tutte le altre città europee hanno da lungo tempo concluso la propria ricostruzione e meditato sui propri errori maggiori. Il più grande errore della ricostruzione europea è stato forse quello di pensare che la città della seconda metà del secolo sarebbe stata abitata da una società in ogni senso analoga, anche se più ricca, a quella che l'aveva abitata prima degli eventi bellici: strutturalmente simile, con le stesse aspirazioni e gli stessi desideri, così come si erano espressi negli anni tra le due guerre ed erano stati rappresentati in progetti precedenti il conflitto. Alla fine degli anni cinquanta era già chiaro che le cose sarebbero state diverse e che la città europea si avviava verso una storia radicalmente differente da quelle che proprio nella Berlino degli anni venti e trenta aveva ricevuto feroci critiche; che la società contemporanea sarebbe stata radicalmente differente dalla società per la quale era stata costruita la Berlino ottocentesca e di inizio secolo"[11].

Storicamente, Berlino ha incarnato tutte le contraddizioni e tensioni del Novecento in Europa: centro nevralgico nella cultura europea della prima metà del secolo, bersaglio da distruggere durante la guerra, muro, non solo ideologico e politico, dell'inesorabile guerra fredda tra l'Est e l'Ovest e infine cantiere frenetico dello sviluppo urbanistico della fine del secolo-millennio. I grandi temi della memoria, ripresi *tout-court*, non potevano funzionare, così come non poteva essere ammesso alcuno sbilanciamento nostalgico. Per questa ragione le linee di sviluppo indicate dal Piano Urbanistico della città richiedevano di intervenire su Berlino reinterpretando le sue tipologie edilizie e morfologie urbane e stabilendo un "ponte" costante con il passato.

In merito a Berlino e al tema della memoria come *link* temporale, Renzo Piano, progettista di alcuni degli interventi più significativi sulla città, in un'intervista in occasione dell'inaugurazione della Potsdamer Platz dichiara: "La memoria è, anzitutto, il ponte fra passato e futuro. La memoria non aiuta ad essere ottimisti, tanto più qui. Ci sono voluti pochi anni a stravolgere la capitale più libera d'Europa, pochi mesi a farne un deserto e mezzo secolo per cominciare a ricostruire. Non sono state le bombe a fare di Berlino un deserto, piuttosto la volontà di dimenticare e il desiderio di innocenza dei berlinesi. Nel '45 si sarebbe potuto ricostruire, il Muro è soltanto del '61. Ma si è voluto lasciare un buco nero, rimuovere, non vedere. Un terribile sortilegio durato cinquant'anni. Se fosse un libro, Berlino avrebbe tante pagine strappate". Interrogato sulla visione del futuro, Piano risponde: "Il futuro ha smesso d'essere di moda. Perché l'idea di futuro forse è invecchiata. Si pensa al futuro ancora come nel dopoguerra. In termini di crescita. Allora era entusiasmante, rimpiango quella voglia di fare..."[12]

Come si può notare, la ricostruzione di Berlino è stata anche l'occasione per l'inizio di un'operazione di redesign teorico sui fondamenti della modernità, prima ancora che un ripensamento formale e compositivo della città contemporanea.

Strategie dell'automotive

L'avvento del *transitive* non si è manifestato unicamente in termini estetici, ma anche attraverso la profonda comprensione del destino di mercato dei prodotti nonché dei modi e contenuti della loro comunicazione. Un'operazione dunque che ha sempre coinvolto l'intera filiera del processo di design strategico, soprattutto quando ci si trovava in ambiti produttivi estremamente complessi. L'introduzione del *Transitive Design* in alcuni settori produttivi si è sviluppata prevalentemente su singoli prodotti, piuttosto che su intere *brands*. Sono nati così la New Beetle, la Audi TT Coupé, ma anche l'iMac di Apple e altri prodotti di grande visibilità e indiscutibile successo commerciale; ciò è stato tanto più vero quanto più essi erano caratterizzati da un alto contenuto tecnologico e dunque soggetti a investimenti importanti. Anche se nel mondo automobilistico tutto è avvenuto inizialmente in forma di *revival* retrofuturista per assecondare le nostalgie degli amanti delle auto d'epoca, alcuni ambiti del settore *automotive*, non

laine et le coton dans la production des vêtements », tandis que « l'acier destiné à la construction sera remplacé par un autre alliage deux fois moins lourd mais tout aussi résistant ». Les déclarations ironiques ne manquent pas non plus. En voici une, qui porte sur la mode : « Les vêtements féminins deviendront plus courts, ils deviendront plus longs ; ils deviendront plus courts et enfin ils deviendront plus longs »[10].

Ce qui surprend le plus aujourd'hui chez Bel Geddes ce n'est pas tant l'aspect prophétique de ses prévisions, mais l'actualité formelle et la densité plastique de ses travaux, parfaitement cohérents avec les idées exprimées. Ses appareils électro-ménagers, ses automobiles, ses trains, ses bateaux et ses avions nous semblent maintenant totalement dénués du sentiment symbolique et passionnel qui caractérise l'engouement pour les nouveaux produits *streamlined* et que l'on retrouve en revanche si souvent chez ses collègues, et nous semblent porteurs d'un expressionnisme mesuré (Mendelsohn était son idole) découlant à son tour d'une conscience de la technique et de la conception unique en son genre dans le panorama du design industriel de l'époque.

Pour Norman Bel Geddes en effet, la vitesse ne sera jamais assimilée aux bolides. La vitesse l'intéressera plutôt uniquement au plan de l'efficacité des prestations. Bel Geddes est en effet capable de disserter méticuleusement sur des écarts de quelques miles par heure entre la vitesse d'écoulement de la circulation des différentes voies d'un autoroute. Ses avions vont à la vitesse d'un dirigeable, et ce dans la mesure où il prend – à tort – le confort du voyage nautique comme point de repère incontournable du transport aérien transatlantique. En outre, aucun aspirateur ou réfrigérateur conçu par lui n'a jamais donné l'impression d'être un objet prêt à décoller. Bref, son idéal de vitesse n'est pas celui d'une déesse ailée et n'a jamais rien eu à voir avec le mythe dynamico-passionnel qui allait se diffuser peu de temps après. Nous sommes donc confrontés à des formes riches au plan émotionnel mais dotées d'une esthétique très équilibrée qui, si on les interprète selon des paramètres contemporains, pourraient précisément être rapprochées du *transitive design*. Cette esthétique nous paraît encore aujourd'hui très puissante, non seulement parce qu'elle est dynamique, mais aussi parce qu'elle est capable de communiquer l'efficacité d'un processus « réfléxif » destiné à être perdu dans les décennies suivantes au profit d'un design plus typiquement « séductif », dont nous ne commençons peut-être à nous libérer qu'en cette fin de siècle.

Transitive Stadt

Si le temps est investi aujourd'hui d'un sens de projection moins fort et donc d'une moindre tension, cela est dû aux instruments de la technologie et de la communication qui le rendent plus facile à parcourir dans un sens comme dans l'autre. Le déséquilibre vers l'avenir – mais aussi vers le passé – est ainsi réduit, ce qui permet de récupérer la mémoire en tant que *link* susceptible de mettre en relation des langages jusqu'ici distincts, bien que guère éloignés. Il existe toutefois des cas où il est souhaitable de refouler une mémoire risquant d'éveiller d'anciennes tensions pas totalement apaisées et d'entraîner ainsi un sentiment de malaise. Pour mieux comprendre cette attitude, il suffit de penser à la réticence avec laquelle les personnes âgées se souviennent des années 1940 ou encore, par exemple, aux questions qui ont réaffleuré suite aux récentes interventions effectuées à Berlin et qui constituent une parfaite métaphore du *Transitive Design*.

La reconstruction de la capitale allemande après la chute du Mur, avec sa propension à la nouveauté qui ne pouvait cependant pas gommer les caractéristiques du passé, est en effet une expression évidente de cette culture *transitive*. Les langages architecturaux employés pour cette reconstruction ont proposé des solutions destinées à préfigurer le prochain millénaire, mais ils ont également tenté de se greffer sur la mémoire historique et collective de l'Allemagne en récupérant l'essence des langages transitifs appartenant à des quartiers entiers d'une ville, et ce dans l'intention de réduire les contradictions inévitables qui découlent de la cohabitation de réalités historiques hétérogènes.

Pour confirmer cette vision *transitive* de Berlin, l'urbaniste Bernardo Secchi justifie le recours à la réinterprétation des matériaux de la ville moderne, tout en étant bien conscient de puiser dans un capital qui est déjà le résultat d'un lent processus de sélection cumulative. Après avoir, à juste titre, mis en garde contre le risque de tomber dans des maniérismes d'antiquaire, ou pire encore, dans la nostalgie, il affirme que le renvoi à des thèmes liés au passé récent de la modernité est aussi une manière de réaffirmer l'idée de projet inachevé. Il ajoute : « Berlin, pour paradoxal que cela puisse paraître, est aujourd'hui dans une position privilégiée. Sa reconstruction s'achève bien des années après les événements qui produisirent les destructions, alors que toutes les autres villes européennes ont depuis longtemps achevé leur reconstruction et réfléchi sur leurs plus grandes erreurs. La plus grande erreur de la reconstruction européenne a peut-être consisté à penser que la ville de la seconde moitié du siècle serait habitée par une société en tout point analogue, bien que plus riche, à celle qui l'avait habitée avant le conflit ; qu'elle pouvait être structurellement similaire, avec les mêmes aspirations et les mêmes désirs que ceux qui s'étaient exprimés dans l'entre-deux-guerres et qui avaient été représentés dans des projets antérieurs au conflit. À la fin des années 1950, il était déjà clair que les choses seraient différentes et que la ville européenne s'engageait vers une histoire radicalement différente de celle qui s'était exprimée dans le Berlin des années 1920-1930 : que la société contemporaine serait radicalement différente de la société pour laquelle on avait bâti le Berlin du XIXe et du début du XXe siècle »[11].

Historiquement, Berlin a incarné toutes les contradictions et les tensions du XIXe siècle en Europe : centre névralgique de la culture européenne dans la première moitié du siècle ; cible à détruire durant la guerre ; mur, non seulement idéologique et politique, de l'inexorable guerre froide entre l'Est et l'Ouest, et enfin, chantier frénétique du développement urbanistique de la fin de ce siècle-millénaire. Les grands thèmes de la mémoire, repris tels quels, ne pouvaient pas fonctionner, de même qu'aucun parti pris nostalgique n'était admis. C'est pourquoi les lignes de développement indiquées par le Plan d'Urbanisme de la ville exigeaient une intervention sur Berlin visant à réinterpréter ses typologies architecturales et sa morphologie urbaine et établissant un « pont » constant avec le passé.

Pour ce qui est de Berlin et du thème de la mémoire en tant que *link* temporel, Renzo Piano, qui a projeté quelques-unes des interventions les plus significatives de la ville, déclare dans une interview à l'occasion de l'inauguration de Postdamer Platz : « La mémoire est avant tout un pont entre le passé et l'avenir. La mémoire n'aide pas à être optimistes, ici moins qu'ailleurs. Il n'a fallu que quelques années pour bouleverser la capitale la plus libre d'Europe, quelques mois pour en faire un désert et un demi siècle pour commencer à la reconstruire. Ce ne sont pas les bombes qui ont fait de Berlin un désert, mais plutôt la volonté d'oublier et le désir d'innocence des Berlinois. En 1945, on aurait pu reconstruire : le Mur ne date que de 1961. Mais on a voulu laisser un trou noir, refouler, ne pas voir. Un sortilège épouvantable qui a duré cinquante ans. Si Berlin était un livre, beaucoup de ses pages seraient arrachées ». Lorsqu'on l'interroge sur sa vision du futur, Piano répond : « Le futur a cessé d'être à la mode. Peut-être parce que l'idée de futur a elle-même vieilli. On y pense encore comme dans l'après-guerre, c'est-à-dire en termes de croissance. À l'époque, c'était enthousiasmant, je regrette l'envie de faire qu'il y avait alors... »[12].

Comme on peut le remarquer, plus encore qu'une réélaboration formelle de la ville contemporaine, la reconstruction de Berlin a été l'occasion du début d'une opération de *redesign* théorique des fondements de la modernité.

solo di nicchia, hanno oggi raggiunto la capacità di dominare i linguaggi formali di un'estetica inequivocabilmente contemporanea.
L'attuale Design Vicepresident della Ford, John Mays, che nel gruppo Volkswagen era stato responsabile, quasi contemporaneamente, di progetti sostanzialmente diversi come la New Beetle e la Audi A6, commenta: "C'è spazio per tutto, una nicchia per tutto: quando ero in Audi, si producevano in sostanza quattro modelli di auto per un totale di circa quattrocentocinquantamila auto vendute ogni anno; in Ford abbiamo settantasei diversi modelli per un totale di circa sette milioni di auto all'anno. In una simile costellazione è possibile sperimentare: alcune auto possono essere molto serie, elitarie, pragmatiche e teutoniche, altre amichevoli, accessibili, democratiche. È la stessa positiva differenza che si ritrova tra Alessi e Braun: da un lato prodotti allegri, dall'altro maledettamente seri"[13].
Il caso emblematico è stato comunque quello di Volkswagen che, buon ultimo tra i grandi produttori mondiali, solo all'inizio degli anni novanta apriva a nord di Los Angeles il Centro Design di Simi Valley con lo scopo di individuare in un punto "caldo" del pianeta i nuovi trend *automotive* al loro stadio iniziale e di sviluppare proposte indirizzate al mercato americano, con la prospettiva di impiegare anche nuove forme di propulsione alternativa, assecondando l'esigenza californiana di arrivare al motore ecologico, alla "emissione zero". Dopo soli sette anni dalla nascita del Centro di Simi Valley, il giovane team di designer della Volkswagen sembrò aver già raggiunto, in modo più che brillante, uno degli obiettivi vitali per questo tipo di istituzioni: mandare in produzione la Concept 1, un progetto dell'inizio del 1993 che proponeva il *remake* del classico Maggiolino con motore posteriore. Un'operazione del genere non era mai stata tentata per quel segmento di auto, tanto che per la New Beetle la casa madre sbagliò clamorosamente sia le previsioni di mercato che i piani di produzione, e già a metà del 1998 – cioè subito dopo il suo clamoroso lancio – l'impianto dello stabilimento di Puebla, nella zona di libero scambio messicana, era già saturato dalle richieste del mercato nordamericano che assorbiva da solo l'intera produzione di seicento vetture al giorno. Fu un successo senza precedenti, però largamente annunciato dalle prudenti presentazioni intermedie delle varie concept car negli ultimi saloni internazionali. Anche se del leggendario Maggiolino non rimane che l'accattivante guscio (il motore è adesso anteriore) e se non c'è traccia della mitica ricerca di propulsori rivoluzionari e puliti, New Beetle costituisce comunque un caso importante, che ha proprio nella strategia di scelta dei linguaggi formali le implicazioni più interessanti. Paradossalmente, dalla corsa verso le nuove frontiere dell'Ovest americano, verso la tecnologia visionaria e i futuri modelli di consumo, la Volkswagen ritorna con l'icona *transitive* del suo passato trasformata consapevolmente in una sorta di "memoria del futuro".
Queste riflessioni sulla temporalità e sull'apertura delle nuove frontiere americane dell'innovazione ci riportano all'immagine di una rara foto di scena del film *Go West* del 1925, con la silhouette emaciata di Buster Keaton in bilico, al limite dell'equilibrio, sul bordo del tetto di un treno merci impegnato in una lunga curva. Keaton – paglietta ribassata e mani conserte dietro la schiena – guarda in macchina distratto, come un passante occasionale fermo

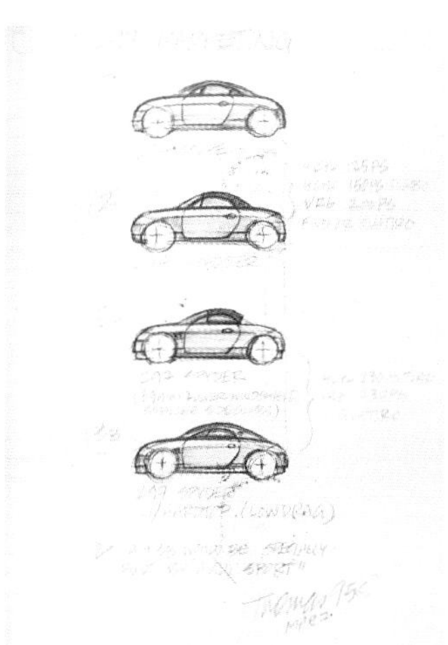

sul ciglio di un marciapiede qualunque. Conoscendo le sue forme di comicità e il suo humor acido e metafisico, viene il giustificato sospetto che in realtà il treno in curva sia fermo e che egli simuli, con proditoria indifferenza, la sua pericolosa condizione di equilibrista estremo. In quell'immagine di *Go West* egli sembra mettere in scena tutte le forze contrastanti che animano la nostra percezione del moto e del tempo, compresa la condizione di estraneità e di inconsapevole automatismo dell' "andare a Ovest", cioè della nostra capacità di adattamento alle ineluttabili dinamiche del muovere continuo verso le inafferrabili mete del futuro.
Ma la visione *transitive* del design contemporaneo non è un mito unicamente americano. Anzi, proprio negli anni in cui la Concept 1 faceva i suoi esordi internazionali, in Europa la Audi TT Coupé, sempre del gruppo Volkswagen e sempre disegnata in California, attirava l'attenzione degli analisti del settore. Presentato al Salone di Francoforte del 1995, il prototipo della piccola sportiva tedesca dimostrava, per la prima volta, come fosse possibile coniugare l'affettività riflessiva per le *memorabilia* aerodinamiche anteguerra con l'estetica neutra e impeccabile di tutti i suoi componenti dal design fortemente *object-oriented*. La Audi TT è dunque la prima auto dal design completamente *transitive*, in quanto, a differenza della New Beetle, non è il risultato di un *remake* più o meno nostalgico di un prodotto già esistito. Le nuove figure del *car design* di Audi come Thomas Freeman, Romulus Rost e i loro team guidati da Peter Schreyer e Martin Smith riescono finalmente a mettere in crisi, con quella loro proposta di design, l'ormai esausto styling organico e seduttivo fino a quel momento dominante nel mondo *automotive*, segnandone da quel giorno un progressivo e generalizzato abbandono.
La Audi TT Coupé non sembra mostrare differenze strutturali rispetto alla concept car da cui deriva; in particolare, continua a incuriosire per la perfetta simmetria tra il fronte e il retro della vettura, un carattere morfologico del

tutto assente fin dalla produzione di inizio secolo. Una caratteristica che ritroviamo anche nella New Beetle, dove il cofano risulta ulteriormente accorciato e le viste, frontale e posteriore, risultano perfettamente uguali. In questo caso, tuttavia, si tratta di un carattere originale del vecchio Maggiolino, che appare dunque soltanto enfatizzato. Nel caso della Audi TT, questo look appare invece clamoroso, poiché contraddice tutte le tendenze note della distribuzione volumetrica di un'auto sportiva che si rispetti. Nella consuetudine stilistica dello *streamline* il volume del cofano motore è infatti normalmente più importante della coda: un modo di rappresentare il senso della velocità attraverso l'asimmetria del profilo dinamico della fiancata. Nella Audi TT questa impostazione è del tutto abbandonata: il corpo della vettura, brevilineo e teso, ha nella simmetria dei volumi uno degli aspetti più accattivanti della sua identità, che per la sua natura "regressiva" potremmo definire fortemente *transitive*. Inizialmente rifiutato dai critici meno lungimiranti, questo inedito carattere compositivo potrebbe essere spiegato come il recupero *affective* di un singolare archetipo *automotive*, rintracciabile nelle automobiline di legno per la prima infanzia, dove la differenza tra muovere il giocattolo avanti o indietro è in effetti inesistente e l'oggetto diventa così bifrontale.
Il trattamento monolitico della fiancata della Audi TT Coupé evidenzia un ulteriore aspetto del design dell'auto che può essere definito *transitive*, rappresentato dalle sempre più generose dimensioni dei pneumatici, i quali riempiono completamente i passaruota. Una tendenza oggi generalizzata che, nel settore della progettazione dei pneumatici, viene spiegata meglio in termini

Stratégies de l'automobile

La naissance du *Transitive Design* ne s'est pas uniquement manifestée en termes esthétiques, mais aussi à travers la compréhension profonde du destin des produits sur le marché, ainsi que des modalités et des contenus de leur communication. Une opération, donc, qui a systématiquement concerné l'ensemble de la filière du processus de design stratégique, surtout lorsqu'on se trouvait dans des contextes de production extrêmement complexes. L'introduction du *Transitive Design* dans certains secteurs de production s'est développée essentiellement autour de produits particuliers, plutôt que sur des branches entières. C'est ainsi qu'est née la New Beetle, l'Audi TT Coupé, mais aussi l'iMac et d'autres produits très répandus qui ont eu un grand succès commercial. Cela a été d'autant plus vrai lorsqu'il s'agissait d'objets dotés d'une importante composante technologique et donc sujets à de gros investissements. Même si dans le monde de l'automobile tout a commencé sous la forme d'un *revival* rétrofuturiste afin de satisfaire les nostalgiques des voitures anciennes, certaines branches du secteur automobile, sortant même des créneaux spécialisés, sont parvenues aujourd'hui à dominer les langages formels d'une esthétique indiscutablement contemporaine. L'actuel *Design Vicepresident* de chez Ford, John Mays, qui, dans le groupe Volkswagen, avait été responsable presque simultanément, de projets aussi divers que la New Beetle et l'Audi A6, commente : « Il y a de la place pour tout le monde, un créneau pour tout : lorsque je travaillais chez Audi, on produisait en gros quatre modèles différents pour un total d'environ quatre cent cinquante mille voitures vendues par an. Chez Ford, nous avons soixante-seize modèles différents, pour un total d'environ sept millions de voitures par an. Au sein d'une telle gamme, il est possible de tenter différentes expériences : certaines autos peuvent être très sérieuses, élitistes, pragmatiques et teutonnes, d'autres peuvent être sympathiques, accessibles, démocratiques. C'est la même différence qu'il y a entre Alessi et Braun : d'un côté des produits gais, de l'autre des produits terriblement sérieux »[13].

Le cas de Volkswagen est emblématique: cette firme fut la dernière parmi les gros producteurs mondiaux à ouvrir, au nord de Los Angeles, le Centre Design de Simi Valley. Le centre a pour objectif de repérer – dans un point « chaud » de la planète – les nouvelles tendances de l'automobile et de développer des propositions s'adressant au marché américain tout en adoptant de nouvelles formes de propulsion susceptibles de satisfaire l'exigence californienne de parvenir à un moteur écologique, à ce que l'on appelle « l'émission zéro ». Seulement, sept ans après la naissance du Centre de Simi Valley, la jeune équipe de designers de Volkswagen sembla avoir atteint, avec grand succès, l'un des objectifs vitaux de ce type d'institutions : mettre en production la Concept 1, un projet du début de 1993 qui proposait un *remake* de la Coccinelle, avec un moteur postérieur.

Une opération de ce type n'avait jamais été tentée pour ce créneau de voitures, au point que pour la New Beetle la maison-mère se trompa de manière éclatante tant sur les prévisions de marché que sur les plans de production, et dès le milieu de 1998 – c'est-à-dire juste après le lancement du modèle – l'établissement de Puebla, dans la zone du libre-echange mexicain, etait déjà saturé de demandes provenant du marché nord-américain qui allait absorber à lui seul toute la production de 600 voitures par jour. Ce fut un succès sans précédents, largement annoncé cependant par les présentations intermédiaires des différents *concept cars* au cours des salons internationaux. Même s'il ne reste que la fascinante carapace de la légendaire Coccinelle (le moteur est à présent antérieur) et s'il n'y a pas la moindre trace de la fameuse recherche d'une propulsion révolutionnaire et moins polluante, la New Beetle constitue en tout cas un exemple important, dont les implications les plus intéressantes consistent précisément dans la stratégie du choix des langages formels. Paradoxalement, de cette course vers les nouvelles frontières de l'Ouest américain, vers la technologie visionnaire et les modèles de consommation du futur, Volkswagen revient avec l'icône *transitive* de son passé volontairement transformée en une sorte de « mémoire du futur ».

Ces réflexions sur le temps et sur l'ouverture des nouvelles frontières américaines de l'innovation, nous renvoient à l'image d'une rare photographie de plateau du film *Go West* de 1925, où l'on peut voir la silhouette émaciée de Buster Keaton en équilibre sur le toit d'un train de marchandises engagé dans un long tournant. Keaton – le chapeau de paille baissé et les mains croisées derrière son dos – regarde distraitement vers la caméra, comme un passant occasionnel arrêté sur le bord d'un trottoir quelconque. Quand on connaît son humour acide et métaphysique, on ne peut que soupçonner qu'en réalité le train est arrêté dans le virage et que l'acteur est en train de simuler, avec une indifférence trompeuse, sa condition précaire d'équilibriste. Dans cette image de *Go West*, il semble mettre en scène toute les forces opposées qui animent notre perception du mouvement et du temps, y compris le sentiment d'étrangeté et d'automatisme inconscient liée au fait d'aller « vers l'Ouest », à savoir notre incapacité à nous adapter aux dynamiques inéluctables du mouvement perpétuel en direction des objectifs insaisissables du futur.

Mais la vision transitive du design contemporain n'est pas un mythe uniquement américain, au contraire, justement dans les années où la Concept 1 débutait sur le marché international, en Europe l'Audi TT Coupé, toujours produit par le groupe Volkswagen et toujours conçu en Californie, attirait l'attention des analystes du secteur. Présenté au Salon de Francfort en 1995, le prototype de la petite voiture sportive allemande démontrait, pour la première fois, qu'il était possible de conjuguer l'engouement pour les *memorabilia* aérodynamiques d'avant-guerre, et l'esthétique neutre et impeccable de toutes ses composantes au design fortement « object oriented ». L'Audi TT est donc la première voiture totalement *transitive design*, dans la mesure où, contrairement à la New Beetle, il ne s'agit pas d'un remake plus ou moins nostalgique d'un produit ayant déjà existé. Les nouvelles personnalités du *car design* de chez Audi, telles que Thomas Freeman, Romulus Rost et leurs équipes guidées par Peter Schreyer et Martin Smith, sont ainsi finalement parvenues à remettre en question, avec cette proposition de design, le *styling* désormais routinier et racoleur qui avait dominé jusque-là le monde automobile et à marquer ainsi son abandon progressif.

L'Audi TT Coupé ne semble pas présenter de différences structurelles par rapport au *concept car* dont elle est sont issue ; en particulier, elle continue d'attirer la curiosité des consommateurs en raison de la parfaite symétrie entre le devant et l'arrière de la voiture, une caractéristique unique dans la production depuis le début du siècle. Une particularité que l'on retrouve cependant aussi dans la New Beetle, qui présente un coffre encore plus court et une coupe frontale et postérieure parfaitement identique. Pour cette voiture, il s'agit toutefois d'une caractéristique déjà présente dans la vieille Coccinelle et qui n'est ici qu'accentuée. Dans le cas de l'Audi TT, ce look est en revanche exceptionnel, car il contredit toutes les tendances de distribution volumétrique d'une voiture de sport digne de ce nom. Généralement, suivant l'habitude stylistique du *streamline*, le volume du capot tend en effet à être plus important que celui du coffre : il s'agit d'une manière de représenter le sentiment de vitesse à travers l'asymétrie du profil dynamique de la voiture. Pour l'Audi TT, cette approche est totalement abandonnée : le corps de la voiture, court et tendu, présente dans la symétrie de ses volumes l'un des aspects les plus fascinants de son identité, qui, du fait de sa nature « régressive », relève sans conteste du *Transitive Design*. Cette caractéristique, qui fut au départ rejetée par les critiques les moins clairvoyants, pourrait également être interprétée comme la récupération affective d'un archétype d'automobile qui renvoie aux petites voitures en bois de l'enfance, dont l'aspect bifrontal leur

stilistici che prestazionali. Tale aspetto, comunque, non è così sorprendente come la più "regressiva" riduzione della vetratura, che nella concept car originaria si notava ancora di più per via del largo montante posteriore del prototipo, poi assottigliato. La riduzione delle finestrature di un'autovettura è ancora l'espressione della ricerca di un carattere archetipo che molte concept car manieriste, di ispirazione semplicemente *retrò*, hanno trascurato, reiterando invece la proiettiva e ancora futuristica ricerca di superfici vetrate sempre più grandi. Il risultato si può ben apprezzare, anche in termini puramente emozionali, all'interno dell'abitacolo della Tourist Trophy che appare così come il cockpit di un aereo anteguerra.

Infine, ciò che caratterizza il design dell'interno della Audi TT Coupé, ma anche di alcuni dettagli dell'esterno, è suo il trattamento *object-oriented*. Sul cruscotto, ad esempio, ogni strumento, comando o componente è ben isolato dagli altri, è di forma geometrica semplice e rifugge dal tentativo di integrazione a tutti i costi tipico dello styling organico fino a oggi dominante. Persino la portiera, il cui taglio sulla fiancata è sempre stato disegnato per essere dissimulato sulla carrozzeria, adesso segue, nella parte bassa, questa nuova logica di design dall'identità riconoscibile e autonoma del particolare, dove tutto appare reale, chiaro, e dunque straordinariamente *transitive*.

Il caso del design della Audi TT Coupé rappresenta una proposta coraggiosa ed influente del settore *automotive*. Dopo i primi segnali di sconcerto e di perplessità, sono infatti subito emersi anche molti giudizi positivi, pertinenti ed acuti, come quello di Daniele Cornil che notava: "La Audi TT esposta a Francoforte era effettivamente un modello di stile nel senso più pieno del termine. Un'automobile paradigmatica che conteneva in sé, come un compendio enciclopedico, tutti gli sviluppi stilistici futuri del marchio. Era un nucleo cellulare di idee. Un manifesto. [...] La Audi TT Coupé rappresenta il nuovo corso aziendale, basato su una sintesi di alta tecnologia e di emotività"[14].

LINGUAGGIO TRANSITIVE

Potere del link

Il secolo che si sta concludendo è senza dubbio quello che nella storia ha visto il succedersi di più eventi rivoluzionari, ma i ritmi del suo tempo sono stati scanditi, di fatto, unicamente dalle ferree regole che la rivoluzione industriale di inizio secolo aveva fissato. Tuttavia oggi ci troviamo nel pieno di un'altra rivoluzione epocale, quella informatica, che si muove a un ritmo molto differente da quelli fino a ora conosciuti, in una condizione progettuale non del tutto nota e in gran parte ancora da definire. Poiché il "tempo informatico" sembra diventare quello della simultaneità, dove immagini e contenuti del passato e futuro si posizionano senza gerarchie apparenti sugli scaffali virtuali di un grande *viewport* digitale, si potrebbe sostenere che il *transitive* altro non sia che una declinazione della cultura del *link*. Per "cultura del *link*" intendiamo il progettare mediante l'impiego di "citazioni", cioè attraverso rimandi visivi o concettuali di natura eterogenea che diventano così anche potenti generatori di connessioni temporali.

Questa modalità progettuale, di chiara matrice virtuale, consente una maggiore agilità e un più libero impiego di fonti di riferimento rispetto alla consuetudine di un design generato dalle tradizionali concatenazioni metodologiche. Una scelta progettuale che ha un profondo effetto anche sul modo di organizzare e disporre della conoscenza delle cose: infatti, se da una parte mima il linguaggio del mondo dell'informatica – imponendo i "click mentali" del *link* –, dall'altra riporta però il design all'universo fisico, al mondo degli oggetti disegnati e della realtà costruita. Progettare mediante l'impiego dei *link* non è solo una disinvolta forma di sfruttamento dei nuovi strumenti di rappresentazione – impraticabile prima dell'avvento del computer – ma costituisce un vero e proprio espediente narrativo, teso a stabilire una compatibilità estetica tra metafore formali eterogenee. Oggi, infatti, l'identità di un prodotto non può più essere individuata e poi rappresentata *tout-court* dal suo design, poiché essa richiede di essere in qualche modo anche "raccontata" attraverso il prodotto stesso.

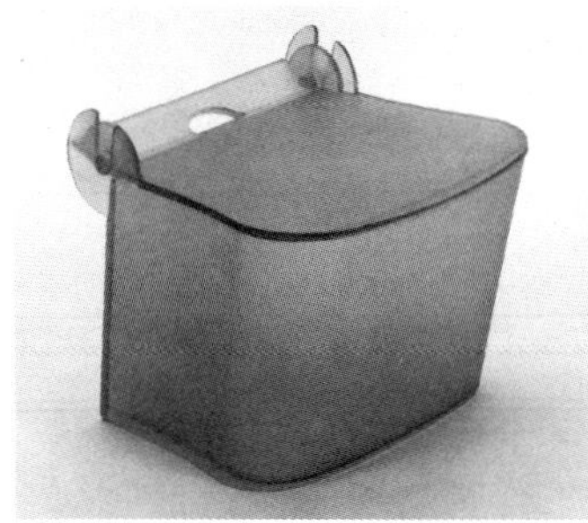

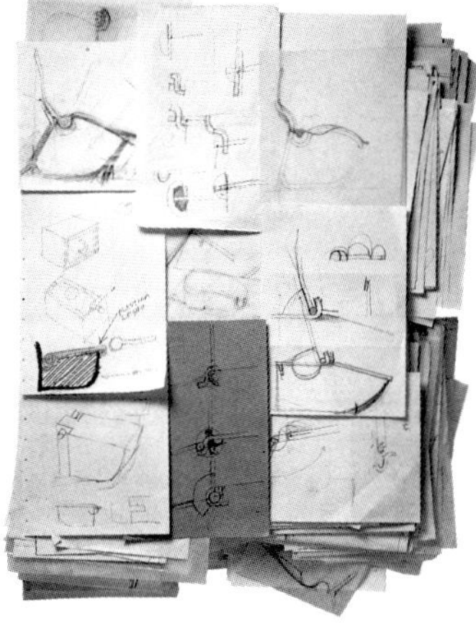

Un *link* è, per sua natura, solo un tassello dell'identità di un prodotto e, spesso, si tratta di una metafora figurativa autonoma e ben riconoscibile che, unita ad altre metafore, genera la dimensione del racconto. Tuttavia, la narrazione svolta per concatenazione di più metafore conduce all'allegoria: una forma di racconto abbandonata all'inizio del secolo - con la caduta della rappresentazione del "mito" e di tutto il suo apparato simbolico e decorativo – che oggi potrebbe essere recuperata in forme retoriche inedite. Non è che la metafora sia assente nella struttura del design dei prodotti del recente passato: si tratta però quasi sempre di un'unica grande costruzione metaforica, frutto delle concatenazioni di un racconto lineare basato quasi sempre su di una matrice "metodologica" del design. Una matrice dall'impianto tematico e omogeneo, dotata di gerarchie compositive e di un *continuum* estetico che conduce a una modalità rappresentativa univoca, a un "tutto organico conforme" e ben relazionato. La cultura del *link* ha invece introdotto la possibilità di attingere liberamente a espressioni figurative anche molto articolate, sia culturalmente che temporalmente; ed ecco che la grande novità di come viviamo oggi il tempo, nella sua diversa e simultanea accessibilità, ci riporta - grazie al *link* - direttamente ai linguaggi e alle manifestazioni del *transitive*.

Un esempio illuminante di applicazione di un *link* temporale a un prodotto dal design recente è quello della scatola per il sale grosso di Enzo Mari per Alessi: un altro oggetto rappresentativo del *Transitive Design* che, a dispetto dello scarso apprezzamento di Mari per le categorizzazioni e l'avvicinamento del suo lavoro a contesti che possano apparire *trendy*, costituisce una testimonianza preziosa di un modo riflessivo e insieme poetico di progettare. Enzo Mari era infatti già da tempo impegnato nel design di ingegnose cerniere per scatole in plastica che – evitando l'impiccio dei banali pernetti – permettessero anche il facile montaggio e smontaggio del coperchio. Una soluzione brillante, subito applicata a scatole in plastica traslucida, con funzioni però generiche e con forma elegante ma "sintattica", cioè priva di altre informazioni che non fossero la virtuosità del gioco della cerniera e il sottile fascino della sua materia. Riproponendo lo stesso concetto per Alessi, ma questa volta nella forma "iconica" di una scatola per sale, ecco che il designer arricchisce questo prodotto di contenuti di un racconto affettivo molto attuale.

Con questo prodotto Enzo Mari non recupera dunque solo un archetipo dei piccoli oggetti della domesticità, un contenitore che tutti ricordiamo come un'icona onnipresente nelle cucine italiane del passato, ma riesce anche a trasmettere – istantaneamente – il messaggio implicito di una storia che sembrava ormai persa, ma che forse lo interessa di più, come il senso e la gestualità di una manciata di sale soppesata con cura. La prerogativa più rilevante della cultura del *link*, che si manifesta

permettait de rouler indifféremment dans un sens ou dans l'autre.

Le traitement monolitique du profil de l'Audi TT Coupé met en relief un autre aspect du design de la voiture que l'on pourrait qualifier de transitif, et qui est représenté par les dimensions toujours plus grandes des pneus. Une tendance qui s'est aujourd'hui généralisée et qui, dans le secteur de la conception des pneumatiques, s'explique mieux en termes stylistiques qu'au niveau des prestations. Cet aspect n'est cependant pas aussi surprenant que la réduction de la surface de la vitre, encore plus évidente dans le *concept car* d'origine en raison du large montant postérieur du prototype qui fut par la suite réduit. La réduction des vitres d'un véhicule est encore une fois l'expression de la recherche d'un caractère archétypal que de nombreux *concept cars* maniéristes, d'inspiration rétro, ont négligé, en réitérant au contraire la recherche futuriste de surfaces vitrées de plus en plus grandes. Pour apprécier, ne serait-ce que d'un point de vue purement émotionnel, le résultat de ce type d'options, il suffit d'entrer dans l'habitacle de la Tourist Trophy, qui évoquait à l'identique le cockpit d'un avion d'avant-guerre.

Enfin, ce qui caractérise le design de l'intérieur de l'Audi TT, mais aussi celui de certains détails de son aspect extérieur, c'est son traitement « object-oriented ». Sur le tableau de bord, par exemple, chaque instrument, qu'il s'agisse d'une commande ou d'une composante, est bien isolé des autres. Il présente en outre une forme géométrique simple et refuse l'idée de l'intégration à tout prix qui caractérisait en revanche le *styling* jusqu'ici prédominant. Même la portière, dont le profil a toujours été dessiné de manière à ce qu'elle soit dissimulée dans la carrosserie, suit à présent, dans la partie inférieure, cette nouvelle logique d'un design lié au détail reconnaissable et autonome, pour lequel tout est réel, clair, et qui relève donc complètement du *Transitive Design*.

Le design de l'Audi TT constitue une proposition courageuse destinée à influencer le secteur automobile. Les premiers signes de perplexité et d'étonnement ont en effet tout de suite cédé la place à de nombreux jugements positifs, pertinents et subtils, tels que celui de Daniele Cornil, qui remarquait : « L'Audi TT exposée à Francfort était effectivement un modèle de style au sens le plus absolu du terme. Une automobile paradigmatique qui contenait, tel un compendium encyclopédique, toutes les évolutions stylistiques futures de la marque. C'était un noyau cellulaire d'idées. Un manifeste [...]. L'Audi TT Coupé représente le nouveau courant de l'entreprise, fondé sur la synthèse de la haute technologie et de l'émotivité[14] ».

LANGAGE TRANSITIF

Le pouvoir du link

Le siècle qui est en train de s'achever est sans aucun doute celui qui, dans l'histoire, a vu se succéder le plus d'événements révolutionnaires, mais en réalité sa scansion temporelle a été uniquement rythmée par les règles implacables fixées, au siècle précédent, par la révolution industrielle. Toutefois, nous nous trouvons aujourd'hui au cœur d'une autre révolution, à savoir la révolution informatique qui évolue à un rythme bien différent de ceux que l'on connaissait jusqu'ici et suivant un schéma créatif qui n'est pas encore complètement connu et qui, dans une large mesure, doit être encore défini. Puisque le « temps informatique » semble devenir celui de la simultanéité où les images et les contenus du passé et du futur se disposent sans hiérarchie apparente sur les étagères virtuelles d'un grand *viewport* digital, on pourrait affirmer que le *transitive design* n'est rien d'autre qu'une déclinaison de la culture du *link*. Par « culture du *link* », nous entendons la capacité de créer en ayant recours aux « citations », c'est-à-dire aux renvois visuels ou conceptuels hétérogènes qui deviennent ainsi de puissants générateurs de connexions temporelles.

Cette modalité créative, issue d'une matrice évidemment virtuelle, permet une plus grande agilité et un emploi plus libre des sources de référence par rapport aux habitudes d'un design généré par les enchaînements méthodologiques traditionnels. Et au niveau de la créativité, ce choix influe aussi considérablement sur la manière d'organiser la connaissance des choses et d'en disposer : en effet, si d'une part, il mime le langage du monde de l'informatique – en imposant les « clics mentaux » du *link* –, il replace d'autre part le design dans l'univers physique, dans le monde des objets dessinés et dans la réalité construite. Créer à travers l'emploi des *links*, ce n'est pas seulement exploiter de manière désinvolte de nouveaux instruments de représentation – quelque chose d'impraticable avant l'avènement de l'ordinateur –, mais cela constitue un véritable expédient narratif visant à établir une compatibilité esthétique entre des métaphores formelles hétérogènes. Aujourd'hui, en effet, l'identité d'un produit ne peut plus être définie et ensuite simplement représentée par son design, puisque celle-ci exige en quelque sorte qu'on la « raconte » à travers le produit lui-même.

Un *link* n'est, de par sa nature même, qu'un élément de l'identité d'un produit et il s'agit souvent d'une métaphore figurative autonome parfaitement reconnaissable qui, associée à d'autres métaphores, génère la dimension du récit. Toutefois, la narration effectuée à travers l'enchaînement de plusieurs métaphores débouche sur l'allégorie : une forme de récit abandonnée au début du siècle – lorsque tomba en désuétude la représentation du « mythe » avec tout son appareil symbolique et décoratif – qui pourrait aujourd'hui être récupérée sous des formes rhétoriques inédites. Certes, la métaphore n'est pas absente de la structure du design des produits du passé récent, mais il s'agit presque toujours d'une seule grande construction métaphorique, fruit des enchaînements d'un récit linéaire généralement basé sur une matrice « méthodologique » du design. Une matrice dotée d'une structure thématique et homogène, munie de hiérarchies de composition et d'un *continuum* esthétique débouchant sur une modalité de représentation univoque, un « tout organique conforme » et bien organisé. La culture du *link* nous a en revanche donné la possibilité d'accéder librement à des expressions figuratives parfois très articulées culturellement et temporellement ; et voilà qu'aujourd'hui, la grande nouveauté dans notre manière de vivre le temps, auquel on accède de façon à la fois différente et simultanée, nous renvoie – grâce au *link* – directement aux langages et aux manifestations du *transitive*.

Un parfait exemple d'application d'un *link* temporel à un récent produit de design est celui de la boîte à gros sel créée par Enzo Mari pour Alessi. Il s'agit d'un autre objet emblématique du *Transitive Design* qui, bien que Mari n'apprécie guère les étiquettes et n'aime pas qu'on rapproche son travail de contextes qui semblent obéir aux tendances, constitue un précieux témoignage représentatif d'une manière à la fois réfléchie et poétique de concevoir un projet. Enzo Mari s'était déjà lancé depuis longtemps dans le design d'ingénieuses charnières pour boîtes en plastique qui – en évitant la complication des petits gonds – permettaient un montage et un démontage facile du couvercle. Une solution brillante, tout de suite appliquée à des boîtes en platique translucide, d'une utilisation toutefois générique et présentant une forme élégante mais « syntaxique », c'est-à-dire dépourvue d'informations si ce n'est la virtuosité du jeu de la charnière et le charme subtil de la matière employée. En reproposant le même concept pour Alessi, mais cette fois sous la forme « iconique » d'une boîte à sel, le designer enrichit le produit car il lui insuffle les contenus d'un récit affectif très actuel.

Avec ce produit, Enzo Mari ne renoue pas seulement avec un archétype des petits objets domestiques – une boîte dont nous nous souvenons tous comme d'une icone omniprésente des cuisines italiennes du passé – mais il réussit également à transmettre (instantanément) le message implicite d'une histoire qui semblait désormais révolue, mais qui peut-être l'intéresse encore plus, une histoire inhérente à la signification et à la gestuelle d'une main prenant une

nel *transitive*, è dunque quella dell'accessibilità totale e istantanea al bagaglio delle conoscenze e della storia del design, dove nulla sembra andato perduto e dove tutte le mete, le acquisizioni o le conquiste della modernità sono pronte, complete e tutte ugualmente disponibili.

Eclettismo e manierismo

Il *transitive* non è uno stile, ma neanche una metodologia di progettazione interessata al *revival* o alla copia filologica del "modello", a favore cioè di un esercizio linguistico capace di introdurre solo variabili estetiche e formali accessorie. Dunque il *transitive* non è *revival*, ma memoria del tempo; non è stilismo ma design (come si comprende dal suo linguaggio che coinvolge l'intera composizione dell'oggetto piuttosto che il singolo dettaglio); l'impianto è archetipo, ma i dettagli emozionali sono moderni.

Una delle ragioni per le quali si attinge al passato come a una miniera di archetipi formali è che mai come in questa ultima decade la ricerca e il design si sono concentrati sui "nuovi" materiali – e non solo su quelli di sintesi. Si è arrivati infatti a riscoprire anche quelli più antichi e naturali, fino addirittura a reintrodurre, a vario titolo, l'ampio spettro delle materie proto-industriali di origine artificiale, come il linoleum, la bakelite, le fibre cellulosiche ecc. Un po' come era avvenuto alla fine del secolo scorso, quando l'Eclettismo storico – che attingeva alle forme del neoclassicismo e ai grandi stili storici – costituì la risposta formale più evidente a una rivoluzione industriale che sfornava materiali nuovissimi, ma che nel contempo potenziava le prestazioni e la disponibilità di materiali antichissimi, come il vetro e i metalli.

L'analogia con quella formula del passato storico non è necessariamente portatrice di nuove forme di Eclettismo nel design contemporaneo; un'eventualità, questa, tuttavia sempre possibile quando ci si muove nel contesto del tempo e quando si adottano *link* per loro natura eterogenei. In tempi di *revival* sempre più ricorrenti, cioè di attitudine a guardare al futuro tenendo d'occhio il passato, la comprensione della natura dell'Eclettismo, delle sue origini e dei suoi significati consente di superare il *revival* stesso come semplice citazione e di comprendere invece in che modo conferirgli nuove valenze che, come nel caso dei linguaggi del *link*, aiutino a configurare l'espressione di un design contemporaneo, riconoscibile e autonomo.

Come avremo ancora modo di sottolineare, il vero problema del *Transitive Design* non si pone dunque nei termini di un'estetica più o meno eclettica, quanto in quello più rilevante del continuo pericolo di scadere nel manierismo più scontato. Un rischio reale – già avvertito in presenza dell'apparizione dei primi prodotti in stile *retrò* – che, se mai dovesse prendere piede, renderebbe l'affermazione del *transitive* del tutto insopportabile. Una preoccupazione resa esplicita – anche se in altro contesto – da una riflessione di Renzo Piano sul concetto di memoria e progetto: "L'architetto deve avere tante memorie: memoria dell'ambiente, memoria dell'uomo, memoria storica, e anche memoria dei materiali e memoria del mestiere. In molte architetture postmoderne il concetto di memoria a volte è stato tradotto banalmente in una presa a prestito, una fotocopiatura di linguaggi, di moduli delle scritture del passato. In questo caso si tratta di memoria piuttosto corta. È come prendere delle citazioni e inserirle senza elaborarle in un contesto: restano delle lapidi. C'è però una memoria sottile, che non è fatta di oggetti classici ritrovati e non riguarda le forme, ma i materiali e le vibrazioni...".

Una considerazione, questa di Piano, che, a distanza di dieci anni, ritroviamo riflessa in un recente prodotto del tutto *transitive*, firmato dal suo Workshop, ma che, manopole a parte, avrebbe potuto benissimo essere un prodotto dell'atelier di Bel Geddes degno di figurare in *Horizons*. Ci riferiamo al forno in acciaio inossidabile disegnato per Smeg: un esempio rassicurante di come si possa oggi affrontare il design di un elettrodomestico *transitive* senza indulgere in *revival* nostalgici. Ma l'identità di fondo di quel prodotto va ricercata nella misura e nel senso di reale controllo della sua morfologia, priva di forzature che riuscivano a far diventare "a tutto vetro" gli sportelli dei forni panoramici delle cucine *minimal*. Ancora una volta, come per l'automobile, la riduzione della finestratura del prodotto è il segno di inversione di una tendenza alla superperformatività che, fino a qualche anno fa, sembrava ancora del tutto inarrestabile.

Progettare nell'esistente

Nell'ambito del design si riscontra una presenza sempre più significativa di linguaggi che, invocando un futuro prossimo, evocano anche il passato recente; ciò è dovuto innanzitutto a un desiderio di rallentamento della velocità delle trasformazioni ambientali. Questa è una delle esigenze di fondo che stanno alle radici del *Transitive Design*: si è sempre più restii a partecipare a performance che modificano l'esistente in modo continuo e sempre più rapido, probabilmente come reazione alla mentalità "usa e getta" degli anni ottanta e alle revisioni del più severo ecologismo *native* dei primi anni novanta. Quella del *transitive* è dunque una condizione di "ecologia della mente", dove tutti i linguaggi formali a disposizione vengono messi a frutto e che concentra la ricerca di design sulle variabili più complesse dell'identità stessa del prodotto. In tale contesto culturale, infatti, l'innovazione non si focalizza più sulla creazione di stili formali, ma su nuovi valori alternativi come quello dell'immanenza del prodotto, cioè della sua capacità di esprimere, anche attraverso il design, sia il proprio destino di mercato (strategia di marketing) che i contenuti della sua comunicazione (strategia pubblicitaria). Il "prodotto immanente" rivela dunque una vocazione prevalentemente "narrativa", realizzata tramite l'impiego dei *link*, delle metafore, delle allegorie e delle loro potenti connessioni temporali.

La tendenza all'evocazione ci riporta così al tema del *remake* e alla sua evoluzione rispetto alle numerose operazioni che hanno visto aziende leader riesumare dagli archivi i propri prodotti storici, rimettendoli in produzione senza apportare alcuna modifica. Inizialmente c'era Cassina che, con la collezione "I Maestri", prevedeva la *replica* di prodotti disegnati dai protagonisti del Movimento Moderno, di cui aveva acquisito i diritti di riproduzione; in seguito ci sono stati i casi di Zanotta, con Blow di De Pas-D'Urbino-Lomazzi-Scolari, di Kartell, con i cestini di Colombini, di B&B, con il divano Diesis di Antonio Citterio, e di altri. Tutte aziende, queste ultime, in cui il *remake* diviene rivisitazione della propria storia, invece che offerta di prestigiosi *Ersatz*, intesi come risposta a un diffuso desiderio di "rimpiazzi affettivi". Dunque, non sempre queste sono operazioni di puro marketing volte a riaffermare la posizione di avanguardia che già in passato queste grandi aziende incarnavano.

Non molto diversa è l'operazione "Herman Miller for the Home", compiuta, a partire dalla metà degli anni novanta, sull'onda della nuova sensibilità *transitive*. Il marchio Herman Miller, ormai noto solo per i sistemi d'arredo per l'ufficio, intendeva così ritornare protagonista del mercato dell'arredo domestico, recuperando altri quattro prodotti classici del suo passato che rappresentano ancora oggi una delle massime espressioni estetiche della seconda metà del secolo. Tra questi ritroviamo, oltre alla Bubble Lamp disegnata da George Nelson e a una selezione di tessuti disegnati da Alexander Girard, anche la Eames Storage Unit e la Eames Moulded Lounge Chair with Metal Legs con nuove finiture. Si tratta quindi di un'operazione più complessa della sem-

poignée de sel soupesé avec soin. La prérogative la plus importante de la culture du *link* qui se manifeste dans le *transitive*, c'est donc cette accessibilité totale et instantanée au bagage des connaissances et de l'histoire du design, où rien ne semble perdu et où tous les objectifs, les acquis et les conquêtes de la modernité sont prêts, complets et tous pareillement disponibles.

Eclectisme et maniérisme

Le *transitive* n'est pas un style, ni même une méthodologie de conception visant au *revival* ou à la copie philologique du « modèle » dans le sens d'un exercice linguistique uniquement capable d'introduire des variables esthétiques et formelles accessoires. Le *transitive*, ce n'est donc pas du *revival*, mais une mémoire du temps ; ce n'est pas du stylisme mais du design (comme le montre bien son langage qui concerne toute la composition de l'objet plutôt que le simple détail) ; la structure est archétypale, mais les détails émotionnels sont modernes.

L'une des raisons pour lesquelles on puise dans le passé comme dans une mine d'archétypes formels, c'est que jamais comme durant cette dernière décennie la recherche et le design ne se sont autant penchés sur les « nouveaux » matériaux – et pas seulement sur les matériaux de synthèse. On en est même arrivé à redécouvrir des matériaux plus anciens et plus naturels, à réintroduire, à différents titres, l'ample spectre des matières proto-industrielles d'origine artificielle, comme le linoléum, la bakélite, les fibres cellulosiques etc. Et c'est un peu ce qui s'était passé à la fin du siècle dernier, quand l'éclectisme historique – en puisant dans les formes du néoclassicisme et des grands styles historiques – constitua la réponse formelle la plus évidente à une révolution industrielle qui produisait des matériaux complètement nouveaux tout en augmentant les potentialités et l'approvisionnement de matériaux très anciens tels que le verre et le métal.

L'analogie avec cette formule du passé historique n'est pas nécessairement porteuse de nouvelles formes d'éclectisme

dans le design contemporain ; cette éventualité est toutefois toujours possible quand on évolue dans le contexte du temps et quand on adopte des *links* par nature hétérogènes. En ces temps de *revival* toujours plus fréquents, à savoir d'aptitude à envisager l'avenir tout en ne perdant pas de vue le passé, la compréhension de la nature de l'éclectisme, de ses origines et de ses significations permet de dépasser le *revival* en tant que simple citation et de comprendre au contraire comment lui conférer de nouvelles valeurs, qui, comme c'est le cas pour les langages du *link*, aident à configurer l'expression d'un design contemporain reconnaissable et autonome.

Comme nous aurons l'occasion de le souligner, le véritable problème du *transitive design* n'est pas tant celui d'une esthétique plus ou moins éclectique, mais plutôt le risque nettement plus important de tomber dans un maniérisme des plus éculés. Un risque réel – qu'on a déjà perçu lors de l'apparition des premiers produits *rétro* – qui, s'il devait se concrétiser, rendrait l'affirmation du *transitive* tout à fait insupportable. Une inquiétude explicitée – même si c'est dans un autre contexte – par une réflexion de Renzo Piano à propos du concept de mémoire et de projet : « L'architecte doit avoir de multiples mémoires : la mémoire de l'environnement, la mémoire de l'homme, la mémoire historique, mais aussi la mémoire des matériaux et du métier. Dans de nombreuses architectures post-modernes, le concept de mémoire s'est parfois banalement traduit par un emprunt, une photocopie des langages ou des modules des écritures du passé. Dans ce cas, il s'agit d'une mémoire plutôt courte. Un peu comme si on prenait des citations pour les introduire dans un contexte sans les élaborer : elles demeurent telles des pierres tombales. Il existe toutefois une mémoire subtile qui n'est pas faite d'objets classiques retrouvés et qui ne concerne pas les formes, mais les matériaux et les vibrations... ».

Dix ans plus tard, cette considération de Renzo Piano est parfaitement représentée par un récent objet complètement *transitive* signé par son Workshop mais qui, à part les manettes, aurait parfaitement pu être un produit de l'atelier de Bel Geddes digne de figurer dans *Horizons*. Nous nous référons au four en acier inox dessiné pour Smeg : cet exemple rassurant montre comment on peut affronter aujourd'hui le design d'un appareil électroménager *transitive* sans pour autant céder à des *revivals* nostalgiques. Mais l'identité profonde de ce produit réside dans la mesure et dans la maîtrise réelle de sa morphologie, dépourvue des excès qui poussaient les concepteurs de cuisines *minimales* à faire des portes de four « tout en verre ». Ici aussi, comme ce fut déjà le cas pour l'automobile, la réduction de la surface vitrée exprime une inversion de tendance par rapport à la *super performance* qui, jusqu'à il y a quelques années, semblait encore totalement irréfrénable.

Créer dans l'existant

Si dans le cadre du design on trouve une présence toujours plus significative de langages qui, tout en invoquant un avenir proche, évoquent également un passe récent, la chose est essentiellement due au désir de ralentir la vitesse de transformation de l'environnement. Il s'agit là de l'une des exigences fondamentales qui se trouvent à la racine du *Transitive Design* : on est de plus en plus réfractaires à participer à des *performances* modifiant ce qui existe de manière constante et toujours plus rapide, et ce probablement en réaction à la mentalité consumériste des années 1980 et aux révisions du plus sévère écologisme *native* du début des années 1990. Le *Transitive Design* comporte donc une condition d'« écologie de la pensée », pour laquelle tous les langages formels dont nous disposons sont mis à contribution et qui concentre la recherche du design sur les variables les plus complexes de l'identité même du produit. Dans ce contexte culturel, l'innovation ne se focalise plus en effet sur la création de styles formels, mais sur de nouvelles valeurs alternatives telles que l'immanence du produit, c'est-à-dire sa capacité à exprimer, même à travers le design, tant son destin sur le marché (stratégie de marketing) que les contenus de sa communication (stratégie publicitaire). Le « produit immanent » relève donc d'une vocation essentiellement « narrative », qui se réalise à travers l'utilisation des *links*, des métaphores, des allégories et de leurs puissantes connexions temporelles.

La tendance à l'évocation nous ramène donc au thème du *remake* et à son évolution par rapport aux nombreuses opérations qui ont poussé des entreprises-leader à sortir des archives leurs produits historiques et à en relancer la production sans leur apporter la moindre modification. Si, au départ, il y a eu Cassina qui, avec la collection "I Maestri", prévoyait la réplique de produits dessinés par les protagonistes du Mouvement Moderne dont il avait acheté les droits de reproduction, par la suite il y a eu les cas de Zanotta, avec Blow de De Pas-D'Urbino-Lomazzi-Scolari, de Kartell, avec les paniers de Colombini, de B&B avec les divan *D*iesis d'Antonio Citterio et d'autres encore. Pour toutes ces entreprises, le *remake* devient une revisitation de leur histoire personnelle plutôt qu'une offre de prestigieux *Ersatz* répondant à un désir diffus de « remplacements affectifs ». Il ne s'agit donc pas toujours de simples opérations de marketing visant à réaffirmer la position d'avant-garde que ces grandes entreprises incarnaient déjà par le passé.

L'opération "Herman Miller for the Home" – mise en œuvre à partir de la seconde moitié des années 1990 dans le sillage de la nouvelle sensibilité *transitive* – n'est guère différente. La marque Herman Miller, désormais célèbre pour ses systèmes d'ameublement de bureau,

plice *replica* filologica, perché fa rivivere alcuni dei progetti più innovativi dell'epoca, riconoscendo nell'ottimismo alla radice di quegli oggetti un'emozione indispensabile per il presente. Anche questa operazione appare tuttavia indebolita dalla disponibilità dei nuovi linguaggi *transitive*, che hanno il vantaggio di sfruttare i valori atemporali del prodotto di riferimento senza correre il rischio di patire nell'ombra del proprio modello.

Aldilà delle riedizioni *tout-court*, esistono casi in cui la *replica* non si presenta come clone di un modello dal DNA già invecchiato, ma come prodotto rinnovato in termini *transitive*. Due esempi di riletture di classici del passato che non incorrono in questo rischio sono: la sedia Ensemble di Fritz Hansen – discendenza diretta della 3107 di Arne Jacobsen –, e la sedia per ufficio Meda Chair di Vitra – omaggio esplicito al lavoro di Charles Eames. Quella della Fritz Hansen è un'operazione, didascalica ma efficace, realizzata nell'ambito dei festeggiamenti dei suoi 125 anni di produzione, nella quale sono state affiancate la nuova sedia Ensamble, progettata da Alfred Homann, alle miniature della celebre 3107 di Arne Jacobsen, tracciando una continuità genealogica esplicita tra i due prodotti. Il *transitive* diventa dunque una scelta strategica di marche che intendono apparire nuove, anche con prodotti che veramente nuovi non sono, aggiungendo valore *in progress* ai progetti, con grandi o piccoli aggiustamenti e nuove varianti. Il caso della Meda Chair è invece sintomatico della capacità di emancipazione rispetto al modello. Alberto Meda rielabora infatti i linguaggi di Eames facendone derivare il proprio prodotto come per discendenza biologica. La Meda Chair ricorda la propria genealogia, ma è a tutti gli effetti un prodotto attuale, con una propria identità *transitive*. Partendo dalla consapevolezza che difficilmente i valori emozionali di un capolavoro del passato possono essere recuperati e adattati agli standard funzionali del settore di utilizzo, Alberto Meda ha lavorato al suo nuovo modello di sedia con lo scopo di rendere la tipologia del telaio spaziale in alluminio ergonomicamente efficiente, ossia dotata di meccanismo di adattamento posturale. Il problema è stato brillantemente risolto, grazie anche al contributo degli ingegneri della Vitra, integrando il cinematismo all'intera struttura del telaio pressofuso invece che relegandolo nel classico "box" sotto il sedile. Ne è risultata una seduta dotata di un innovativo congegno sincrono, un prodotto di immediato successo che, oltre alla semplicità formale, dimostra l'eleganza concettuale di un meccanismo disegnato in modo *object-oriented*. Visto il continuo riferimento al passato, il *transitive* potrebbe risultare, a una lettura superficiale, espressione di un pensiero conservatore. Ma il rischio esisterebbe se il *déjà vu* in termini estetici fosse sempre esplicito, mentre nel *transitive* il riconoscimento del "già esistito" viene controbilanciato da un atteggiamento innovativo in termini tecnologici.

L'ispirazione agli anni quaranta, che investe la forma degli oggetti *transitive* con linee morbide e smussate, comporta un'analogia estetica con le forme sinuose dell'attuale tendenza "organica" del design e ciò può indurre all'equivoco di assimilare le une alle altre. I prodotti di Ross Lovegrove o di Ron Arad, di estrazione organicista – come lo erano quelli di Alvar Aalto o di Eero Saarinen –, richiamano a un immaginario vegetale o animale, e mantengono un'affinità con le forme dell'ambiente naturale. Le forme *transitive* sono invece espressione di artefatti evoluti, ossia di icone e archetipi di natura culturale. Entrambi i linguaggi esprimono gli attributi del *soft touch* ma, se nel caso del design organico ci ritroviamo di fronte a un'affettività legata al rapporto col mondo delle forme naturali, nel *Transitive Design* l'elemento affettivo è dato dal richiamo ai *link* temporali. Talvolta i due caratteri possono coesistere, come nel caso del telefono pubblico Rotor 2000 di George Sowden, dove le forme stondate che ne contraddistinguono il design non sono altro che un'operazione di intervento "manuale" sulla materia plastica, sebbene gestita

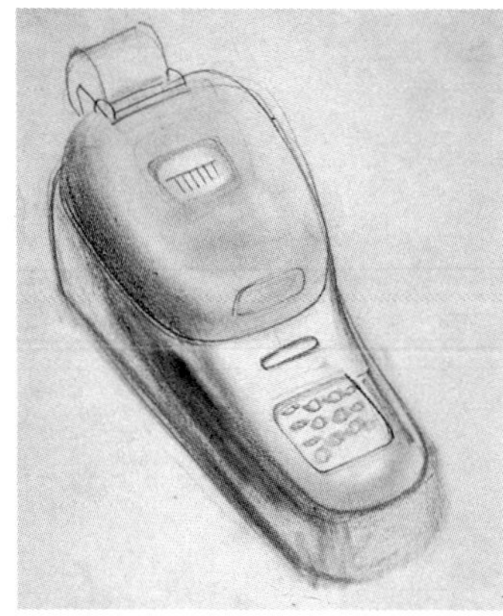

attraverso il *medium* della modellazione virtuale. "Le mani non producono mai cubi" afferma Sowden, rilevando come l'avvento di agevoli programmi informatici abbia consentito la definitiva emancipazione dalla bidimensionalità "proiettata" del lavoro al tecnigrafo. Dunque non più una profondità di oggetti generata attraverso una sommatoria di *layers*, ma una tattilità virtuale che ci riporta alla prassi del design "scultoreo" che ha avuto tra i più grandi e ultimi interpreti Marcello Nizzoli. E così Sowden, nel rappresentare la nuova espressione della manualità con strumenti inesistenti all'epoca di Nizzoli, stabilisce un legame con i linguaggi di mezzo secolo prima attraverso l'applicazione di un procedimento progettuale analogo. E forse è proprio la sensazione di "manufatto" moltiplicato industrialmente che crea un nuovo *link* tra la cultura della forma virtuale e gli artefatti industriali degli anni quaranta. Questi frequenti riferimenti a un'estetica protoindustriale confermano una rinnovata continuità tra il design dei prodotti contemporanei e le forme della prima modernità e del *demi-siècle*. Forme dense e consistenti, che tutt'al più tentavano di alleggerire la propria espressione statica attraverso disinvolte trasformazioni eclettiche. Dalla loro evoluzione e dal desiderio di emancipazione rispetto al sillogismo tra levità formale e immagine del futuro sono nate le forme che hanno poi costellato la seconda metà dell'ultima decade di fine secolo. Dal catalogo della XVIII Triennale di Milano del 1992, dedicata al tema *La vita tra cose e natura: il progetto e la cultura ambientale*, nel capitolo intitolato *Consistenza. L'oggetto denso* si legge: "L'oggetto denso invita ad una pregnanza profonda, a superare il puro uso, funzionale e transitivo, dei segni e delle forme. Essa porta da un oggetto che raccoglie questa densità virtuale, interpreta questo invito all'interiorità sensoriale, all'esperienza dello spessore che sta nella materialità dell'oggetto, diventando il linguaggio denso delle cose. L'oggetto denso si propone come il veicolo di un'interpretazione inquieta e perenne, che gioca sul piano della polisensorialità. Siamo molto lontani dal mondo puramente visivo e bidimensionale delle superfici. Entriamo piuttosto nella terza dimensione, nella profondità del materiale. Entriamo in un mondo ad alto 'peso specifico' culturale e sensoriale"[15]. Nel capitolo seguente, dal titolo *Scenario qualistico*, veniva previsto, con una precisione che appare a noi stessi sorprendente, "... la Consistenza, ovvero l'oggetto denso, copia alla perfezione la matrice di uno degli scenari qualistici che caratterizzeranno i linguaggi formali dell'ultima decade di questo nostro secolo"[16].

Un discorso a parte merita il colore che,

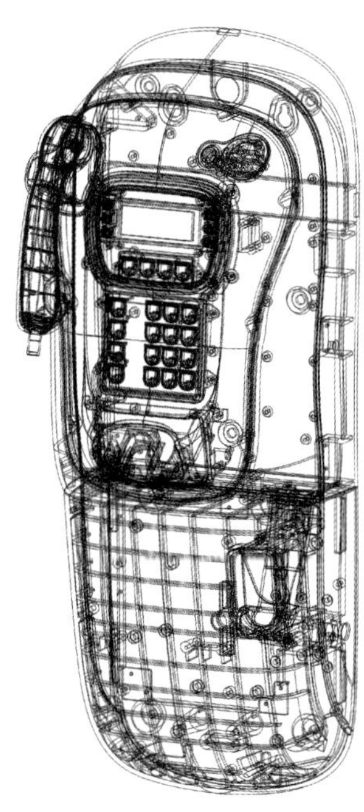

entendait ainsi jouer une nouvelle fois un rôle prépondérant sur le marché de l'ameublement domestique, en récupérant quatre autres produits classiques de son passé qui représentent encore aujourd'hui l'une des plus grandes expressions esthétiques de la seconde moitié du siècle. Parmi ces produits nous trouvons, outre la Bubble Lamp conçue par George Nelson et une sélection de tissus dessinés par Alexander Girard, également la Eames Storage Unit et la Eames Moulded Lounge Chair with Metal Legs dotée de nouvelles finitions. Il s'agit donc d'une opération bien plus complexe qu'une simple reproduction philologique, parce qu'elle fait revivre quelques-uns des projets les plus novateurs de l'époque, tout en reconnaissant dans l'optimisme qui se trouve à la base de ces objets une émotion indispensable pour le présent. Cette opération semble toutefois elle aussi affaiblie par la disponibilité des nouveaux langages transitifs, qui présentent l'avantage d'exploiter les valeurs atemporelles du produit de référence sans courir le risque de souffrir dans l'ombre du modèle d'origine.

Au-delà des simples rééditions, il existe des cas pour lesquels la réplique ne se présente pas comme le clone d'un modèle doté d'un ADN déjà vieilli, mais comme un produit renouvelé de manière transitive. Deux exemples de réinterprétations de classiques du passé qui ne courent en aucun cas ce risque sont : la chaise Ensemble de Fritz Hansen – directement issue de la 3107 d'Arne Jacobsen – et la chaise de bureau Meda Chair de Vitra – un hommage explicite au travail de Charles Eames. L'opération de Fritz Hansen – didactique mais efficace – fut réalisée à l'occasion du cent vingt cinquième anniversaire de sa production et, dans ce cadre, la nouvelle chaise Ensemble, projetée par Alfred Homann, a été présentée en même temps que les miniatures de la célèbre 3107 d'Arne Jacobsen, ceci en établissant une continuité généalogique explicite entre les deux produits. Le *transitive design* devient ainsi un choix stratégique des marques qui se veulent nouvelles, même à travers des produits qui ne sont pas vraiment neufs, en ajoutant une valeur *in progress* aux projets à travers des modifications – importantes ou modestes – et des nouvelles variantes. Le cas de la Meda Chair est en revanche symptomatique de la capacité d'émancipation par rapport au modèle. Alberto Meda réélabore en effet les langages de Eames dont il tire son propre produit comme s'il s'agissait d'une dérivation biologique. La Meda Chair renvoie à sa généalogie, mais elle constitue un produit actuel à tous les effets, un objet doté d'une identité transitive qui lui est propre. En prenant conscience que les valeurs émotionnelles liées à un chef-d'œuvre du passé peuvent difficilement être récupérées et adaptées aux standards fonctionnels du secteur d'utilisation, Alberto Meda a travaillé à son nouveau modèle de chaise de manière à la doter d'un type de châssis spatial en aluminium efficace au plan ergonomique (la chaise est en effet munie d'un mécanisme d'adaptation posturale). Le problème a été brillamment résolu, également grâce à la contribution des ingénieurs de Vitra, en introduisant le mouvement cinématique dans la structure du châssis obtenu par moulage à pression plutôt qu'en le reléguant classiquement dans le *box* situé sous le siège. Le résultat : une chaise dotée d'un système synchrone novateur, un produit voué à un succès immédiat qui démontre, outre sa simplicité formelle, l'élégance conceptuelle d'un mécanisme projeté de manière *object oriented*. Étant donné la référence continuelle au passé, le *Transitive Design* pourrait apparaître, aux yeux d'un observateur superficiel, comme l'expression d'une pensée conservatrice. Mais le risque existerait si le déjà vu en termes esthétiques était toujours explicite, tandis que dans le *Transitive Design* la reconnaissance du « *déjà existé* » est contrebalancée par une attitude novatrice au plan technologique.

L'inspiration tirée des années 1940, qui confère à la forme des objets transitifs des lignes souples et émoussées, présente une analogie esthétique avec les formes sinueuses inhérentes à l'actuelle tendance « organique » du design et cela peut conduire à une confusion entre ces deux orientations du design. Les produits de Ross Lovegrove ou de Ron Arad relevant de l'organicisme – à l'instar des produits de Alvar Aalto ou de Eero Saarinen –, renvoient à un imaginaire végétal ou animal, et conservent une affinité avec les formes présentes dans l'environnement naturel. Les formes transitives sont en revanche l'expression de conceptions évoluées, à savoir d'icones et d'archétypes de nature culturelle. Ces deux langages expriment les attributs de la *soft touch*, mais si dans le cas du design organique on se trouve face à une affectivité liée au rapport avec le monde des formes naturelles, dans le *Transitive Design* l'élément affectif est généré par le renvoi aux *links* temporels. Les deux caractères peuvent parfois coexister, comme en témoigne le téléphone publique Rotor 2000 de George Sowden, dont le design aux formes arrondies n'est rien d'autre qu'une opération d'intervention « manuelle » sur la matière plastique même si elle est effectuée par modelage virtuel. « Les mains ne produisent jamais de cubes » affirme Sowden, en révélant de quelle manière l'existence de programmes informatiques faciles à utiliser a permis de parvenir à une émancipation définitive de la bidimesionnalité « projetée » propre à la machine à dessiner. Il ne s'agit donc plus d'une profondeur d'objets générée à travers une superposition de *layers*, mais d'une tactilité virtuelle qui renvoie au design « sculptural » dont Marcello Nizzoli fut l'un des plus grands mais aussi l'un des derniers interprètes. Ainsi, en représentant la nouvelle expression de l'habileté manuelle avec des instruments qui n'existaient pas à l'époque de Nizzoli, Sowden établit un lien avec les langages vieux de cinquante ans à travers l'application d'un processus conceptuel analogue. Et c'est peut-être justement la sensation d'un produit manufacturé multiplié à l'échelle industrielle qui crée un nouveau *link* entre la culture de la forme virtuelle et les produits industriels des années 1940.

Ces références fréquentes à une esthétique proto-industrielle confirment l'existence d'une continuité constante entre le design des produits contemporains et les formes du début de la modernité et de la première moitié de ce siècle. Des formes denses et consistantes, qui essayaient tout au plus d'alléger leur expression statique à travers de désinvoltes transformations éclectiques. De leur évolution et du désir d'émancipation par rapport au syllogisme entre légéreté formelle et image du futur sont nées les formes qui allaient ensuite consteller la seconde moitié des années 1990. Dans le catalogue de la XVIIIème Triennale de Milan (1992), consacrée au thème *La vie entre les choses et la nature : le projet et la culture de l'environnement* dans le chapitre intitulé *Consistance. L'objet dense* on peut lire : « L'objet dense invite à une prégnance profonde, au dépassement d'une utilisation pure, fonctionnelle et transitive des signes et des formes. Cette prégnance permet de passer d'un objet qui renferme cette densité virtuelle – en interprétant son invitation à l'intériorisation sensorielle – à l'expérience de l'épaisseur qui repose dans la matérialité de l'objet, en devenant le langage dense des choses. L'objet dense se présente comme le véhicule d'une interprétation inquiète et continue, qui joue sur le plan de la polysensorialité. Nous sommes bien loin du monde purement visuel et bidimensionnel des surfaces. Nous entrons plutôt dans la troisième dimension, dans la profondeur du matériel. Nous entrons dans un monde doté d'un grand « poids spécifique culturel et sensoriel »[15]. Dans le chapitre suivant, intitulé *Scénario qualistique* on prévoyait, avec une précision qui nous surprend nous-mêmes : « ... la consistance, à savoir l'objet dense, copie à la perfection la matrice d'un des scénarios qualistiques qui caractérisent les langages formels de la dernière décennie de ce siècle »[16].

La couleur – qui est habituellement considérée comme une qualité de la forme – mérite quant à elle un discours à part. Dans les objets transitifs on pourrait presque envisager le contraire et donc définir la « forme comme qualité de la couleur ». Il s'agit d'une stratégie qui évolue dans une direction tota-

"I believe that color ias become a means of ommunication in our culture, and I have io doubt that the discovery of the laws that govern it, when they become enerally known, will ring about an important transition in the history of design..."

"The ideal approach to desig would be to eliminate form altogethe and design onl with light, sound, texture and temperatur Form is necessary but it is secondar The soft design elemen are primar they affect us at a deeper level..

solitamente, è considerato una qualità della forma. Negli oggetti *transitive* si potrebbe quasi ipotizzare il contrario e dunque definire la "forma come qualità del colore". Si tratta di una strategia che si muove in direzione assolutamente opposta a quanto si verificava negli anni ottanta, quando ciascun prodotto disponeva di gamme cromatiche molto ampie entro cui scegliere il colore preferito. Col *transitive* si osserva invece una riduzione drastica dell'offerta di colori per il singolo prodotto, che presenta una personalità cromatica molto definita. Come nel caso della Audi TT Coupé, offerta in soli tre colori. Un esempio di prodotto che sembrerebbe essere invece arrivato sul mercato già in contro-tendenza rispetto ai linguaggi estetici del momento è la piccola Smart: un'idea coraggiosa di auto, nata negli stessi anni della New Beetle e della Audi TT, ma che sembra soffrire di una sindrome manierista, col suo carattere ancora in gran parte proiettivo e solo leggermente transitivo. Prodotto concepito per una caratterizzazione ancora altamente soggettiva, grazie alla grande flessibilità di permutazione della sua identità cromatica, ha visto – paradossalmente – restringere molto spesso il proprio utilizzo ad "auto aziendale", marcata cioè con scritte e logotipi e quindi confinata, in questi casi, a un uso collettivo e impersonale.
I prodotti *transitive* presentano inoltre un minimalismo cromatico con toni sia moderati che intensi. Si tratta di colori che si ispirano spesso all'*industrial design* degli anni quaranta e cinquanta, la cui *Color Presence* è utilizzata in modo iconico ma emancipato grazie alle nuove tecnologie dei materiali e dunque mai riproposta letteralmente. La diffusa tendenza all'applicazione di un solo colore all'intero oggetto determina inoltre un effetto monomaterico, enfatizzato da una *Color Distribution* che arriva a coinvolgere persino gli elementi di identificazione del prodotto, come avviene ad esempio per il marchio di iMac, dove la mela non è più solo rossa ma assume di volta in volta il colore della scocca. Alleggeriti dal linguaggio muscolare della tecnologia ostentata, gli oggetti di design assumono così gli attributi qualistici del *soft touch.* Quando il designer Jonathan Ive progettò iMac, colse come esigenza imprescindibile che il nuovo computer cambiasse la relazione tra utente e macchina. Per rispondere a questa istanza conferì al nuovo prodotto requisiti emozionali che lo avrebbero reso un oggetto amichevole, conciliando il senso di familiarità con quello di novità. Pur rifiutando l'etichetta di design retro-futurista, iMac mantenne il suo potenziale di rappresentazione tecnologica andando però a "stuzzicare la memoria passata delle persone" attraverso la forma consistente in contrasto con la *mise* traslucida dall'inusitata gamma di colori successivamente aggiunti. Come sostiene Klaus Ottmann, direttore artistico dell'American Federation of Arts, prende corpo "un nuovo umanesimo di partecipazione, una sinergia di arte e design ispirata all'idea di tempo libero, gioco, sport"[17]. Proprio partendo dai prodotti dell'alta tecnologia si innesta così un rapporto sempre più emozionale e forse anche più "incantato" con l'oggetto contemporaneo.

Retrofuturismo

La transitività è al contempo un carattere e una condizione progettuale, adatta a periodi in cui si attendono grandi mutamenti, per cui la tentazione del revivalismo acritico – il manierismo – è sempre in agguato. Tutto ciò non era però così chiaro quando, all'inizio degli anni ottanta, il *producer-designer* giapponese Naoki Sakai, con il suo Water Studio, progettava i primi prodotti tecnologici dall'aspetto nostalgico. Famosa è la sua automobile Be-1, concepita nel 1983 e poi prodotta da Nissan, rimasta storicamente annoverata in quella serie di prodotti *retrò* spuntati come funghi in quegli anni, cioè agli inizi della "grande bolla" giapponese. Del tutto *transitive* (forse il primo compiutamente classificabile come tale) è invece il suo progetto della macchina fotografica Olympus O-Product del 1989, privo delle forme manieriste di quegli anni e prototipo di un linguaggio che Sakai ama definire *Retro Future.*
Da noi interrogato sulla natura e sulle possibili interpretazioni del *Transitive Design*, Sakai lascia intendere come questa definizione di un nuovo linguaggio progettuale e il suo *Retro Future* siano esattamente la stessa cosa, sorvolando in modo discreto sulle distinzioni critiche dei caratteri di maniera che sembrano affliggere l'estetica *retrò.* "Francamente parlando, il mio design *Retro Future* è la riedizione del mio passato privato. Sono nato nel 1947 e, quando ero ragazzo, guardavo i *cartoon* e lì c'erano molte forme aerodinamiche. Crescendo nell'epoca in cui molti dei prodotti industriali come l'auto, l'aereo e il telefono, avevano forme aerodinamiche, con esse ho costruito il mio immaginario di base e penso che siano divenute archetipo del mio gusto del design. Il design come risultato di un prelievo e di un rimescolamento di quel 'data base' della mia memoria dell'infanzia è al tempo stesso futuro, presente e passato. Io prelevo e mescolo il *concept* che desidero attingendo da svariati assi temporali". Naoki Sakai esordisce così, parlando del suo lavoro di quegli anni; poi però approfondisce aggiungendo: "Non c'è una sequenza regolare del tempo nel *Retro Future.* Si distribuisce omogeneamente su passato, presente e futuro e produce il proprio tempo. Non è una questione di forme: il *Retro Future* produce esso stesso tempo. In altre parole è un design che va e viene muovendosi attraverso i confini del materiale e dell'immateriale".
La temporalità è sempre stata importante per Sakai; si può anzi dire che tutta l'attività di Water Studio sia stata incentrata sullo sfruttamento delle declinazioni del tempo che richiedono, tra l'altro, la massima disponibilità e scioltezza culturale nell'usare con prontezza, ma non con superficialità, le continue occasioni di rilettura dell'immaginario disponibile (che il designer definisce molto prosaicamente "data base" della memoria). Sakai, inoltre, non ha problemi a indicare, di volta in volta, le modalità e le fonti, anche le più lontane, che lo hanno portato a ricreare il suo "presente transitivo". Che siano i film di Steven Spielberg o le musiche di Tetsuya Komuri – che campionò la musica antica di tutte le epoche e di molti paesi diventando un richiestissimo *producer* musicale –, la chiave del *Retro Future* si può rintracciare nel "data base" di molte delle novità in ambito cinematografico e musicale disponibili sul mercato dell'attualità: "*Star Wars - Episode 1* mi ha fatto sentire con precisione come sarebbe stato veramente il *Retro Future.* Non è passato né futuro, ma è il passato e il futuro simultaneamente. Non è occidentale né orientale, ma è occidentale e orientale simultaneamente". Nel modo di progettare di Naoki Sakai, l'immaginazione del futuro e delle costanti del passato cristallizzano come prodotto nel presente. "Non considero quello che faccio letteralmente come *retrò.* Per me è memoria futura. Tutte le nostre immagini, i film, i ricordi del passato sono come un magazzino culturale dove tutto può essere usato indifferentemente. Si può attingere anche ai film sull'immaginario del passato Per esempio la Pao – altra auto della Nissan – era ispirata al film *Indiana Jones and the Temple of Doom*".
Ispirazioni a parte, la dimensione del tempo ha influenzato anche le visioni improntate al destino di mercato di prodotti così concepiti. Water Studio tende infatti a disegnare e a far produrre edizioni limitate che siano commercializzate subito. Della Be-1 furono prodotte, in serie limitata, 10.000 unità e l'auto fu venduta anche prima che

lement opposée à ce qui arrivait dans les années 1980, lorsque chaque produit disposait de gammes chromatiques très amples au sein desquelles il était possible de choisir la couleur souhaitée. Avec le *transitive design* on observe au contraire une réduction drastique de l'offre de couleurs pour chaque produit qui présente une personnalité chromatique bien définie. C'est le cas par exemple de l'Audi TT, disponible uniquement en trois couleurs. La petite Smart représente en revanche l'exemple d'un produit qui semble être arrivé sur le marché à contre-courant par rapport aux langages esthétiques de son époque. L'idée courageuse de cette voiture, née à la même époque que la New Beetle et l'Audi TT, souffre d'un syndrome maniériste, avec son caractère encore essentiellement projectif et seulement partiellement transitif. Paradoxalement, ce produit – conçu pour une caractérisation éminemment subjective du fait de la grande flexibilité de permutation de son identité chromatique – a souvent été utilisé de manière collective et impersonnelle comme une « voiture d'entreprise » portant inscriptions et logos.

Les produits transitifs présentent en outre un minimalisme chromatique avec des tonalités à la fois modérées et intenses. Il s'agit de couleurs qui s'inspirent souvent de l'*industrial design* des années 1940-1950, dont la *color presence* est utilisée de manière iconique mais émancipée grâce aux nouvelles technologies, et n'est ainsi jamais rééditée telle quelle. La tendance toujours plus répandue à associer une seule couleur à l'ensemble de l'objet détermine en outre un effet monomatérique, souligné par une *color distribution* qui finit par toucher même les éléments d'identification du produit, comme c'est le cas par exemple pour les produits *iMac*, où la pomme n'est plus seulement rouge, mais prend à chaque fois la couleur de la coque. Libérés du langage de la technologie ostentatoire, les objets design acquièrent ainsi les attributions qualistiques de la *soft touch*. Lorsque le designer Jonathan Ive projeta les *iMac*, il comprit qu'il était essentiel que l'ordinateur instaure une nouvelle relation entre l'usager et la machine. Pour répondre à cette exigence, il dota son produit de caractéristiques émotionnelles susceptibles d'en faire un objet amical, en conjuguant sentiment de familiarité et esprit de nouveauté. Tout en refusant l'étiquette de design rétro-futuriste, les *iMac* sont cependant parvenus à maintenir leur potentiel de représentation technologique en « émoustillant la mémoire passée des personnes » à travers le contraste entre la forme consistante et l'aspect translucide de la surprenante gamme de couleurs ajoutée dans un deuxième temps. Comme le constate Klaus Ottmann, directeur artistique de l'American Federation of Arts, on assiste à l'affirmation d'un « nouvel humanisme de participation, d'une synergie de l'art et du design s'inspirant de l'idée du temps libre, du jeu, du sport »[17]. C'est justement en partant des produits issus de la technologie avancée qu'on entame un rapport toujours plus émotionnel et peut-être davantage fondé sur la « fascination » avec l'objet contemporain.

Rétro-Futurisme

La transitivité est à la fois une caractéristique et une condition liée à l'élaboration des projets, qui s'adapte parfaitement aux périodes de grande mutation au cours desquelles la tentation de revisiter un objet de manière acritique (le maniérisme) est toujours aux aguets. Tout cela n'était cependant pas aussi clair au début des années 1980, lorsque le *producer-designer* japonais Naoki Sakai, projetait avec son Water Studio les premiers produits technologiques à l'aspect nostalgique. Son automobile Be-1 – créée à partir de 1983 et produite ensuite par Nissan – est devenue célèbre et fait partie de la série de produits *rétro* qui ont poussé tels des champignons au début de la « grande bulle » japonaise. Le O-Product, son projet d'appareil photographique conçu pour Olympus en 1989, est le prototype d'un langage totalement dénué du maniérisme de cette période que Naoki Sakai aime à définir *Retro Future*. On peut le considérer comme un objet de *Transitive Design* à tous les effets et peut-être même le premier à pouvoir être véritablement qualifié comme tel.

Lorsque nous l'avons interrogé sur la nature et sur les interprétations possibles du *Transitive Design*, Sakai nous a fait comprendre que cette définition d'un nouveau langage créateur et son *Retro Future* n'étaient qu'une seule et même chose, négligeant ainsi avec discrétion les distinctions critiques concernant les caractères maniéristes qui semblent affliger l'esthétique *rétro*. « Pour être franc, mon design *Retro Future* est une réédition de mon passé personnel. Je suis né en 1947, et quand j'étais gamin je regardais beaucoup les dessins animés où les formes aérodynamiques ne manquaient pas. Ayant grandi à une époque où bon nombre des produits industriels, tels que la voiture, l'avion et le téléphone, avaient des formes aérodynamiques, j'ai donc forgé avec elles mon imaginaire de base et je pense qu'elles sont devenues l'archétype de mon goût en termes de design. Un design pris au sens de résultat du prélèvement et de la redistribution de la base des données contenue dans ma mémoire de l'enfance, et qui devient donc à la fois futur, présent et passé. Je prélève et je mélange le concept que je désire en puisant dans différents axes temporels ». Naoki Sakai commence ainsi à nous parler du travail de cette période, puis il approfondit en ajoutant : « Il n'existe pas de scansion régulière du temps dans le *Retro Future*. C'est un design qui se distribue de manière homogène sur le passé, le présent et l'avenir et qui produit à son tour son propre temps. Ce n'est pas une question de formes : le *Retro Future* produit lui aussi du temps. En d'autres termes, c'est un design qui va et vient en évoluant à travers les limites du matériel et de l'immatériel ».

La temporalité a toujours été importante pour Sakai. On peut même dire que toute l'activité du Water Studio a été concentrée sur l'exploitation des différentes déclinaisons du temps qui nécessitent, entre autres, la plus grande disponibilité et la plus grande souplesse culturelle possible pour réussir à puiser promptement, mais en profondeur, dans les incessantes occasions de réinterprétation de l'imaginaire disponible (que le créateur appelle, très prosaïquement la « base des données » de la mémoire). En outre, Sakai n'a aucun problème pour indiquer, à chaque fois, les modalités et les sources, même les plus lointaines, qui l'ont conduit à recréer son « présent transitif ». Qu'il s'agisse des films de Steven Spielberg ou des musiques de Tetsuya Komuri – qui a échantillonné la musique ancienne de toutes les époques et de nombreux pays, devenant ainsi un *musical producer* très demandé – la clef du *Retro Future* peut être retrouvée dans la base des données de bon nombre des nouveautés du domaine cinématographique et musical disponibles sur le marché de l'actualité : « *Star Wars 1-Episode 1* m'avait permis de comprendre ce que serait vraiment le *Retro Future* : ce n'est ni le passé ni l'avenir, mais le passé et l'avenir simultanément ; il n'est ni oriental, ni occidental, mais oriental et occidental à la fois ». Dans la création de projets de Naoki Sakai, l'imagination du futur et les constantes du passé se cristallisent sous forme de produit dans le présent.

« Je ne considère pas tout ce que je fais comme littéralement *rétro*. Pour moi, c'est une mémoire future. Toutes nos images, les films, les souvenirs du passé sont comme un entrepôt culturel où tout peut être utilisé indifféremment. On peut également s'inspirer de films sur l'imaginaire du passé – par exemple la Pao (autre voiture de Nissan) s'inspirait du film : *Indiana Jones et le Temple Maudit* ».

Inspirations mises à part, la dimension temporelle a influencé également les visions liées au destin de ce type de produits sur le marché. Le Water Studio tend en effet à concevoir et à faire produire des éditions limitées destinées à être commercialisées sur le champ. 10.000 unités de la B-1 furent produites en série limitée, et elles furent vendues avant même que la voiture ne soit lancée sur le marché. La Pao ne serait disponible que pendant 3 mois et seuls 40. 000 exemplaires en furent produits. La moitié de la série numérotée de 20.000 exemplaires de l'appareil photo O-Product a été vendue au Japon,

venisse immessa sul mercato. La Pao sarebbe stata disponibile per soli tre mesi e non avrebbe avuto più di 40.000 esemplari prodotti. Metà dell'edizione numerata di 20.000 esemplari della macchina fotografica O-Product fu venduta in Giappone, l'altra metà all'estero. Olympus ricevette 25.000 ordini in sole tre settimane. Questa strategia, che non può essere definita propriamente di marketing, a distanza di quindici anni è tuttavia saldamente alla base di una serie di innegabili successi sul tema dell'innovazione del prodotto. Si va inoltre configurando come una modalità alternativa, ma stabile, dell'impresa contemporanea nella ricerca di nuove forme di adesione ai propri orientamenti di mercato.
Negli anni in cui Water Studio raggiungeva una visibilità inconsueta per un piccolo studio giapponese, Naoki Sakai preferiva definirsi *producer* piuttosto che designer, un po' per segnare in modo diverso la difficile condizione, in Giappone a quell'epoca, della figura del progettista indipendente e un po' perché la funzione dell'industrial designer era troppo collegata ad aspetti pratici di *problem solving* che, per sua stessa ammissione, non lo entusiasmavano affatto. Ma c'era un ulteriore motivo per cui la figura del *producer* era allora particolarmente favorita: il lavoro di concettualizzazione strategica che gli era proprio e che solo una persona esterna all'impresa, o comunque indipendente, poteva svolgere efficacemente. La fin troppo abusata fase del *design concept*, onnipresente nel modo di progettare dell'impresa giapponese, non indica infatti soltanto il momento di un lavoro concettuale di impostazione dei temi strategici dei prodotti del futuro: è innanzitutto l'atto generativo del "consenso", una passione etica tutta giapponese che ha prodotto schiere di *conceptualists* convinti del fatto che proporre le idee e vederle realizzare, anche se da altri, era sicuramente il massimo delle aspirazioni possibili in quel contesto culturale e industriale.
"Cosa disse la gente quando vide la Be-1 al Tokyo Motor Show? Fu soltanto 'Carina' e 'Voglio questa...'. Sembrava che non sapessero come esprimere le proprie sensazioni in altro modo. Be-1 venne criticata aspramente da molti giornalisti del mondo dell'auto, ma per me Be-1 è un'auto che realizza il desiderio della gente, che non era nata per colmare i bisogni dell'industria. Fu un'auto concepita per suscitare, con il suo aspetto, nostalgia, familiarità e tenerezza. La maggior parte dei critici disse: 'È la depravazione del car-design'; i più dissero che io ubriacavo con la felicità; ma il settore del car design è una minoranza schiacciata e scontrosa. Dopo tutto, Be-1 fu un po' il punto di rottura e io credo che fu anche l'inizio del *Retro Future* nel mio lavoro. Per dirla con altre parole, quel progetto, che rispecchiava la mia linea di condotta nella vita e nel design, è un *Fueki Ryuko*. Questa espressione giapponese - coniata da Basho Matsuo, un famoso poeta giapponese e maestro del tè nell'era classica – significa 'costanti che tornano sempre di moda': un modo di pensare assolutamente orientale che immagino contraddica la logica occidentale, perché quello che con *Fueki Ryuko* si sostiene è che 'le cose immutevoli stanno mutando'".
Una decina di anni fa, Olympus chiese a Water Studio, per l'anniversario dei suoi 70 anni, di progettare una macchina fotografica. Fu allora che Naoki Sakai propose una sua libera interpretazione di quella che poteva essere una Kodak Brownie degli anni cinquanta, così come una rivisitazione della piccola ma monolitica Compass svizzera degli anni Quaranta. Il suo corpo – un blocco di alluminio solido - presentava tre distinte superfici di finitura: spazzolate, satinate e lucidate a specchio, con la funzione di rendere accattivante il meccanismo standard di un normale apparecchio *point-and-shoot*. La produzione di quella macchina fotografica celebrativa comportava ben 75 fasi di lavorazione, ossia circa il doppio della norma. Era infatti un prodotto a tiratura limitata e poteva essere acquistato solo attraverso un modulo di ordinazione.
"Lo sviluppo della tecnologia elettronica e il *Retro Future*", spiega Naoki Sakai, "nacquero nello stesso periodo. Credo che il concetto di *retrò* non sarebbe potuto nascere senza lo sviluppo di quella tecnologia, perché lo liberò dal principio della funzionalità. Credo che la libertà del *retrò* scaturisca da tali concessioni al design". Il risultato dell'operazione Olympus O-Product mostra già distintamente i caratteri di prodotto *transitive* maturo: forme geometriche nette e *object-oriented*, senza tentativi di integrazione, come per esempio tra il corpo macchina e il flash – che ritornano a essere *unfitted*. Anche tutti i comandi sono, nella O-Product, interfacciati in modo ben diverso dalla consuetudine.
Naoki Sakai conclude così questa intervista: "Ho iniziato a usare la parola *Retro Future* nel progettare la Olympus O-Product, nel 1988 Una macchina fotografica è un accumulo di tecnologia elettronica, ma io ho voluto bandire interfacce elettroniche nelle zone di contatto tra utente e macchina, così ho introdotto una leva manuale sul fronte del prodotto".
La curiosità di sapere se anche per questo progetto è rintracciabile una fonte di ispirazione, rivelatasi utile a ricreare il "presente transitivo" del prodotto, è presto soddisfatta: nel periodo in cui progettava la O-Product, Naoki Sakai aveva visto un film intitolato *Brazil*. "È un film che ancora mi piace, l'ho visto e rivisto più volte. Credo che la parola *Retro Future*, dopo la rivoluzione digitale, significhi in altre parole 'classico', come la letteratura classica che puoi leggere e rileggere senza annoiarti".

[1] A. Guarneri, *Anni Novanta*, in "Abitare", n. 385, giugno 1999.
[2] B. Zevi, *Sull'architettura del terzo millennio*, editoriale in "Architettura Cronaca e Storia", ottobre 1998.
[3] K. Pomian, *Il presente futurocentrico*, in "Sfera", n. 22, settembre 1991.
[4] E. Manzini, C. Vezzoli, *Lo sviluppo dei prodotti sostenibili*, Maggioli editore, Rimini 1998.
[5] A. Branzi, *Introduzione al Design italiano. Una modernità incompleta*, Baldini & Castoldi, Milano 1999.
[6] A. Bony, *Les Années 40 de Anne Bony*, Editions du Regard, Paris 1985.
[7] E.L.Doctorow, *World's Fair*, New York, Random House, 1985.
[8] N. Bel Geddes, *Magic Motorways*, New York, Random House, 1940.
[9] N. Bel Geddes, *Description of the General Motors Building and Exhibit for the New York World's Fair*, dattiloscritto dell'8 settembre 1939, p. 6.
[10] N. Bel Geddes, *Ten Years From Now*, in "Ladies' Home Journal", gennaio 1931, p. 3.
[11] B. Secchi, *Milano-Berlino*, in "Domus", maggio 1999.
[12] R. Piano, *Postdamer Platz*, in "Architettura Cronaca e Storia", novembre-dicembre 1998.
[13] P. A. Tuminelli, *Marche, mercati, strategie. Intervista a John Mays*, in "Domus", giugno 1999.
[14] D. Cornil, *Coerenza formale*, in "Auto&Design", novembre 1997.
[15] AA.VV., *La vita tra cose e natura: il progetto e la sua sfida ambientale*, catalogo della XVIII Triennale di Milano, Electa, Milano 1992.
[16] *Ibidem*.
[17] K. Ottmann, *Io sono*, in "Domus", n. 816, giugno 1999.

l'autre moitié à l'étranger. Olympus reçut 25.000 commandes en 3 semaines seulement. Cette stratégie, qui ne peut en vérité être définie comme une stratégie de marketing, se trouve cependant, quinze ans plus tard, à la base d'une série de succès indéniables sur le thème de l'innovation du produit et s'affirme de plus en plus, au sein de l'entreprise contemporaine, comme une modalité possible de recherche de nouvelles formes de réponse aux orientations du marché. Dans les années où le Water Studio se forgeait une réputation inhabituelle pour un petit atelier japonais, Naoki Sakai préférait se définir comme *producer* plutôt que comme *designer*, à la fois pour marquer de manière différente la condition difficile, dans le Japon d'alors, de la figure du créateur indépendant, mais aussi parce que la fonction d'*industrial designer* était trop liée à des aspects pratiques de *problem solving* qui, comme Sakai l'avoue lui-même, étaient loin de l'enthousiasmer. Mais il y avait également une autre raison pour laquelle la figure du *producer* était alors particulièrement recherchée, à savoir le travail de conceptualisation stratégique qui lui était propre et que seule une personne extérieure à l'entreprise, ou en tout cas indépendante, était en mesure de réaliser efficacement. La phase de *design concept*, dont on n'a que trop abusé, et qui paraît omniprésente dans la manière de projeter caractérisant l'entreprise japonaise, n'indique en effet pas seulement la phase d'un travail conceptuel de mise en place des thèmes stratégiques des produits du futur : c'est avant tout l'action qui génère le « consensus », une passion éthique propre au Japon qui a produit des hordes de *conceptualists* convaincus que proposer et réaliser des idées – et cela même lorsque ce travail était effectué par d'autres personnes – étaient le maximum des aspirations dans ce contexte culturel et industriel. « Comment ont réagi les gens lorsqu'ils ont vu la Be-1 au Tokyo Motor Show ? Ils ont dit "Mignonne" et "Je veux ça..." On aurait dit qu'ils ne savaient pas exprimer leurs sensations de manière différente. La Be-1 fut durement critiquée par de nombreux journalistes du monde automobile, mais pour moi c'est une voiture qui réalise le désir des gens, qui n'est pas née pour satisfaire les besoins de l'industrie. C'est une voiture qui a été conçue pour susciter, à travers son aspect, la nostalgie, la familiarité et la tendresse. La plupart des critiques ont dit que c'était : "une dépravation du car-design", que je voulais enivrer les gens de bonheur ; mais le secteur du car-design est constitué d'une minorité revêche. Après tout, la Be-1 a représenté un point de rupture et je crois qu'elle a aussi marqué le début du *Retro Future* et de mon travail. En d'autres termes, ce projet, qui reflétait ma ligne de conduite dans la vie comme dans le design, est un *Fueki Ryuko*. Cette expression japonaise – forgée par Basho Matsuo, un célèbre poète japonais et un maître du thé de l'époque classique – signifie "des constantes qui reviennent toujours à la mode" : une manière de penser absolument orientale qui va à mon avis totalement à l'encontre de la logique occidentale, parce que le sens de *Fueki Ryuko* c'est que "les choses immuables sont en train de changer" ». Il y a environ dix ans, Olympus demanda au Water Studio de concevoir un appareil photo pour l'anniversaire de ses 70 ans. C'est alors que Sakai proposa une libre interprétation de ce qu'avait pu être un Kodak Brownie des années 1950, ainsi qu'une relecture du petit Contex suisse des années 1940. Son corps – un bloc d'aluminium solide – présentait une surface avec trois types de finition différents : brossée, satinée et brillante, et ce dans le but de rendre plus attrayant le mécanisme standard d'un banalissime appareil *point-and-shoot*. La production de cet appareil photo comportait 75 phases de travail différentes, à savoir le double de ce qu'il est normalement nécessaire. Il s'agissait d'un produit à série limitée qui ne pouvait être acheté que sur commande.

« Le développement de la technologie électronique et le *Retro Future* sont nés à la même période. Je crois que le concept de *rétro* n'aurait pas pu naître sans le développement de cette technologie, parce qu'elle lui a permis de se

libérer du principe de la fonctionnalité. Je crois que la liberté du *rétro* dérive de ces concessions faites au design ». Le résultat de l'opération Olympus O-Product montre déjà clairement les caractéristiques du produit *Transitive Design*: des formes géométriques nettes et *object oriented*, sans aucune tentative d'intégration, comme par exemple entre le corps de l'appareil et le flash – qui recommencent donc à être *unfitted*. De la même manière, toutes les commandes du O-Product présentent des interfaces bien différentes par rapport à celles auxquelles nous sommes habitués. Naoki Sakai achève ainsi cette interview: « J'ai commencé à employer le terme *Retro Future* lorsque j'ai projeté l'Olympus O-Product, en 1988. Un appareil photo est une accumulation de technologie électronique, mais j'ai voulu bannir les interfaces électroniques situées dans les zones de contact entre l'utilisateur et l'appareil, c'est pourquoi j'ai introduit un levier manuel sur la partie frontale du produit ». Lorsqu'on exprime la curiosité de savoir si, même pour ce projet, il était possible de retrouver une source d'inspiration ayant permis de recréer le « présent transitif » du produit, on est vite satisfait : pendant qu'il projetait la O-Product, Sakai avait vu le film *Brazil*. « C'est un film que j'aime encore aujourd'hui, je l'ai vu et revu. Je crois que l'expression *Retro Future*, après la révolution digitale, est une autre manière de dire : "classique", au sens de la littérature classique que l'on peut lire et relire sans jamais s'ennuyer ».

[1] A. Guarneri, *Anni Novanta*, "Abitare", n° 385, juin 1999.

[2] B. Zevi, *Sull'architettura del terzo millennio*, éditorial tiré de "Architettura Cronaca e Storia", octobre 1988.

[3] K. Pomian, *Il presente futurocentrico*, "Sfera", n° 22, septembre 1991.

[4] E. Manzini, C. Vezzoli, *Lo sviluppo dei prodotti sostenibili*, Maggioli editore, Rimini 1998.

[5] A. Branzi, *Introduzione al Design italiano. Una modernità incompleta*, éd. Baldini & Castoldi, Milan, 1999.

[6] A. Bony, *Les Années 40 de Anne Bony*, Editions du Regard, Paris 1985.

[7] E.L. Doctorow, *World's Fair*, Random House, New York 1985.

[8] N. Bel Geddes, *Magic Motorways*, Random House, New York 1940.

[9] N. Bel Geddes, *Description of the General Motors Building and Exhibit for the New York World's Fair*, texte dactylographié du 8 septembre 1939, p. 6.

[10] N. Bel Geddes, *Ten Years from Now*, "Ladies' Home Journal", janvier 1931, p. 3.

[11] B. Secchi, *Milano-Berlino*, « Domus », mai 1999.

[12] R. Piano, *Postdamer Platz*, « Architettura Cronaca e Storia », novembre-décembre 1998.

[13] P.A.Tuminelli, *Marche, mercati, strategie. Intervista a John Mays*, « Domus », juin 1999.

[14] D. Cornil, *Coerenza formale*, « Auto & Design", novembre 1997.

[15] Ouvrage collectif, *La vita tra cose e natura : il progetto e la sua sfida ambientale*, catalogue de la XVIIIe Triennale de Milan, Electa, Milan 1992.

[16] *Ibid*.

[17] K. Ottmann, *Io sono*, «Domus», n° 816, juin 1999.

Box dei Design Viewports

Charles Eames Strasse

Capitare a Los Angeles per la Herman Miller e fare una visita di cortesia a Ray Eames era, per me, un'occasione irrinunciabile. L'appuntamento era allo studio di Venice, un ampio capannone trasformato in un ordinatissimo deposito con, al centro, modelli di circuiti elettronici IBM ingigantiti e allineati a calchi tridimensionali di pezzi d'arredo e ad altri oggetti di più ardua interpretazione.

Accompagnata da un assistente, Ray Eames mi ricevette con la grazia discreta e calorosa che ben corrispondeva alla sua immagine. Erano passati almeno sei anni dalla scomparsa di Charles, ma quel giorno Ray appariva ancora sconsolata. Mi resi però subito conto che la sua sottile afflizione era motivata dall'ansia per la sorte di quel "giacimento" di memorie personali che stava lì alle sue spalle, e che da tempo attendeva un'adeguata collocazione. Ricordo distintamente che, nel corso di quel breve incontro, non parlò quasi d'altro, come se io – che le ero stato presentato tramite la Herman Miller – potessi avere una qualche forma di influenza sulla vicenda. Infatti, gli interlocutori validi per la soluzione del problema della Eames Legacy erano la Herman Miller, lo Smithsonian Institute di Washington e, dall'Europa, Rolf Fehlbaum della Vitra. Ma la Miller era ormai una public company in pieno ricambio generazionale e la vecchia guardia, che aveva portato l'impresa al successo anche grazie al lungo sodalizio con gli Eames, si stava via via ritirando. Quanto allo Smithsonian, nonostante fosse una struttura ufficiale e quindi adatta a conservare le testimonianze del più importante contributo americano alla storia del design, credo che la sua esclusione dall'acquisizione dell'Archivio Eames dipese anche dal fatto che il passato recente, inteso come "vissuto vicino", rimane a lungo materia viva ed emozionale e non è quindi facile oggetto di storicizzazione. Nelle strettoie temporali dei tempi *transitive*, posti tra un passato ancora vitale e un futuro prossimo, l'affettività creativa di storie personali si rivela invece spesso vincente rispetto alle rigide visioni ideali, incapaci di trasformare la memoria in esperienza condivisibile. La storia si concluse infatti definitivamente solo nel 1988, quando Rolf Fehlbaum – grande "collezionista" di idee, eventi e opere variamente ricombinate nella sua personalissima temporalità *transitive* – riuscì a spedire l'intero Archivio Eames nel cuore della "vecchia Europa", alla sede della Vitra di Weil am Rhein, cittadina tedesca al confine con Basilea, al fatidico indirizzo di Charles Eames Strasse, 1.

Aluminium day

Nonostante il destino mi abbia fatto nascere in una miniera di bauxite – risparmiata dai bombardamenti degli alleati solo grazie alla presenza di impianti e di *cottages* di proprietà inglese –, il fascino della levità materiale dell'alluminio mi è sempre stato indifferente. Devo anzi ammettere di aver provato una vaga antipatia per la versatilità funzionale delle sue estrusioni, che ho sempre visto come segmenti non conclusi di una forma scontata di utilitarismo tecnologico. Una antipatia largamente condivisa, visto che anche nel film *Everybody Says I Love You*, quando Woody Allen, vedendo alle soglie dell'Inferno un uomo maltrattato molto più degli altri, chiede quale terribile peccato abbia compiuto per meritarsi una simile pena, il suo Virgilio gli sussurra: "È l'ingegnere che ha inventato i serramenti in alluminio..."

Credo tuttavia che il problema di identità dell'alluminio derivi, paradossalmente, proprio dalle sue ampie possibilità di lavorazione e dalla capacità di soddisfare le aspettative più disparate, assolvendo così a troppi compiti generici. La morfologia dei diversi componenti che ne consegue, troppo eterogenea, oltre a determinare una notevole complessità formale del prodotto finale assemblato, lo rende anche figurativamente incompiuto. Pertanto, nel prossimo futuro, l'attenzione agli sviluppi e alle applicazioni industriali di questa versatile materia metallica dovranno concentrarsi non tanto sulla metallurgia, cioè sull'evoluzione di ulteriori leghe specializzate, quanto sulla natura qualistica delle trasformazioni dei manufatti stessi e sul risultato estetico della loro nuda identità.

Materiale leggero, duttile e resistente, l'alluminio ha tuttavia saputo soddisfare, grazie soprattutto alla sua versione anodica, il sempre più ricorrente desiderio di abbandonare il peso e la lucentezza dei metalli forti per diventare sempre più materia amica e pregiata: segno di una trasformazione che da un certo punto in poi sarebbe stata inarrestabile. Potrebbe dunque essere giunto il momento di celebrare – con una sorta di "Aluminium day" – non solo la sua innegabile affermazione di questi ultimi anni, ma anche il suo progressivo ma costante successo nel portare a compimento molte delle più grandi aspirazioni tecniche ed estetiche di buona parte di questo secolo.

Alumescent Depth

Per chi si occupa di materiali, "alum" è un neologismo di cui da qualche tempo non si può più fare a meno; derivato da allume, la radice non solo chimica ma anche etimologica di allumina e alluminio, esso designa la proprietà diffusiva di un materiale penetrato da una luce che si effonde in modo casuale per un effetto di *scattering*. L'*alum* indica dunque la natura "riflessiva" della materia, e non quella riflettente propria dei materiali speculari, che deriva da quel comportamento "introspettivo" della luce che, catturata dall'oggetto, ne fa conoscere la natura materica profonda. Una volta recuperata e risemantizzata, l'opalescenza, propria dei primi oggetti in plastica semitrasparente e lattiginosa di metà secolo, trattiene del passato il carattere affettivo e leggermente seduttivo che la rendono uno degli scenari *transitive* per eccellenza.

Huan era la città dell'industria pesante della Cina di Mao-Tze-Tung ed era anche la città in cui egli aveva compiuto la storica nuotata attraverso il limaccioso Fiume Giallo; dunque, quanto di più lontano dall'*alum* si possa immaginare. Nel 1978, Mao era scomparso da almeno due anni e la "banda dei quattro" appena liquidata. Da un anno, dopo più di tre decenni, era dunque di nuovo possibile entrare in Cina, occasione che i dinamici rappresentanti locali della Montedison non si lasciarono sfuggire, e io nemmeno. Il viaggio nasceva dall'esigenza di introdurre le materie plastiche e le loro tecnologie di trasformazione nel Paese, ma fu anche l'occasione per mostrare nuovamente facce occidentali ai cinesi di Huan. La *kermesse* fieristica ruotava intorno a

Encadrés des Design Viewports

Charles Eames Strasse

Aller à Los Angeles pour la société Herman Miller et rendre visite à Ray Eames était, pour moi, une occasion à laquelle je n'aurais renoncé sous aucun prétexte. Nous avions rendez-vous dans son atelier de Venice, un vaste hangar transformé en un dépôt parfaitement ordonné avec, au centre, des modèles de circuits électroniques IBM agrandis et alignés auprès de calques tridimensionnels d'éléments d'ameublement ainsi que d'autres objets plus difficiles à interpréter.

Accompagnée d'un assistant, Ray Eames me reçut avec la grâce discrète et chaleureuse qui correspond si bien à son image. Il y avait au moins six ans que Charles était mort, et ce jour-là, Ray semblait toujours aussi inconsolable. Mais je me rendis tout de suite compte que sa subtile affliction était provoquée par une angoisse liée à cette espèce de « gisement » de souvenirs personnels qui se trouvait derrière elle et attendait depuis longtemps une installation adaptée. Je me rappelle parfaitement qu'au cours de cette brève rencontre, elle ne parla presque de rien d'autre comme si moi – qui lui avait été présenté par l'entremise de la société Herman Miller –, je pouvais avoir une quelconque influence sur le cours des choses. De fait, les seuls interlocuteurs valables en ce qui concerne la solution du problème du legs Eames étaient la société Herman Miller, le Smithsonian Institute de Washington et, pour ce qui est de l'Europe, Rolf Fehlbaum de la société Vitra. Mais la société Herman Miller était désormais une *public company* en plein changement de génération, et la vieille garde, qui avait conduit l'entreprise au succès également grâce à la collaboration de Eames, était progressivement en train de se retirer. Quant au Smithsonian Institute – une structure officielle parfaitement adaptée à la conservation des témoignages de la plus grande contribution américaine à l'histoire du design –, je pense qu'il fut exclu de l'achat des Archives Eames également parce que le passé récent, entendu comme « vécu proche », reste longtemps une matière vivante et émotionnelle, et qu'il n'est donc pas facile de le replacer dans un contexte historique. Dans les goulets d'étranglement temporels du *transitive*, situés entre un passé encore vivant et un futur proche, l'affectivité créatrice d'histoires personnelles triomphe souvent des visions idéales rigides, incapables de transformer la mémoire en une expérience susceptible d'être partagée. L'histoire ne s'est en effet conclue définitivement qu'en 1988, quand Rolf Fehlbaum – grand « collectionneur » d'idées, d'événements et d'œuvres diversement combinées au sein d'une temporalité *transitive* tout à fait personnelle – réussit à envoyer toutes les Archives Eames au cœur de la « vieille Europe », au siège de Vitra à Weil am Rhein, une petite ville frontalière allemande située non loin de Bâle, siège dont l'adresse n'est autre que le fatidique « 1 Charles Eames Strasse ».

Aluminium day

Bien que le destin m'ait fait naître dans une mine de bauxite – épargnée par les bombardements des alliés uniquement grâce à la présence d'installations et de cottages anglais – j'avais toujours été indifférent au charme de la légereté matérielle de l'aluminium. Je dois même avouer que j'ai toujours eu une vague antipathie pour l'éclectisme fonctionnel de ses extrusions, que j'avais toujours interprétées comme les segments inachevés d'une forme prévisible d'utilitarisme technologique. Une antipathie largement partagée, si l'on songe que dans le film *Tout le monde dit : I love You*, lorsque Woody Allen aperçoit aux portes de l'Enfer un homme bien plus maltraité que les autres et demande ce qu'il a bien pu faire pour mériter une peine semblable, son Virgile lui murmure : « C'est l'ingénieur qui a inventé les fermetures en aluminium ...».

Je pense toutefois que le problème d'identité de l'aluminium relève, paradoxalement, de ses vastes possibilités d'usinage et de sa capacité à satisfaire les attentes les plus disparates tout en répondant également à des exigences générales. La morphologie trop hétérogène des différentes composantes qui en découle ne se limite pas à déterminer une grande complexité formelle du produit une fois assemblé, mais elle le rend également inachevé au plan figuratif. C'est pourquoi, dans un avenir proche, l'attention apportée aux développements et aux applications industrielles de cette matière métallique éclectique, devra se concentrer non pas tant sur la métallurgie, à savoir sur l'évolution de nouveaux alliages spécialisés, mais sur la nature qualistique des transformations des objets manufacturés – c'est-à-dire sur la qualité subjective et non mesurable du produit – et sur le résultat esthétique de leur identité.

Toutefois, ce matériau léger, ductile et résistant, a su satisfaire, surtout grâce à sa version anodisée, le désir toujours plus grand d'abandonner le poids et la brillance des métaux plus forts pour devenir une matière recherchée et prisée : une étape qui marque donc le début d'une évolution inéluctable. Peut-être qu'est venu le moment de fêter – avec une sorte d' « Aluminium day » – non seulement le succès incroyable de ce matériau au cours de ces dernières années, mais aussi son affirmation progressive qui a abouti à la réalisation de bon nombre des plus grandes aspirations techniques et esthétiques d'une bonne partie de ce siècle.

Alumescent Depth

Pour ceux qui s'occupent des matériaux, « alum » est un néologisme dont on ne peut plus se passer depuis quelque temps.

Dérivé de « alun », racine non seulement chimique, mais aussi éthymologique d'alumine et aluminium, ce terme désigne la propriété diffusive d'un matériau pénétré par une lumière qui se propage au gré du hasard par un effet de *scattering*. L'*alum* indique donc la nature « réflexive » de la matière, et non pas la nature « réfléchissante » propre aux matériaux spéculaires, une caractéristique dérivant du comportement « introspectif » de la lumière qui, capturée par l'objet, en fait connaître la matérialité profonde. Une fois récupérée et dotée d'une nouvelle sémantique, l'opalescence caractéristique des premiers objets en plastique semi-transparent et laiteux du milieu du siècle, conserve du passé cet aspect affectif et légèrement séduisant qui la rendent *transitive* par excellence.

Wuhan, ville de l'industrie lourde de la Chine de Mao, est aussi l'endroit où il avait accompli sa traversée historique des eaux boueuses du fleuve Jaune. Rien de plus éloigné, donc, de l'*alum*.

una serie di giganteschi impianti che sfornavano bacinelle, spazzole, utensili da cucina, imballaggi, ma anche tacchi a spillo e bigodini. La coda esterna dei visitatori era così lunga da doversi snodare ad anse sempre più fitte e, all'interno, l'oggetto che riscuoteva il maggior successo era, sorprendentemente, il normale bicchiere di plastica, prodotto e distribuito a ritmo incalzante. I visitatori, raccolti in capannelli blu punteggiati da bicchieri bianchi tastati avidamente, apparivano affascinati e insieme turbati dall'esperienza fino allora sconosciuta della tattilità resiliente e della consistenza polimerica. Ma l'aspetto qualistico che più sembrava colpirli era la natura diffusiva di quel materiale, più sottile di un guscio d'uovo ma apparentemente inattaccabile quanto la porcellana, di cui possedeva un analogo biancore traslucido.

I bicchieri venivano scrutati in controluce, commentati e apparentemente paragonati a chissà che; solo successivamente mi resi conto che forse i cinesi non stavano facendo paragoni, ma semplicemente apprezzando, da veri intenditori, la grandiosità dell'*alum* di un comune bicchiere di plastica.

Dear Plastic

Di tutte le materie trasparenti, l'ambra è quella che più si rivela naturalmente arricchita del senso del tempo, il che, rispetto alla seduttiva trasparenza cristallina perfezionata per secoli attraverso artefatti sempre più sofisticati, la propone come nuova icona materica dell'affettività.

All'inizio degli anni novanta, la plastica si trovava a vivere una fase evolutiva volta al recupero dei suoi valori espressivi più profondi che, nella seconda metà della decade, ne avrebbe rivoluzionato l'immagine qualistica. In quel contesto l'ambra mi appariva come una sorta di anticipazione del carattere traslucido dell'*alum*, che di lì a poco avrebbe dominato il settore. L'ambra doveva essere però recuperata non più nella sua accezione di materia preziosa, ma per la sua natura di "contenitore di memoria", rivelata sia dalle sorprendenti inclusioni sia dal colore, più o meno carico, dovuto all'azione del tempo sulla resina. In termini *transitive* l'ambra, testimonianza di un passato geologico, perde le primitive connotazioni magico-esoteriche per assumere semplicemente la funzione di archetipo affettivo delle vetero-plastiche degli anni trenta e quaranta. Essa, dunque, non è *transitive* in sé, ma lo è per l'uso che se ne fa, cioè come *link* temporale del *native*, ossia della materia al suo stato primigenio, espressione biocompatibile e diafana dell'adattamento del materiale ai ritmi biologici. Grande mito ecologico degli anni novanta, il carattere *native* della plastica biodegradabile era infatti definito non solo dall'assenza di colore (nessun pigmento aggiunto) ma anche dalla giallastra opacità traslucida e diffusiva, tipica delle cariche amidacee degradabili. L'identità del nuovo materiale risultava anche rassicurante per la sua vita effimera e la conseguente scomparsa "pulita". La biocompatibilità dei più sofisticati componenti chirurgici e protesici aveva inoltre conferito alle materie dall'aspetto ambraceo anche un'identità super-tecnologica prima impensabile. Come sempre, i caratteri *transitive* fanno compiere ai prodotti di buon contenuto tecnologico uno scatto d'identità significativo, e questo vale in particolare per l'ambra che, in questo modo, non rischia di venire confinata nella tradizionale connotazione nostalgica. Infatti, ho sempre incontrato una certa difficoltà nel proporre la plastica ambracea in ambito industriale, soprattutto quando utilizzata per prodotti dalla connotazione *native* più oggettiva, ossia quella strettamente ecologica. È stato invece più facile farla accettare nella sua accezione *transitive*, cioè come ingrediente emozionale usato per stemperare l'asprezza di funzioni tecnologiche avanzate, un po' troppo sbilanciate verso il futuro.

Protoplastics

Di tutti gli eventi della World's Fair del 1939, quello meno noto, ma più ricco di conseguenze per le fluttuanti lunghezze degli orli delle gonne femminili, fu sicuramente l'introduzione del nylon sul mercato americano. Un evento che neppure Norman Bel Geddes avrebbe potuto immaginare quando, dalle pagine di un "Ladies' Home Journal" del 1931, ironizzava sulle scontate evoluzioni della moda femminile. Tuttavia a New York, nel padiglione della Dupont, il "destino di mercato" del nylon era ormai già ben rappresentato dal *display* di una gigantesca gamba-manichino alta sette metri: il poliammide 66 sarebbe stato il primo sostituto sintetico della seta naturale nelle calze femminili. Per il nylon fu un successo commerciale senza precedenti, con ordinazioni frenetiche che, in un solo giorno, raggiunsero i quattro milioni di paia di calze vendute.

Questo non è che un esempio del destino evolutivo dei materiali e della cronaca di una lunga serie di rimpiazzi avvenuti nella scia turbolenta del progresso tecnologico. Tra i casi di "protoplastiche", cioè di materie plastiche successivamente abbandonate, il più rilevante fu quello della bakelite, una delle prime sostanze completamente di sintesi che aveva a sua volta rimpiazzato la *shellac*. Questa resina naturale, usata come vernice protettiva per il legno ma caratterizzata anche da sorprendenti proprietà dielettriche, fu subito inadeguata a soddisfare la crescente domanda di efficienti isolanti negli anni della grande elettrificazione. Materiale nato nel 1909 da un brevetto dell'americano Leo Baekeland, la bakelite possiede tuttavia una corposa densità materica che non può essere separata dall'identità della *shellac*, cioè dalla originale matrice estetica, costituita dalla secrezione resinosa che gli insetti della specie *Laccifer lacca* lasciano su certi alberi del sud est asiatico. Dunque è così che una protoplastica, cioè una materia plastica ormai messa "a riposo" e liberata dal bisogno di fungere da manico di un ferro da stiro piuttosto che da interruttore, può ritrovare la ragione di continuare ad esistere proprio per la sua intrinseca bellezza: come la bakelite, al cui profondo lucore si guarda solo oggi come a quello di una vera e preziosa lacca, la prima lacca 3D, l'unica capace di fare a meno di un altro materiale di supporto.

En 1978, Mao était mort depuis deux ans et la « bande des quatre » venait d'être liquidée. Après plus de trois décennies, il était désormais possible depuis un an d'entrer en Chine, une occasion que les dynamiques représentants locaux de Montedison ne laissèrent pas échapper, et moi non plus. Le voyage naissait de l'exigence d'introduire les matières plastiques ainsi que leur technologie de transformation dans le pays, mais ce fut aussi l'occasion de montrer à nouveau des visages occidentaux aux Chinois de Wuhan. Cette sorte de *Salon* s'articulait autour d'une série de gigantesques installations produisant des bassines, des brosses, des ustensils de cuisine, des emballages, mais aussi des talons aiguilles et des bigoudis. À l'extérieur, la queue formée par les visiteurs état si longue qu'elle en faisait des méandres toujours plus serrés, tandis qu'à l'intérieur, l'objet qui remportait le plus franc succès était, de manière surprenante, un banal verre en plastique produit et distribué à un rythme infernal. Les groupes de visiteurs vêtus de bleu et tâtant avidement les verres blancs, semblaient à la fois fascinés et troublés par l'expérience – jusqu'ici inconnue – de la tactilité résistante et de la consistance polymère. Mais l'aspect qualistique qui semblait les frapper le plus était la nature diffusive de ce matériel, plus fin qu'une coquille d'œuf mais apparamment inattaquable comme la porcelaine, dont le plastique possédait également la blancheur translucide.

Les visiteurs observaient les verres en contre-jour, faisant des commentaires, les comparant à je ne sais quoi. Ce n'est que plus tard que je me suis rendu compte que les Chinois ne faisaient peut-être aucune comparaison, mais qu'ils appréciaient – en parfaits connaisseurs – la grandeur de l'*alum* d'un banal verre en plastique.

Dear Plastic

De toutes les matières transparentes, l'ambre est certainement celle qui évoque le plus naturellement un sentiment de temporalité, ce qui, eu égard à sa séduisante et cristalline transparence perfectionnée au cours des siècles à travers des procédés toujours plus sophistiqués, en fait une nouvelle icone matérielle de l'affectivité.

Au début des années 1990, le plastique entre dans une phase visant à la récupération de ses valeurs expressives les plus profondes, et l'on assistera au cours de la seconde moitié de la décennie à une véritable révolution au plan de l'image qualistique de cette matière. Dans ce contexte, l'ambre me semblait être une sorte d'anticipation du caractère translucide de l'*alum*, une matière qui allait dominer le secteur peu de temps après. L'ambre devait être récupéré non plus dans sa dimension de matière précieuse, mais en tant que « réceptacle de la mémoire » caractérisé par de surprenantes inclusions ainsi que par une couleur plus ou moins forte due à l'action du temps sur la résine. Du point de vue *transitive*, l'ambre – témoignage d'un passé géologique – perd ses connotations magiques et ésotériques pour devenir plus simplement un archétype affectif des vétéro-plastiques des années 1930 et 1940. Cette matière n'est donc pas *transitive* en soi, mais elle le devient en fonction de l'usage qu'on en fait, c'est-à-dire quand l'ambre s'avère être un *link* temporel du *native*, une matière à l'état premier, expression biocompatible et diaphane de l'adaptation d'un matériau aux rythmes biologiques. Grand mythe écologique des années 1990, le caractère *native* du plastique biodégradable était en effet défini non seulement par l'absence de couleur (pas de pigments ajoutés) mais aussi par l'opacité translucide jaunâtre et diffusible typique des matières amylacées dégradables. L'identité du nouveau matériau était également rassurante du fait de sa vie éphémère et de la disparition « propre » qui en découlait. La biocompatibilité des composantes les plus sophistiquées destinées à la chirurgie et aux prothèses avait en outre conféré aux matières à l'aspect ambré une identité super-technologique impensable jusque-là. Comme toujours, les caractères *transitive* font évoluer de manière significative l'identité de produits dotés d'un contenu technologique solide, et ceci vaut tout particulièrement pour l'ambre qui ne risque pas ainsi d'être cantonnée à une connotation traditionnellement nostalgique. De fait, j'ai toujours eu une certaine difficulté à imposer le plastique ambré dans le domaine industriel, surtout lorsqu'il est utilisé pour des produits caractérisés par une connotation *native* plus objective, c'est-à-dire la connotation strictement écologique. Il a en revanche été plus facile d'imposer ce plastique dans son acception *transitive*, c'est-à-dire comme ingrédient émotionnel utilisé pour émousser l'âpreté de fonctions technologiques avancées et un peu trop orientées vers le futur.

Protoplastics

De tous les événements qui ont caractérisé la World's Fair de 1939, le moins connu mais qui a eu plus de conséquences sur la longueur des jupes féminines, fut certainement l'introduction du nylon sur le marché américain. Un événement que même Norman Bel Geddes n'aurait pu imaginer lorsque, sur les pages d'un "Ladies' Home Journal" de 1931, il ironisait sur les évolutions prévisibles de la mode féminine. Toutefois, à New York, dans le pavillon Dupont, le « destin du marché » du nylon était déjà annoncé par la présence d'une jambe-mannequin géante de plus de sept mètres de hauteur : le polyamide 66 fut donc le premier succédané synthétique de la soie naturelle pour les collants féminins. Pour le nylon, ce fut un succès commercial sans précédents, avec des commandes frénétiques qui atteignirent en un seul jour quatre millions de paires vendues. Mais ce n'est là qu'un exemple de l'évolution des matériaux et de la chronique d'une longue série de substitutions qui eurent lieu sur le sillage turbulent du progrès technologique : un destin qui pouvait d'ailleurs guetter également les produits de remplacement. Parmi les cas de « protoplastiques », c'est-à-dire de matières plastiques abandonnées à leur tour, le plus important fut celui de la bakélite, puisqu'il s'agissait d'abandonner l'une des premières substances complètement de synthèse qui avait à son tour remplacé la shellac. Cette résine naturelle, employée comme vernis protecteur pour le bois mais caractérisée également par de surprenantes propriétés diélectriques, s'avéra rapidement peu adaptée à répondre à la demande croissante d'isolateurs efficaces durant les années de la grande électrification. Née en 1909 sur un brevet de l'américain Leo Baekeland, la bakélite ne peut toutefois pas être séparée – du fait de sa forte densité – de l'identité de la shellac, sa matrice esthétique d'origine, constituée par la sécretion résineuse que les insectes de l'espèce *Laccifer lacca* laissent sur certains arbres du Sud-Est asiatique. C'est donc ainsi que la protoplastique, c'est-à-dire la matière plastique désormais « au repos » et affranchie de la nécessité de servir de manche de fer à repasser ou d'interrupteur, peut recommencer à exister sur la base de sa beauté intrinsèque : c'est le cas de la bakélite, dont la précieuse lueur est aujourd'hui admirée à l'instar d'une véritable laque, la première laque en 3 dimensions, la seule qui soit capable de se passer de son support.

Transitive Glossary

Eclectic
A term coined in the classical era and revived in the period between the Restoration and the industrial development of the mid-1800s. It defines an artistic approach that selects the best styles and compositional elements from different contexts, combining them in new languages.

Ersatz
An object or material that imitates, with the aim of evoking or substituting, if only on an affective level, a model that no longer exists or is no longer obtainable/affordable.

Link
Term of hypertextual origin, indicating a visual or conceptual reference, of a heterogeneous nature, that also becomes a generator of temporal connections. The use of the link in design permits greater agility and a freer use of reference sources, as opposed to the usual design method based on methodological concatenations. In stylistic terms, the link can be seen as an evolution of the citation.

Native
A design language typical of the Nineties, characterizing environments and products with an ecological image and value, based on a return to the expressive qualities of materials left in their original state.

Object-oriented
A design language that calls for the aesthetic autonomy of each single part of an object. This is the opposite of the aesthetic of integration of the parts in the whole.

Qualistic
A term coined by the author. It indicates the trend, in design, toward identification of the quality of a product according to subjective evaluations based primarily on emotions, rather than the precisely quantifiable parameters of measurements, technical and functional properties of the object or environment in question.

Unfitted
A term used to define a product that is not integrated, in terms of size or form, in a particular context, due to its autonomous, well-defined aesthetic character.

Transitiver Glossar

Eklektisch
Ausdruck aus der Klassik, der im Zeitalter der Restauration und der industriellen Entwicklung in der Mitte des neunzehnten Jahrhundert wieder aufgenommen worden ist, um eine Kunstströmung zu definieren, in der aus verschiedenen Kontexten die als beste angesehenen Stile und kompositiven Elemente ausgewählt und in neuen Sprachen zusammengefügt werden.

Ersatz
Gegenstand oder Material, das ein derzeit fehlendes oder unerreichbares Modell nachahmt und es somit darstellen oder, wenn auch nur auf Gefühlsebene, ersetzen will.

Link
Ausdruck aus dem Hypertext, der einen visuellen oder begrifflichen Hinweis verschiedenartigster Natur darstellt und der auch zum Generator von Zeitverbindungen werden kann. Im Design ermöglicht sein Einsatz eine größere Beweglichkeit und eine freiere Ausschöpfung von Bezugsquellen im Vergleich zu der üblichen, sich auf methodologische Verkettungen stützende Entwurfssituation. Der Link kann stilistisch als eine Weiterentwicklung des Zitats angesehen werden.

Native
Wort aus dem für die neunziger Jahre typischen Design, das Räume und Produkte mit bestimmtem ökologischem Inhalt charakterisiert, denn es gründet auf dem expressiven Einsatz von Rohstoffen in ihrem Entstehungszustand.

Object-oriented
Ausdruck aus der Entwurfphase, der die ästhetische Selbstständigkeit der einzelnen, einen Gegenstand bildenden Teile vorsieht. Er steht im Gegensatz zur Ästhetik der Integration von einzelnen Teilen ins Ganze.

Qualistik
Ein vom Autor geprägter Ausdruck. Im Design wird damit die Tendenz bezeichnet, die Qualität eines Produkts mittels subjektiver und vorwiegend emotionaler Beurteilung festzustellen, ohne daß man von den genau quantifizierbaren Parametern der Maße, der technischen und funktionalen Eigenschaften des entworfenen Objekt oder der geplanten Räume ausgeht.

Unfitted
Dieser Ausdruck wird verwendet, um ein Produkt zu bezeichnen, das sich aufgrund seines autonomen ästhetischen und klar umrissenen Charakters weder auf dimensionaler noch auf formaler Ebene in einen Kontext einfügen lässt.

Bibliography
Bibliographie

A. Bassi, "Via italiana al 'minimo'," in *Il Sole 24 ore*, 18 April 1999.

N. Bel Geddes, "Ten Years from Now," in *Ladies' Home Journal*, January 1931, p. 3.

N. Bel Geddes, *Description of the General Motors Building and Exhibit for the New York World's Fair*, typewritten text texte of 8 September 1939, p. 6.

N. Bel Geddes, *Magic Motorways*, Random House, New York 1940.

N. Bellati, *Le Nouveau Design Italien*, Terrail, New York 1990.

L. Bolgeri (ed.), "Memoria e progetto," in *Sfera*, n.5, Mai 1989.

A. Bony, *Les Années 40 de Anne Bony*, Editions du Regard, Paris 1985.

A. Branzi, *Il design italiano. 1964-1990*, Electa, Milan 1996.

A. Branzi, *Introduzione al Design italiano. Una modernità incompleta*, Baldini & Castoldi, Milan 1999.

D.J. Bush, "J'ai vu le futur," in *Raymond Loewy, un pionnier du design américain*, Centre Pompidou, Paris 1990.

M. Calboni (ed.), *Sottsass Associati. 1980-1999 frammenti*, Rizzoli, Milan 1999.

S. Casciani, *Il sogno del comando*, Città Studi Edizioni, Milan 1995.

C. Trini Castelli, *Il Lingotto primario. Progetti di design primario alla Domus Academy*, Arcadia Edizioni, Milan 1985.

C. Trini Castelli, "Scenario qualistico: Consistenza," in Various authors, *La vita tra cose e natura: il progetto e la sua sfida ambientale*, catalogue of the 18th Triennale of Milan, Electa, Milan 1992.

C. Trini Castelli, "The Theory of Pallor," in E. Sottsass, *Notes on Color*, edited by B. Radice, Abet Laminati, 1993, pp. 61-90.

C. Trini Castelli, "The power of the link," in *Interni*, September 1997.

C. Trini Castelli, "Ersatz, scenarios of the imperfect substitute," in *Interni*, December 1997-January 1998.

C. Trini Castelli, "Prodotti transitivi," in *Interni*, March 1999.

D. Cornil, "Coerenza Formale," in *Auto & Design*, November 1997.

R. Crespi (ed.), *Sconosciuti e familiari. Oggetti di design anonimo prodotti in Svizzera dal 1920*, Hoepli, Milan 1993.

A. Di Noto, *Art plastic. Designed for living*, Abbeville Press, New York 1984.

E.L. Doctorow, *World's Fair*, Random House, New York 1985.

G. Dorfles, *Il disegno industriale e la sua estetica*, Cappelli editore, Bologna 1963.

C. Fayolle, *Le design*, Editions Scala, Paris 1998.

C. e P. Fiell, *Modern Chairs*, Taschen, Cologne 1994.

B. Fitoussi, "Sotto il segno di un nuovo dinamismo," in *Design Diffusion*, March 1998.

E. Frateili, *Continuità e trasformazione. Una storia del disegno industriale italiano 1928-1988*, Alberto Greco Editore, Milan 1989.

P. Giacoppo, "Herman Miller For Home ripresenta il 'Design Classico'," in *Design Diffusion*, November 1998.

C. Greenberg, *Mid-Century. Furniture of the 1950s*, Harmony Books, New York, 1984.

V. Gregotti, *Il disegno del prodotto industriale. Italia 1860-1980*, Electa, Milan 1982.

A. Guarneri, "Anni Novanta," in *Abitare*, n. 385, June 1999.

R. Horn, *Fifties Style*, Friedman Publishing Group, New York 1993.

S. Katz, *Plastics. Common objects, classic designs*, Harry N. Abrams Publisher, NewYork 1984.

S. Kicherer, *Raccolta completa della Produzione Privata di Michele De Lucchi*, Produzione Privata, 1999.

G. Maffi, "Questione di Stile," in *Design Diffusion*, November 1998.

C. Maltese, "Potsdamer Platz," in *La Repubblica*, 2 October 1998.

E. Manzini, C. Vezzoli, *Lo sviluppo dei prodotti sostenibili*, Maggioli Editore, Rimini 1998.

E. Mibelli, "I favolosi anni Settanta," in *Interni*, March 1996.

T. Mitchell, *New Thinking in Design: Conversations on Theory and Practice*, Van Nostrand Reinhold, 1996.

K. Ottmann, "Io sono," in *Domus*, n. 816, June 1999.

R. Piano, "Potsdamer Platz," in *Architettura Cronaca e Storia*, November-December 1998.

R. Pierantoni, *Verità a bassissima definizione. Critica e percezione del quotidiano*, Einaudi, Turin 1998.

K. Pomian, "Il presente futurocentrico," in *Sfera*, n. 22, September 1991.

L. Ravaioli, "Corsi e ricorsi del design," in *Interni*, April 1996.

P. Scarzella, "Expo '98," in *Design Diffusion*, November 1998.

B. Secchi, "Milano-Berlino," in *Domus*, Mai 1999.

R. Sexton, *American Style*, Chronicle Books, San Francisco 1987.

Studio Sowden, *Products*, private edition, June 1999.

F. Taroni, "Design, riedizioni, pezzi unici, serie numerate. Oggetti intramontabili ancora in produzione," in *Vogue Casa*, April 1999.

J. Thackara, *Beyond The Object in Design*, Thames and Hudson Inc., New York 1988.

P.A. Tuminelli, "Marche, mercati, strategie. Intervista a John Mays," in *Domus*, June 1999.

Various authors, "Il disegno dei materiali industriali," in *Rassegna*, June 1993.

Various authors, "The Design Process at Herman Miller. Nelson, Eames, Girard, Propst," in *Design Quartely 1998/99*, Walker Art Center, Minneapolis.

Various authors, *High Styles. Twentieth-century American design*, Whitney Museum of American Art–Summit Books, New York 1985.

Various authors, "Jonathan Ive" (interview with), in *Axis*, Mai-June 1999.

Various authors, *La vita tra cose e natura: il progetto e la sua sfida ambientale*, catalogue of the 18th Triennale of Milan, Electa, Milan 1992.

Various authors, *Workspirit Six*, private edition Vitra, 1998.

M. Vercelloni, *Urban Interiors in New York & U.S.A.*, Edizioni L'Archivolto, Milan 1996.

B. Zevi, "Sull'architettura del terzo millennio," editorial in *Architettura Cronaca e Storia*, October 1998.

Index of Names
Namenverzeichnis

Photo Credits
Sergio Anelli for *Interni*
Archivio fotografico Fondazione Piaggio, Pontedera (Pistoia)
Archivio fotografico Interni, Milan
Olivo Barbieri, Carpi (Modena)
Henri Cartier-Bresson / Magnum / Contrasto, Milan
Santi Caleca, Milan
Santi Caleca, for *Interni*
Fabio Cirifino / Studio Azzurro for *Interni*
Donato di Bello
© Domus / Cesare Colombo
© Domus / Gionata Xerra
Robert Doisneau / Grazia Neri, Milan
Matthew Donaldson for Cassina, Milan
J.R. Eyerman
Farabolafoto, Milan
Alberto Ferrero
Julian Hawkins for *Interni*
International Centre of Photography, New York
Christoph Kicherer
Ottagono, n.130 and n.131, Bologna
Picture / safe Media Data Bank GmbH, Hannover
Giovanni Rondina
Ettore Sottsass
Luca Tamburlini
Teknion Furniture Systems, Toronto
Enrico Ummarino for *Interni*
Tom Vack
Paul Warchol Photography inc. New York
Gionata Xerra
Miro Zagnoli

Elemond Editori Associati wishes to thank all those companies, museums and designers who have kindly supplied pictures, and would be pleased to hear from copyright holders in event of uncredited picture sources.

This volume was printed by Elemond Spa
at the plant in Martellago (Venice) in 1999